万少侠　张文军　芮旭耀　主编

园林果树主要病虫害发生与防治

黄河水利出版社

葡萄黑痘病

葡萄炭疽病

枣疯病

果树根癌病

褐斑病

流胶病

黄叶病

杨树溃疡病

美国白蛾成虫及卵

美国白蛾蛹

双叉犀金龟雄成虫

双叉犀金龟幼虫

双叉犀金龟雌成虫

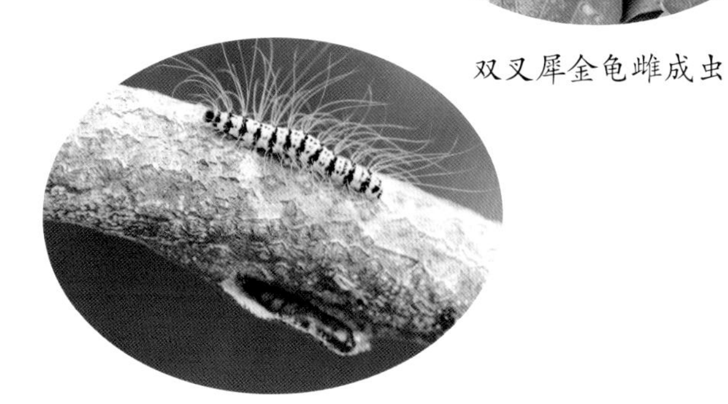

旋皮夜蛾幼虫及蛹

旋皮夜蛾幼虫危害状

桃蛀螟成虫

桃蛀螟幼虫及危害状

杨扇舟蛾成虫及蛹

杨扇舟蛾雌雄成虫

杨扇舟蛾幼虫及蛹

硕蝽成虫

小皱蝽成虫及卵粒

硕蝽若虫

小皱蝽成虫及若虫

栎掌舟娥幼虫

红缘灯蛾成虫

二尾蛱蝶

二尾蛱蝶幼虫

二尾蛱蝶蛹

核桃扁叶甲幼虫

核桃扁叶甲成虫

李枯叶蝶成虫

核桃扁叶甲蛹

黄褐天幕毛虫幼虫

黄褐天幕毛虫幼虫危害状

斑衣蜡蝉成虫

斑透翅蝉

斑衣蜡蝉低龄幼虫

花椒凤蝶幼虫

花椒凤蝶成虫

线丽毒蛾幼虫

紫光箩纹蛾幼虫

柿尺蠖幼虫

青樟凤蝶成虫

碧凤蝶

华凹大叶蝉

云豹蛱蝶雄成虫

赤斑禾沫蝉
雌雄成虫

黄带黑绒天牛

柿棉蚧幼虫

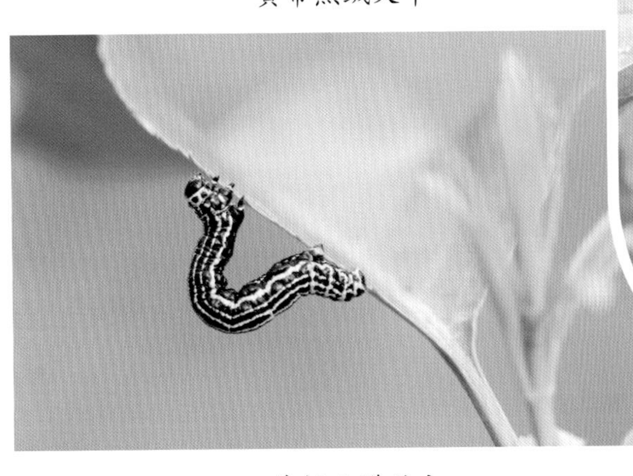

黄杨尺蠖幼虫

蛇眼蝶
杨小舟蛾幼虫
及危害状
东方蝼蛄
绿尾大蚕蛾成虫
锈色粒肩天牛成虫
盗毒蛾幼虫
黄刺蛾幼虫
泡桐天蛾幼虫
葡萄天蛾幼虫

《园林果树主要病虫害发生与防治》
编　委　会

主　　编　万少侠　张文军　芮旭耀

副 主 编　李冠涛　赵丽芍　李素改　王瑞旺
刘自芬　郭军耀　朱克斌　李　芳
方伟迅　陈　宏　魏　巍　张耀武
王绪山　肖升光　赵　晶　李红梅
师玉彪　韩金端　苗小军　吕淑敏
刘小平　刘丰举　谷松雅

参与编写　方圆圆　王　磊　王世英　张玉晓
赵淑霞　李玉琦　高书科　郝长伟
张海洋　刘起营　原高亮　甘陶冉
王雪玲　刘慧敏　杨黎慧　蔡　源
李永生　周彩会　海艳君　贾晓广
薛　景　马元旭　贾文杰　贾小洁
张馨心　罗　民　王湘军　李香田
任素平　杨伟琦　苏　广　王璞玉
王彩云　刘俊生　冯伟东　胡彦来
张晓瑞　闫向辉　周建辉　王　瑜

前　言

当前,园林果树在我国城乡绿化、产业发展、美化环境、园林景观、植树造林、生态林业等经济建设中发挥着举足轻重的作用。2017 年 10 月,习近平总书记在十九大报告中指出:“坚持人与自然和谐共生。必须树立和践行绿水青山就是金山银山的理念,坚持节约资源和保护环境的基本国策。”足以说明园林绿化、果树生产的重要性。尤其是园林绿化、果树生产对地球生态和人类生存的影响是人人皆知的;它不仅对环境的保护有至关重要的作用,同时为人们的生产和生活提供了丰富多彩的原材料及优良景观效益。然而,在园林绿化、果树生产中,存在许多因素,严重地影响了园林果树林木的正常生长,对人类的生存质量和财产安全产生了巨大的威胁。林木病虫害就是其中难以控制的并且危害极大的因素之一。园林果树受害轻时,枝梢干枯,叶片呈孔洞或残缺不全;受害严重时叶片全无或仅剩叶脉,呈夏树冬景。园林果树病虫害的防治是人们一直重点关注并不断进行研究的问题。为此,我们根据园林果树病虫害发生与危害的特点,对防治林木病虫害的措施进行观察、研究总结,目的是为园林果树病虫害的防治与研究产生积极的作用,进而促进对园林果树的保护,保障人们财产和生存的安全。因此,良好的园林绿化成果和优质的果树基地发展建设,都离不开科学高效的管理。

为了加强园林绿化、造林成果的管理,提高绿化效益,满足现代化林业生态建设的高速度、高质量发展植树造林和城市、乡村绿化美化的需要,我们组织园林、林业、农业等行业具有丰富的专业技术经验的专家、技术人员等编写了《园林果树主要病虫害发生与防治》这本书。本书主要介绍了在园林绿化、果树生产中主要发生的病虫害及其防治技术,共分两个部分。第一部分为主要病害的发生与防治,共介绍了 56 种病害;第二部分为主要虫害的发生与防治,共介绍了 67 种害虫;最后,介绍了糖醋液的配制及使用、波尔多液的作用和使用方法等 4 种园林果树病虫害防治中经常应用的技术知识。本书从园林果树病虫害发生防治的基础知识和新的无公害病虫害控制管理技术入手,介绍了常见病虫害的发生分布、发生特征、危害或病原、防治技术等。全书文字简洁明了、通俗易懂,并配有病虫害彩色图片;同时,便于园林技术人员及相关专业、学生和林农、果农等人员能尽快掌握主要病虫害在园林、果树生长中侵染和危害及防治技术。

由于时间仓促,加之实践经验有限,本书不当之处在所难免,敬请专家和老师、林农朋友们指正。

作　者

2019 年 6 月

目 录

第一部分 主要病害发生与防治

第二部分　主要虫害发生与防治

附　录

第一部分　主要病害发生与防治

001 苹果锈病

苹果锈病，又名赤星病，是危害苹果、梨、海棠、柏树、贴干海棠果树、园林绿化树等主要病害之一。在山区苹果、梨树果园，城乡绿化区、风景旅游区的果树，绿化树种柏树、桧柏、龙柏等树上时有发生。造成病叶变黄，出现丛毛状物及果实畸形早落等现象，影响果实美观和产量。

苹果锈病的发生与危害

苹果锈病主要危害部位是树木的叶片、嫩枝和果实。

1. 苹果锈病发生危害症状

(1)叶片被害时，首先叶片产生黄绿色小斑，然后小斑逐渐扩大呈中央杏黄色外围黄色的圆斑，发病6～15天后病斑表面长出先为黄色，后变为黑色的小粒点，并能分泌汁液，后期病斑背面稍隆起，并长出土黄色的毛状物。

(2)嫩枝受害时，与叶片上症状相似，后期病部龟裂，枝条易随风从病部折断，影响树势健康生长。

(3)幼果发病时，多在幼果果萼洼附近，初为橙黄色圆斑，后变褐色，中央产生小粒点，而毛状物长在病斑周围，病果常呈畸形。

2. 苹果锈病发生原因

苹果锈病是一种转主寄生菌，病原菌在桧柏类树上越冬，以菌丝体在桧柏中间寄主上形成菌瘿越冬。第二年春季，3月下旬，春雨后，菌瘿上长出深褐色鸡冠状的冬胞子角，冬胞子角吸水膨大变为橙黄色。冬胞子角上有冬胞子，冬胞子萌发产生小胞子，小胞子随风吹到苹果树上，侵入苹果、海棠植物组织。病菌侵入寄主10～15天后表现症状。病部先形成的小粒点即性胞子器，后在叶片或果实的病斑周围形成毛状物即锈子腔。自性胞子器发生到锈子腔突出，需35～60天。秋季锈子腔放出锈孢子，随风传到桧柏等树上，主要危害桧柏等中间寄主的小枝，病部发黄隆起，形成球形瘤状菌瘿越冬，第二年继续发生危害。

苹果锈病的防治

1. 生物防治

人工伐树，是指人工及时砍伐铲除果园或绿地周围500～1 000 m之内的桧柏、龙柏、翠柏和矮桧等中间寄主。同时，在2～3月，人工早春剪除桧柏等中间寄主上的菌瘿。

2. 药物防治

3 月中旬，在春雨来临前，人工及时对桧柏、龙柏等树上喷 3 ~ 4 波美度石硫合剂，连续喷布 1 ~ 2 次，7 ~ 10 天喷布一次，控制越冬冬孢子的萌发，减少树木新年发生危害。在 4 月中、下旬有雨时，必须喷药。即苹果、海棠树自芽萌动至幼果生长期喷药 1 ~ 2 次。用 20% 三唑铜可湿粉 1 000 ~ 1 300 倍液，或 50% 可湿粉 600 ~ 800 倍液，或用 1∶2∶240 波尔多液，交替喷布即可。

002 杨树溃疡病

杨树溃疡病是危害欧美速生 107 杨、108 杨、中林 46 杨等树的主要病害；在杨树林区或退耕还林密集种植地块，危害树干、根茎和大树枝条等部位，是常见的病害。受害轻时，杨树长势衰弱；严重时，发病树干枯死亡。

杨树溃疡病的发生与危害

杨树溃疡病主要危害部位是树干、根茎和大树枝条。

1. 杨树溃疡病的发生症状

在树干上，主要危害树干的中部和下部。发病初期树干皮孔附近出现水泡，水泡破裂后流出带臭味的褐色液体，内有大量病菌。病部最后干缩下陷成溃疡斑，病斑处皮层变褐腐烂，当病斑横向扩展环绕树干一圈后，树长势衰弱或受害树缓慢死亡。

2. 杨树溃疡病的发生原因

杨树溃疡病是杨树枝干病害，由真菌侵染所致，引起杨树枯枝、溃疡、流胶等。春季，4 月中旬开始发病，5 ~ 6 月上旬形成第一个发病高峰。7 ~ 8 月气温增高时，发生病势减缓，9 月出现第二个发病高峰，10 月以后停止。树势衰弱时，发病严重。同一株病树，树干阳面发生病斑多于树干阴面。

杨树溃疡病的防治

1. 树干药物防治

入冬后，即 11 ~ 12 月，越冬休眠期人工进行清除林区杂草、落叶等，减少病虫害越冬基数；3 月中旬林木萌芽前喷一次 45% 晶体石硫合剂 30 ~ 50 倍液，或 3 ~ 5 波美度石硫合剂，或 1∶1∶100 波尔多液。树干涂药，5 月中旬，在距地面 30 ~ 50 cm 处刮去树干 5 cm 宽的一圈老皮，露出绿色皮部，用 10% 吡虫啉 100 倍液涂环，用纸包扎好后再用药液将纸涂湿，最后拿塑料布包好。

2. 越冬期防治

10 月下旬至第二年 2 月进行人工深翻树盘防治越冬虫茧。主要是深翻树盘下的土壤，深度为 20 ~ 30 cm。这样可以消灭在土壤中越冬虫茧，通过翻动土壤可破坏越冬虫茧的生活环境，致其在冬季冻死，可减轻来年危害，确保第二年林木健康生长。

3. 树干涂白防治

冬季落叶后，树体光秃，白天阳光直射主干和大枝，使朝阳面皮层温度升高，细胞解冻；到了夜晚，随气温下降而又冻结，如此反复进行，常常造成皮层细胞坏死，发生日灼。夏季强光直射树干，由于局部蒸腾作用加剧，也能造成树干日灼。遭受日灼的主干和大枝，朝阳面呈不规则的焦糊斑块，一旦受到腐烂病菌侵染，会很快引起腐烂，影响树势。所以通过涂白，可利用其白色反光原理，降低朝阳面的温度，缩小冬季昼夜温差和夏季高温灼伤。因此，在涂白时，要特别注意加厚朝阳面的涂层。涂大枝时，避免涂白剂滴落在小枝上，烧伤芽子。涂白剂的配制方法是：生石灰 10 ~ 12 kg，食盐 2 ~ 2.5 kg，豆浆 0.5 kg，豆油 0.2 ~ 0.3 kg，水 36 kg。配制时，先将石灰化开，加水成石灰乳，除去渣滓，再将其他原料加入石灰乳中，充分搅拌即成。10 月下旬至 12 月底，把涂白剂用刷子涂抹树干，涂抹均匀即可。

4. 生长期喷药防治

在 9 月上旬，杨树苗木出圃前，加强苗木管理，对杨树苗木用 70% 甲基托布津的 200 倍液，7 ~ 10 天喷雾 1 次，连续喷布 1 ~ 2 次，以减少苗木带菌量。在 3 月上旬苗木出圃后，及时在清水里浸泡 12 ~ 24 小时；尽量减少运输和假植时间，造林栽植后及时灌水，提高苗木生长势。5 ~ 6 月上旬发病高峰前用 70% 甲基托布津 100 倍液涂干，消灭病害。

003 杨树黑斑病

杨树黑斑病，又名杨树褐斑病，是危害毛白杨、加拿大杨、沙兰杨、72 杨、欧美速生 107 杨、108 杨、中林 46 杨等树的主要病害之一，在杨树林区或河滩林、路林等密集种植地块，危害杨树叶片，也是杨树常见的病害。受害轻时，杨树长势衰弱；严重时，易引起早期落叶，造成树势衰弱，影响林木生长。

杨树黑斑病的发生与危害

杨树黑斑病主要发生在夏秋季节，阴雨连绵、光照不足、空气湿度大，形成了长时间的高温高湿环境，为病原菌的萌发生长提供了有利条件，导致杨树黑斑病大面积暴发流行，造成树木提前落叶，严重削弱了树势，减缓树木生长。

1. 杨树黑斑病的发生症状

杨树黑斑病主要危害杨树叶片，一般发生在叶片嫩梢及果穗上，叶正面出现褐色斑点，以后病斑扩大连成大斑，多圆形，发病严重时，整个叶片变成黑色，受害病叶可提早 1 ~ 2个月脱落。该叶部病害，易引起早期落叶，造成树势衰弱，影响生长。

2. 杨树黑斑病的发生原因

杨树黑斑病，5 月初开始发病，或 6 月初开始进入发病期。7 ~ 8 月，进入夏秋季，发病轻重与秋季雨水多少有关，连续下雨，雨水多发病重，干旱天气发病轻。杨树造林密度大或杨树苗木苗圃地密度大时发病重。

杨树黑斑病的防治

1. 人工防治

冬季及时清除枯枝落叶；增施有机肥、农家肥，改善通风透光条件，增强树势，提高树木的抗病性；在8~9月连续雨天，天晴后要及时排除林地积水；随时清扫处理病叶、落叶，消灭病原菌。

2. 喷药防治

苗圃喷药防治。育苗(造林)密度大林区。在发病初期每15~20天喷药1次，可用45%代森锌，或70%甲基托布津200倍液，或1∶1∶200波尔多液喷雾防治。

3. 林间施烟防治

对于高大的树木，可组织专业队采用6HY-25型烟雾机集中进行施烟防治，药物可选用8%烟雾剂或2.5%油烟剂，防治时间应掌握在无风的早晨，在6~7时或傍晚17~20时进行防治。

4. 树冠喷雾防治

在病害初侵染前，7~8月雨季来临之前，向苗木和低矮的幼树喷200倍波尔多液，或70%代森锰锌600~1 000倍液，7~10天一次，连续喷药2~3次，控制病害发生蔓延。雨季喷药时，药水中应加入0.3%明胶或洗衣粉少量，防止被水冲洗掉。

004 流胶病

流胶病是桃树、樱花、杏树、李树、红花碧桃等绿化树和果树上常见的一种主要生理病害，此病害不仅影响树干的观赏和果品质量及产量，更影响树体正常生长发育及果树的产量。林木果树发生了流胶病，应及早防治。

流胶病的发生与危害

流胶病主要危害部位是树干和大树枝条及果实。

1. 流胶病的发生症状

树体发病始期，发病部位稍有肿胀，木质部变褐色，随后从皮孔或伤口处陆续分泌出透明、柔软的胶状物，胶状物与空气接触逐渐变成黄褐色晶莹柔软的胶块，最后变成黑色硬质胶块，随着流胶数量的增加、树龄的加大，发病的树势日趋衰弱，叶片变黄，发病部位树皮粗糙、龟裂，伤口不易愈合。发病严重的果树树势很快衰弱、枝梢枯萎，甚至整株枯死。

流胶病发病部位在桃树、樱花、杏树、李树等生长期或果树盛果期果树的主干和主枝及主枝上的伤口或剪口处。发病严重的果园，除主干和主枝、伤口、剪口发病外，果实上也有流胶。

2. 流胶病的发生原因

流胶病发生的原因有：病虫危害严重，施肥不当(如人尿粪便不腐熟就直接施入果树或尿素化肥施入量过多等)，水分过多、排水不良或水分不足、干旱，林木果树生长期修剪过重(生长期疏除大枝、树液流动分泌快、伤口易发生胶体),盛果期结果过多,冬季严害冻害和发生日灼病,春季受霜害或冰雹危害,幼树栽植过深,土壤黏重或土壤过酸等。其中树体上的伤口是引致流胶病发生的主要原因。

流胶病的防治

1. 科学栽植法

选择中性土壤地块种植桃树;加强果园的排水或灌溉;增施腐熟农家肥料,改善土壤的通透性;栽植苗木、修剪枝条时应尽力保护,切记不能伤害树体,以减少伤口引致流胶病的发生。

2. 病虫防治法

夏季及时防治病虫害的发生。特别是防治枝干害虫。枝干害虫常见的有桑天牛、星天牛等,它蛀入树干为害,造成孔洞,破坏输导组织,引起树体流胶,树势衰弱。防治方法是:当发现成虫天牛时,及时人工捕捉杀死;发现树干上有虫孔时,用铁丝插入虫孔钩出幼虫或捅死幼虫;在新蛀孔内,注射 80% 敌敌畏或溴氰菊酯 100 ~ 200 倍液,或用浸蘸药液的棉球,堵塞虫孔杀死天牛;冬季树干涂白,用生石灰 10 kg、食盐 2 kg、黏土 0.5 kg、植物油 0.2 kg、水 36 kg,放入 1 个大容器中充分搅拌均匀制成涂白剂。把果树主干和大枝涂白(涂大枝时,避免涂白剂滴落在小枝上烧伤芽子),可以防冻和日灼伤害,从而防止病虫害的发生引起的流胶病。

3. 流胶的防治

桃树已经发病,可在 3 月下旬或 5 ~ 6 月或 8 ~ 9 月等季节的连阴雨天进行防治。此期利用流胶遇水变软的时机,用刀具轻轻刮除流胶体,对刮下的流胶要运出果园集中深埋,以防蔓延。天气转晴后,用 5 波美度石硫合剂或 75% 百菌清 800 倍液对刮除伤口处进行喷施,以便清理消毒,消除病害。

005 日灼病

日灼病,又名日烧病,是红枫、樱花、海棠、苹果、梨等园林绿化树种、果树常见的一种生理性病害。主要发生在夏、秋、冬季。危害轻时,叶片由绿变黄;受害严重时,叶片脱水干枯而死。该种病会影响植株的观赏价值和植株正常生长发育,降低植株的品质。严重时会给林木、果园造成重大经济损失。而且一旦发病,病部常被炭疽病菌或其他病菌感染出现腐果、烂果和带菌果,从而降低了果品的产量与品质。

日灼病的发生与危害

日灼病在河南、河北、山东等地,每年均有发生,尤以干旱年份发生较重。日灼病主要发生部位是林木果树的枝干、果实,以果实受害最为明显。

1. 日灼病的发生症状

枝干受害时果树皮出现变色、斑点,最后局部干枯;受害果实常表现为向阳面失水焦枯,产生红褐色近圆形斑点，斑点逐渐扩大，最后形成黑褐色病斑，周围有淡黄色晕圈，或呈现病斑较大，圆形，边缘呈不规则形，病斑中央颜色稍深，果形变化不大。严重影响果实商品价值。一般 7 ~ 8 月是预防日灼病的关键时期，应采取有效措施防治，减少该病的发生。

2. 日灼病的发生原因

日灼病的发生与最高气温、日照强度、相对湿度、风速、降雨持续时间、月份等气象因素有关。另外，林木果树冬季落叶后，树体光秃，白天阳光直射主干和大枝，使朝阳面皮层温度升高，细胞解冻；到了夜晚，随气温下降而又冻结，如此反复进行，常常造成皮层细胞坏死，发生日灼。夏季强光直射树干，由于局部蒸腾作用加剧，也能造成树干日灼。主要影响因素如下：

（1）日照温度的影响。日光照不仅增加了果实表面温度，而且直接参与了日灼发生的有关过程。尤其是林木果树的果实表面温度中由光照附加部分可增加 7 ~ 12 ℃，影响严重。

（2）日照强度的影响。日照强度对果实表面温度的影响一般比较固定，在生长季节晴天光照都在临界水平以上。但此时能否发生日灼取决于气温。气温是套袋果发生日灼的决定因素。一旦气温达到或超过果实日灼临界水平，光照强度对果实日灼开始起作用。套袋富士果实表面温度达到(49 + 0.5)℃时极易发生日灼。总之，强烈光照和高温是诱导果实日灼的主要因素，气温是果实发生日烧的决定因素。

（3）果实套袋的质量影响。劣质果袋由于透气性和遮光性差、透气孔不良等因素，造成袋内温度较高，在高温条件下果实容易发生日灼。7 ~ 8 月高温季节透气性差的劣质袋，袋内温度一般比较高，若超过果实日灼临界温度，就极易发生日灼。同时，套袋方法不规范，套袋时，果袋未撑鼓，袋壁紧贴幼果果面，树冠西侧和南侧外围果实套袋后不久就容易发生日灼。套袋方法不正确，将铁丝卡在果柄上或不小心损伤果柄，影响了水分和养分的运输，导致袋内果实长不大和日灼。袋角两通气孔没有打开，透气不良造成日灼。

（4）套袋时间不当的影响。套袋要求选择在晴天的上午 9 时至下午 4 时之间进行。温度过高时应注意避开。过去认为在气温较低的清晨或傍晚套袋较好。这恰恰是造成苹果发生日灼的主要原因之一。在一定的温度范围内，温度变化剧烈可造成日灼。在 5 ~ 6 月，日夜温差较大。当清晨套袋时，袋内温度低，到了中午时，袋内温度很快升高。但袋内果实温度仍很低，温差过大，自然发生日灼；而傍晚正好相反，将要套袋的果实温度很高，套袋后热气不易散发，到夜间时，袋内温度剧烈降低而果实体温仍较高，所以容易发生日灼。套袋过早，苹果果实组织幼嫩，生理活动活跃，对不良气候抵抗能力差，套袋后易发生日灼。

（5）摘袋时间不当影响。在完全摘袋以前，必须让苹果对外界有一个较长的适应期。不按套袋技术规程操作，一次性摘除内外袋，或过早地摘除内外袋后，使果实遇到阳光强烈的照射，树冠南侧和西侧的果实也容易发生日灼。

（6）品种、树势的影响。树势衰弱容易发生日灼。一般树势衰弱、连年环割过重的树、腐烂病重的树，套袋后日灼发生严重。品种之间有差异，都容易发生日灼。

（7）夏季管理的影响。套袋前 10 天左右环割，套袋后果实日灼发生较轻；随着环割时间的推后，套袋后果实发生日灼逐渐加重，特别是套袋后，在高温条件下环割，套袋果日灼的发生很严重。部分管理差的果园日灼发病率在 32% ~42.5%。摘袋后，果实底色也随着环割时间推后有加重的趋势。

日灼病的防治

日灼病，是夏秋季降雨后迅速转晴高温或冬季寒冷天气与突然天气晴朗，昼夜温差大所致，受害林木树干或果实一般都暴露在阳光直射的地方，在树干或树冠上的分布也是以东南面至南面较多。高温多雨季节，在降雨后采取遮阳措施或冬季树干涂白可避免果实发生日灼。

1. 果树套袋防治

(1)选择合格厂家生产的优质纸袋。纸袋质量必须过关，要求纸袋透气保温作用好，使袋内温度不会很快发生剧烈变化，通气孔良好，袋内各部位温度均匀一致。

(2)套袋技术必须规范。套袋前一天晚上，将袋子放在户外回潮或用水蘸湿。套袋时果实要悬于纸袋中间，不要让果实贴在纸袋壁上。在高温干旱特殊的年份，可剪大透气孔，增加透气性。

(3)选择最佳套袋时间。最佳套袋时间是决定果实套袋成功的一个重要因素。红富士套袋的最佳时间是在谢花后45天，而不是盛花后45天。海拔800 m以上的苹果优生区，以6月20日前后为最佳时间；海拔在500～800 m的苹果适宜区，以6月5日前后套袋为宜。还要注意在一天中套袋时间以晴天上午9:00～11:00和下午2:00～6:00为佳。

2. 修剪管理防治

提高林木或果园栽培管理水平。夏季修剪时，适当保留单轴延伸主枝背上的部分小枝，起遮阴作用；到秋季修剪时，再剪除背上的多余小枝。

3. 调节土壤水分防治

人工改善果园小气候。在高温干旱季节来临之前，有灌溉条件的果园，套袋之前应浇1次水，增加果园的水分，改善果园小气候，减少果实日灼病的发生；无灌溉条件的果园，可在树盘覆盖一层20 cm厚的麦草或其他作物的秸秆，既可保墒，又能降低地温，防止日灼大发生。

4. 物理措施防治

在高温干旱期，也可采取一些物理措施预防果实发生日灼：①果面遮盖。在果实阳面用叶面积比较大的桐树叶、楸树叶或阔叶草等物覆盖，可减少烈日直射，防止果实日灼。②粘贴白纸。在苹果阳面用润肤油粘贴一块白纸，反射太阳光，也可防止日灼。③涂石灰乳。在苹果袋阳面涂抹一层石灰乳，既能反光防止日灼，又能杀菌，减少病害。④喷磷酸二氢钾。6月下旬至8月下旬，叶面喷0.2%磷酸二氢钾溶液2～3次，既能增加抗旱性，减轻日灼，又能保花保果提高果品质量。⑤傍晚喷清水。每天太阳落山后，可给树冠喷清水，以减少日灼。

5. 林木修剪防治

注意修剪，适当多留西南侧果树枝条，增加果树叶片数量，以减少阳光直射果树枝干和果实直接暴晒在阳光下的机会。

6. 适时浇水防治

适时浇水，保证高温期间果树的水分供应，以降温增湿，预防高温强光对果实的危害。特别是在天旱失墒时，有灌水条件的应立即灌水，增加土壤含水量，使果实在高温时由于呼吸量加大而消耗的水分得到快速补充,减少日灼病的发生。也可在傍晚太阳落山时,给树冠喷洒清水,也可减轻日灼病的发生。

7. 树盘覆盖防治

树盘覆盖在高温干旱来临前,在树盘上覆一层 20 cm 厚的秸秆、草或麦糠等,这样既可保墒,又可降低地温,也可以预防日灼病的发生。

8. 叶面喷肥防治

在 7 ~ 8 月,及时开展喷施叶面肥,既能减轻日灼病的发生,又能促进果实发育,提高果实品质。

9. 深翻土壤防治

一是夏季或冬季,深翻土壤促进根系健壮,增加根系的吸水能力,保持地上部和地下部生长平衡;二是及时灌水、喷雾、覆盖土壤,防止干旱;三是在日灼果发生初期用纸(最好白纸)粘贴于受害部位,或用套袋加以防治。

10. 树干涂白防治

林木果树,遭受日灼的主干和大枝,朝阳面呈不规则的焦糊斑块,一旦受到腐烂病菌侵染,会很快引起腐烂,影响树势。所以通过涂白,可利用其白色反光原理,降低朝阳面的温度,缩小冬季昼夜温差和夏季高温灼伤。涂白剂的配制方法是:生石灰 10 ~ 12 kg,食盐 2 ~ 2.5 kg,洗衣服 0.5 kg,豆油 0.2 ~ 0.3 kg,水 36 kg。配制时,先将石灰化开,加水成石灰乳,除去渣滓,再将其他原料加入石灰乳中,充分搅拌即成。10 ~ 12 月底,把涂白剂用刷子涂抹树干,涂抹均匀即可。因此,在涂白时,要特别注意加厚朝阳面的涂层。涂大枝时,避免涂白剂滴落在小枝上,烧伤芽子。

006 樟树黄化病

樟树黄化病,又称缺绿病,是一种生理性病害,主要是土壤中钙离子含量太高而引起的。在城市的公园、绿地、行道树以及河畔的香樟多发黄化病。发生轻时,香樟叶片失绿黄化;严重时,香樟树枯梢落叶,甚至全株死亡。应该加强防治。主要分布在河南、山东、湖北等地。

樟树黄化病的发生与危害

樟树黄化病主要危害部位是樟树的枝梢或叶片。

1. 樟树黄化病的发生症状

樟树黄化病发生时,叶片不同程度发黄,树势衰弱,严重者叶黄白色、质薄,叶尖与叶缘有焦枯斑,容易受冻害;叶稀少,树冠萎缩,逐渐衰竭枯死。樟树黄化病属生理性病害,主要是因为土壤条件不适宜,有效铁含量偏低。另外,根系和树皮受损伤较严重时也可导致樟树发生黄化病。病树的叶片全年均表现黄化症状,无明显发病周期,幼树与新移植不久的樟树黄化比例较高,同一病株冬、春两季黄化较重,新叶黄化重于老叶等。发病初期,枝梢新叶黄化,但叶脉尤其主脉仍然保持绿化,黄绿相间现象十分明显。随着黄化程度的加重,叶片由绿变黄、变薄,叶面有乳白色斑点,叶脉也失去绿意,呈极淡的绿色。相继全叶发白,叶片局部坏死,叶缘焦枯,叶片凋落;严重时,则枝梢枯顶,以至整株死亡。黄化病开始多发生在樟树顶端,新叶比老叶严重,冬、春季比夏季严重。

2. 樟树黄化病的发生原因

樟树是喜酸性苗木,若长期生长在偏碱性土壤就会影响根系对其他微量元素的吸收,使叶片变黄变白,是樟树缺铁的一个表现。同时,土壤中缺乏营养元素,根系发育不良或化肥、农药施用不当,也能影响樟树对铁元素的吸收,加速黄化病的发生。

河南省南部、山东、湖北等地区中土壤和水质呈碱性的地方,樟树容易得黄化病。由于城市建设规模的扩大,旧城改造,使建筑废弃料及很多有害物质进入土壤,改变了适宜樟树生长的土壤结构,石质山地、土壤瘠薄等,是樟树易得黄化病的一个原因。

樟树黄化病的防治

1. 造林时一定选择健壮苗木

以预防为主,选用优良壮苗,适地适树,精心栽培管理;同时,注意改良土壤造林绿化。

2. 土壤施入元素防治

发生此病时,应改变樟树周围土壤的酸碱度,提高叶片铁的含量。在林地增添含铁丰富的红壤,施酸性化肥,如在土壤中施肥,在根系周围打孔灌注1∶30的硫酸亚铁液,树干注射硫酸亚铁15 g、尿素50 g、水1 000 mL的混合液,叶面喷0.1% ~0.2%,或500 ~1 000 mL的尿素铁或铁等,均有良好的复绿效果。

3. 改良立地条件

要根治香樟黄化病,可因地制宜施用酸性客土及有机肥等,改良其立地条件。科学施肥,尤其是根部追施鸡粪或猪粪+硫酸亚铁+尿素(5份∶0.5份∶0.125份)等有机复合肥,提高树势,减少病害的发生。

4. 喷布药物防治

3月上旬,及时喷布百菌清500~800倍液,或用0.5%硫酸亚铁+0.05%柠檬酸水溶液或2%硫酸亚铁+0.2%柠檬酸+3%尿素+0.02%赤霉酸水溶液+新高脂膜800倍液进行叶面喷雾防治,减少失绿发生。

007 樟树溃疡病

樟树溃疡病是樟树上常见的一种主要病害,严重影响树体正常生长发育和观赏价值。主要分布在河南、湖北、山东等地。

樟树溃疡病的发生与危害

樟树溃疡病,主要危害部位是树干和大树枝条。

1. 樟树溃疡病的发生症状

樟树溃疡病发生时,幼树受害,斑主要发生于主干的中下部;大树受害,枝条上出现菌斑。感病树干上形成近圆形溃疡病斑,小枝受害往往枯死。溃疡病表现有水泡型和枯斑型。水泡型是最具有特征的病斑,即在皮层表面形成0.5 ~1 cm 大小的圆形水泡,水泡失水干瘪后,形成圆形稍下陷的枯斑,灰褐色;枯斑型先是树皮上出现小的水浸状圆斑稍隆起,手压有柔软感,后干缩成微陷的圆斑,黑褐色。发病后期病斑上产生黑色小点,为病原菌。

2. 樟树溃疡病的发生原因

樟树溃疡病为全株性传染病,病害主要发生在树干和主枝上,不仅危害苗木,也能危害大树。感病植株多在皮孔边缘形成分散状、近圆形水泡型溃疡斑,初期较小,其后变大,呈现为典型水泡状,泡内充满淡褐色液体,水泡破裂,液体流出后变黑褐色,最后病斑干缩下陷,中央有一纵裂小缝。受害严重的植株,树干上病斑密集,并相互连片,病部皮层变褐腐烂,植株逐渐死亡。

4 ~5 月或9 月下旬为病害发生高峰时期,应做好及时防治。自然条件下,病斑与皮孔相连,干旱瘠薄的立地条件是发病的重要因素,大量伤根及苗木大量失水,是初栽幼树易于发病的内在原因。

樟树溃疡病的防治

1. 加强樟树管理

根据溃疡病的发生时期,加强田间管理,施入肥料,增强抗病能力,及时清除苗圃或林地中的濒死树木或已经死亡的植株,减少病害的发生和蔓延。

2. 喷施农药防治

在发病初期,对树干喷布4 ~5 波美度石硫合剂,或用多菌灵或敌百虫20 ~30 倍液进行全株涂抹,5 ~7 天内连续用药3 ~4 次即可。发病前全树进行喷施食用碱100 倍液;有抑制病害作用。发病后可喷淋或浇灌40% 福美胂100 倍液,或50% 可湿性粉剂500 倍液,或70% 超微可湿性粉剂900 ~1 000 倍液,或75% 百菌清可湿性粉剂800 ~900 倍液;同时可用排笔蘸50% 多菌灵,或70% 或75% 百菌清可湿性粉剂50 ~100 倍液涂抹病部。

008 桂花炭疽病

桂花炭疽病是桂花苗木及幼树的常见病害;桂花炭疽病主要发生在4 ~6 月,此时正值春夏之交,昼夜气温变化大,易发此病。以病原菌分生孢子盘在病落叶中越冬,由风雨传播发生危害。在河南、山东、湖北、湖南等地广泛发生。

桂花炭疽病的发生与危害

桂花炭疽病主要危害部位是桂花树冠的叶片。

1. 桂花炭疽病的发生症状

当叶片感染桂花炭疽病时,病斑初期为褪绿小点,扩大后呈圆形、椭圆形、半圆形或不规则形,大小3 ~10 mm,中央灰褐色至灰白色,边缘褐色至红褐色,后期散生小黑点,也有排列成轮纹状,是病菌的分生孢子盘。潮湿时小黑点上分泌出粉红色黏液,是病菌分生孢子与黏液混合物。发病初期，叶片上出现黄色的小斑点，逐渐扩展成圆形，直径 2～10 mm。病斑为黄褐色至灰褐色，病斑外有一层黄色的晕圈。集中在每年的 4～10 月发生危害。

2. 桂花炭疽病的发生原因

桂花炭疽病，苗木和幼树发病比大树重；病菌在病叶和病落叶中越冬，翌年 6～7 月，借风雨传播。温室和露地栽植都发病，盆栽浇水过多、湿度过大时容易发病；7～9 月为发病盛期。温室内放置过密、通风不良时发病重。叶片染病后，叶面出现圆形、半圆形或长形病斑，大小 3～10 mm。病斑中央浅褐色至灰白色，边缘红褐色，后期病斑上着生黑色小粒点。湿度大时分泌出红色黏稠液。

桂花炭疽病的防治

1. 清除病落叶防治

10 月，即秋季彻底清除病落叶。加强栽培管理。选择肥沃、排水良好的土壤或基质栽植桂花；增施有机肥及钾肥；栽植密度要适宜，以便通风透光，降低叶面湿度，减少病害的发生。病害发生园地通过修剪调整枝叶疏密度，降低环境湿度。

2. 叶面喷药防治

林木生长期，在 6～7 月桂花炭疽病发病初期，喷洒杀菌剂，喷洒 1∶2∶200 波尔多液，以后可喷 50% 菌灵可湿性粉剂 1 000 倍液；发生严重病区，在苗木出圃时，要用 1 000 倍高锰酸钾溶液浸泡消毒，防止桂花炭疽病蔓延。各种杀菌剂宜替使用或混合使用。林木落叶后，在 11～12 月，冬季清除杂草、落叶、枯枝等，用 1% 波尔多液或 1～1.5 波美度石硫合剂进行树体和地面消毒。

009 侧柏叶枯病

侧柏叶枯病是侧柏苗木生长期的主要病害之一。侧柏叶枯病是近年来新发现的一种重要的叶部病害。在河南南部、江苏、安徽等地发生。在发病危害时，林区呈现一片枯黄，仅见残留梢部的绿叶。此病害不仅影响苗木质量和产量，更影响树体正常生长发育，应及早防治。

侧柏叶枯病的发生与危害

侧柏叶枯病主要危害部位是侧柏叶片及幼嫩细枝等。

1. 侧柏叶枯病的发生症状

侧柏叶枯病主要发生在春季。3 月下旬，受害叶枯黄，慢慢失绿，由黄变褐而枯死。幼苗和成林均受害。病菌侵染当年生新叶，幼嫩细枝亦往往与鳞叶同时出现症状，最后连同鳞叶一起枯死脱落。病菌侵染后，当年不出现症状，经秋冬之后，第二年 3 月叶迅速枯萎。潜伏期长达 220～260 天。6 月中旬前后，在枯死鳞叶和细枝上产生黑色颗粒状物，遇潮湿天气吸水膨胀呈橄榄色杯状物，即为病菌的子囊盘。受害鳞叶，首先由先端逐渐向下枯黄,或是从鳞叶中部、茎部首先失绿,然后向全叶发展,由黄变褐枯死。在细枝上则呈段斑状变褐,最后枯死。树冠内部和下部发生严重,当年秋梢基本不受害。侧柏树受害后,树冠似火烧状的凋枯,病叶大批脱落,枝条枯死。在主干或枝干上萌发出一丛丛的小枝叶,所谓"树胡子"。连续数年受害引起全株枯死或整片林区枯死,损失惨重。

2. 侧柏叶枯病的发生原因

侧柏叶枯病在发生初期往往呈现发病中心,其中心多位于林间岩石裸露、土层浅薄,侧柏生长势衰弱的地段。生长势差的病害重。在相同立地条件生长的侧柏,老树发生病害严重,新生栽植的发生病害轻,病害的发生与坡向、坡位无明显关系。林分密度大病害往往较重,林缘受害较轻。病害的严重程度与6月的气温和降雨量呈正相关。并受冬季的气温和降雨量的制约,寒冷的天气条件下,第二年发病严重。或6月高温降雨量大,冬季寒冷干燥,第二年病情就严重,相反病害发生较轻。

侧柏叶枯病的防治

1. 冬季防治

在冬季加强修剪,清除林下杂草、落叶、枯枝;同时,施入基肥、深翻树盘,促进侧柏生长,采取适度修枝和间伐,以改善生长环境,降低侵染源。在11~12月,林木进入冬季落叶后,要及时适度修枝,改善侧柏的生长环境,降低侵染源;早春,3~4月,增施肥料,促进林木健壮生长,抵抗病害的入侵危害。

2. 喷药防治

林木生长期,在6~8月,当苗木进入快速生长期,及时喷施40%灭病威或40%多菌灵或40%百菌清500倍液进行喷洒防治。同时,可以采用杀菌剂烟剂,在子囊孢子释放盛期的6月中旬前后,按每公顷15 kg的用量,傍晚放烟,可以获得良好的防治效果。

010 冬青树叶斑病

冬青树叶斑病是冬青树上常见的一种病害,发生病害时,致使冬青树叶片呈黑褐色,发生病害轻时,造成早期落叶;发生严重时,枝梢干枯或死亡。此病害不仅影响树体正常生长发育,更加影响观赏价值和美观,应及时科学防治。

冬青树叶斑病的发生与危害

冬青树叶斑病主要危害部位是冬青树叶片、茎和叶柄。

1. 冬青树叶斑病的发生症状

冬青树叶斑病症状表现为冬青叶片出现灰褐色病斑,多呈圆形或椭圆形,湿度大时病部表面生灰白色霉层。发病初期呈圆形,后扩大呈不规则状大病斑,并产生轮纹,病斑由红褐色变为黑褐色,中央灰褐色。茎和叶柄上病斑褐色,呈长条形。

2. 冬青树叶斑病的发生原因

冬青树叶斑病,在上一年发生的病菌,以分生孢子器在病叶上越夏或越冬,第二年3

月下旬，气温回升，条件适宜时产生分生孢子，进行树体新叶片初侵染和再侵染。在7～9月秋季多雨或气温高、湿度大的天气时节易引起其发病，呈高发期。

冬青树叶斑病的防治

1. 人工防治

10～12月，冬季落叶期，人工清除林下杂草、落叶、枯枝等杂物，集中销毁；6～9月，在林木生长期，及时摘除并烧毁病叶，减少传染源等，减少第二年的发生危害。

2. 喷药防治

6～7月，在发病初期，对发病的植株喷布波尔多液等铜制剂或福美铁等杀菌剂防治，可以用75%百菌清可湿性粉剂500～600倍液喷洒或用多菌灵1 000倍液喷布防治即可，连续喷布2～3次。

011 女贞褐斑病

女贞褐斑病是大叶女贞、小叶女贞等常绿树上常见的一种主要生理病害，发生病害后，受害病叶片早期脱落，侵害的嫩枝形成褐斑，严重时，枝梢干枯死亡。此病害不仅影响观赏价值和美观，更影响树体正常生长发育，应及时防治。主要发生在河南、山东、湖南、湖北、浙江等地。

女贞褐斑病的发生与危害

1. 女贞褐斑病的发生症状

女贞褐斑病主要危害女贞的叶片，叶片上病斑褐色，近圆形，轮纹明显或不明显，边缘紫色，个别受害叶片中心为淡褐色。发生初期病斑较小，直径为3～7 mm，扩展后病斑直径可达6～15 mm，少量小病斑融合成不规则形大斑，受害病叶片易脱落，亦可侵害嫩枝，形成褐斑。病原菌是一种真菌，主要侵害叶片，并且通常是下部叶片开始发病，后逐渐向上部蔓延。同时，个别女贞褐斑病发病初期，病斑为大小不一的圆形或近圆形，少许呈不规则形；病斑为紫黑色至黑色，边缘颜色较淡。随后病斑颜色加深，呈现黑色或暗黑色，与健康部分分界明显。后期病斑中心颜色转淡，并着生灰黑色小霉点。

2. 女贞褐斑病的发生原因

女贞林生长茂密，在7～9月，气温高，雨水多，天气潮湿或湿度大时易发此病害，女贞基部接近地面的叶片发病重。在女贞林栽植密，通风透光条件差，女贞植株间形成了一个相对稳定的高湿、温度适宜(25～30 ℃)的环境，此时发病严重，病斑连接成片，整个叶片迅速变黄，并提前脱落。褐斑病一般初夏开始发生，秋季危害严重。在高温多雨，尤其是暴风雨频繁的年份或季节易暴发；通常下层叶片比上层叶片易感染。

女贞褐斑病的防治

(1)苗圃地忌连作种植，栽植前应用五氯硝基苯或福尔马林等对土壤进行消毒处理。

及早发现，及时清除病枝、病叶，并集中烧毁，以减少病菌来源；加强栽培管理、整形修剪，使植株通风透光。

（2）加强水肥管理，不偏施氮肥，苗圃地要防止积水。

（3）适量喷施石硫合剂杀菌预防，每年春季，3 月气温回升起着手采取预防措施。

（4）在苗木生长期，喷布药物，可喷施 75% 百菌清可湿性粉剂 800 倍液，或 70% 甲基托布津可湿性粉剂 800 ~ 1 000 倍液，或 70% 代森锰锌 400 ~ 500 倍液，或 60% 退菌特可湿性颗粒 500 ~ 600 倍液进行防治，每 7 ~ 10 天喷施一次，连续喷 3 ~ 4 次即可。连片侵染发病时，采用 60% 退菌特 100 倍液进行叶面喷洒，或喷布甲基托布津预防效果最好；发病初期，可喷洒 50% 多菌灵可湿性粉剂 500 倍液，或 65% 代森锌可湿性粉剂 1 000 倍液，或 75% 百菌清可湿性粉剂 800 倍液即可。

012 苹果腐烂病

苹果腐烂病，又称烂皮病，是苹果树的重要生理病害之一。主要危害 6 ~ 10 年生的结果期苹果树，病害发生严重果园，树势持续衰弱，病虫害发生较多，易造成林木干枯死树。此病害不仅影响果品质量和产量，更影响树体正常生长发育。当果树发生了苹果腐烂病时，应及早防治。主要分布在河南、山东、安徽、河北、山西、辽宁等地。

苹果腐烂病的发生与危害

1. 苹果腐烂病的发生症状

苹果腐烂病主要危害主干、主枝等多级枝条，枝干发病常见溃疡型与枝枯型两类症状。有时果实也被危害，出现轮纹状红褐色病斑，病斑边缘清晰，受害部软烂，有酒味。

溃疡型腐烂病一般出现在发病盛期。主要发生部位为幼树主干、结果树中心干和主枝下部，以及结果树主枝与主干分叉处。病部为圆形和不定型红褐色斑，大小不等，水渍状，稍隆起。病部组织松软糟烂，发出酒糟味，多烂至木质部，按压病斑下陷，并流出红褐色汁液。树皮内层腐烂程度高，内部病变面积明显比树皮表面斑大。苹果树进入生长期后，随着抗性逐渐增强，病斑发展受限并逐渐停止，病部与健康部分界较明显，并出现裂开，病部失水下陷，呈黑褐色，随着病健交界处愈伤组织的形成，四周稍隆起，病斑部位出现黑色小粒点。当年夏、秋两季发病时，在前期发病形成的落皮层上，病菌蔓延表面产生湿润红褐色溃疡，呈现出表面溃疡。是腐烂病的前期症状，病变局限于树皮表层。溃疡在树皮表层不规则扩散，形成轮廓不整、大小不同的溃疡。病斑停止扩展后变干凹陷，病健交界处同样形成不太明显的隆起，表面有时可见小黑点。晚秋初冬当条件适宜时，表面溃疡内的菌丝穿透栓层进入内层健皮，并扩展与融合后可导致大片树皮腐烂。

枝枯型腐烂病发生季节多为春季，发生部位多为小枝、果台和树势极度衰弱的大枝。病菌发展蔓延迅速，病斑形状不规则，不久即包围整个枝干，受害枝条很快失水干枯死亡。病部不隆起，不呈水渍状，边缘也不明显，后期病部也产生很多小黑点。苹果腐烂病除危害枝干外，有时也能侵染果实。果实上的病斑暗红褐色，近圆形或不规则形，具轮纹，边缘清晰,病组织软腐状,有酒糟味,病斑中部散生或集生,有时略呈轮纹状排列的小黑点,潮湿时涌出橘黄色卷须状的分生孢子角。

2. 苹果腐烂病的发生原因

苹果腐烂病病菌在树皮和木质部表层等部位过冬。第二年春天病菌以分生孢子借风雨传播,主要通过剪锯口、冻伤、日灼、脱落皮层、虫伤、创伤等伤口处侵入,也可以通过皮孔、叶、果柄脱落位等自然孔处侵入。侵入后菌丝在死组织中发育向健康部位扩展,逐渐产生新病死组织,就这样使病斑逐渐扩大。每年3~4月出现一次扩展高潮,3~11月均可侵入,秋季又出现一次发病高峰。腐烂病致病菌为弱寄生菌,引起腐烂病发生流行的原因,主要是树势衰弱,愈伤力低。

(1)早期落叶。一切削弱树势的因素都能加重该病发生,如结果量过大、水肥不足、病虫害造成早期落叶等。

(2)树势衰弱。冬季冻害诱使腐烂病。早春由于白天向阳面日照充足,树皮局部出现解冻,晚上遇低温又冻结,这样解冻与冻结反复,树皮局部细胞解体而衰弱直至死亡,易于病菌侵入。

(3)受害严重。树体受伤局部出现坏死组织,致使腐烂病侵染。许多原病斑再次出现病变或复发,除了病部本身存在病菌处,还因为伤口周围有坏死组织,容易招引病菌侵染。

(4)树体含水量。初冬浇水,树体含水量过多易发生腐烂病。

苹果腐烂病的防治

1. 加强肥水管理

增强树势,提高抗病力。施入基肥,浇越冬水,冬季病虫害防治;多施有机肥,氮肥不宜过量,增施磷、钾肥;早春及时浇水,秋季控制灌水,初冬树干涂白;做好春季病虫防治,促进树体健康;控制结果量,适当减轻树体负担。

2. 人工修剪管理

及时进行园内清理,减少病原。减少携带病原枝条和表皮,对病枝、死枝和病皮及时剪除和刮掉。剪病枝时地面上铺塑料膜,防止病表皮掉落地面,集中剪下病枝或刮下死皮园外销毁。

3. 树干涂白管理

人工进行树体预防。从树干基部涂白,防止早春解冻前树皮被烧伤或冻害;保护树干防止各种伤口出现,加强伤口保护;发芽前整树喷40%福美胂100倍液,刮出翘皮后涂20~30倍灭腐灵,也可喷50~70倍腐殖酸钠。

4. 刮除病斑管理

早春或晚秋初冬发现病疤及时刮除,刮后涂以10~20倍灭腐灵,或用腐必清或托福油膏或灭腐861等杀菌保护剂。

013 苹果轮纹病

苹果轮纹病，又名粗皮病、轮纹烂果病，是苹果树的主要枝干病害，危害轻时，枝干干枯，树皮斑斑点点，苹果树基地发病率在20%～30%；危害严重时，一半的树冠枝梢衰弱，树皮部光亮，果园发病率达50%～60%。此病害不仅影响果品质量和产量，更影响树体正常生长发育。当果树发生了病害，应及早防治。主要分布在河南、山西、河北、山东、辽宁、安徽等地。

苹果轮纹病的发生与危害

1. 苹果轮纹病的发生症状

苹果轮纹病主要危害枝干和果实，有时也危害叶片。病菌侵染后在枝干上形成圆形或近圆形疣状病斑，发生较重时，病部树皮粗糙，呈粗皮状。后期病变逐渐扩散发展到木质部，影响水分和养分的输导，削弱树势，造成枝条枯死，严重时甚至导致死树。果实受侵染后，进入盛熟期逐渐发病表现出症状。初期果面出现黑褐色圆形小斑，后逐渐扩大，形成深浅相间的轮纹斑。斑中间稍凹陷，斑下果肉出现辐射状变褐和湿腐。腐烂时果形不变，表面长出散状排列粒状小黑点，整个果烂完后逐渐失水变成黑色僵果。

2. 苹果轮纹病的发生原因

苹果轮纹病病菌在病组织内越冬，是初次侵染和连续侵染的主要菌源。第二年春季随风雨传播到枝条和果实上。菌丝体存活时间长，在枝干病组织中可存活4～5年，且侵染果实后潜伏期长，随着果实的成熟程度变化，潜伏期为30～300天。枝条受侵染后，8～9月出现症状，产生新病斑，第二年病斑继续扩大。果实整个生长期均能受病菌侵入。树冠外围及光照好的果实进入成熟期较早，发病较早；气温高、湿度大和下风口的果园发病多且重。

苹果轮纹病的防治

1. 清除病源

早春和晚秋刮除粗皮集中销毁，喷40%福美胂可湿性粉剂100倍液或75%五氯酚钠粉100～200倍液，早春可喷波美3度石硫合剂。

2. 物理防治

生长期及时采取果实套袋，落花后25～30天内进行套袋；果实储藏期低温管理，5 ℃以下储藏。

3. 化学防治

全年喷4～5次药，落花后10天开始，每隔10～15天喷1次。药剂选择50%多菌灵悬浮剂800～1 000倍液，或30%绿得保胶悬剂300倍液，或百菌清600～800倍液等喷布，效果显著。

014 苹果炭疽病

苹果炭疽病又称苦腐病、晚腐病，大部分苹果产区均有发生，是果树上常见的一种主要生理病害，此病害不仅影响果品质量和产量，更影响树体正常生长发育。当果树发生了苹果炭疽病，应及早防治。

苹果炭疽病的发生与危害

1. 苹果炭疽病的发生症状

苹果炭疽病主要危害果实，也可危害枝条和果台等。发病果初期表面出现淡褐色圆形小斑点，斑点边缘明显。病斑扩展速度快，颜色呈现褐色或深褐色，且病部稍凹陷。当病斑扩大到1~2 cm时，病斑中心开始出现稍隆起的小粒点，粒点由浅褐色逐渐到黑色。粒点果皮内的果肉变褐腐烂，味道呈苦味。病变果肉在果内呈漏斗状，深度至果心，与健康果肉界限明显。后期粒点隆起，穿破表皮，出现红色黏液。发病果大部分脱落，个别病果失水干缩成黑色僵果，留在树上。果实近成熟或室温储藏过程中病斑扩展迅速，往往经7~8天，果面即烂一半，造成大量烂果。枝条发病初期，枝条表皮形成褐色不规则斑，斑略凹陷。随着病斑逐渐扩大，病斑出现溃烂裂开，木质部外露，病部以上枝条干枯。果台受害时出现自顶向下延伸的褐色病斑，发病较重时副梢不能抽出。

2. 苹果炭疽病的发生原因

苹果炭疽病病菌在病果、僵果、干枯的枝条等处越冬。第二年春天越冬病菌产生，可借风雨、昆虫传播，进行初次侵染。侵染后病菌在果面等处潜伏，并不表现出症状。随着果实不断受浸染，在6~7月，陆续出现病症。发病果实上病菌产生侵染物形成再次侵染，发病果成为反复侵染和果园病害蔓延的病菌源。田间发病有明显的发病中心，树上病果形成发病中心果，扩散到其他果形成发病树，发病树成为园内中心病株，扩散蔓延到周围其他树。中心病果下部果发病最为明显，发病果出现由少到多的一个递增过程，树冠内膛果发病较多较重。幼果期到成熟期阶段果实均可受到侵染。幼果期侵染后潜伏期较长，果实成熟后潜伏期短。幼果侵染后一般7月开始发病，8月中、下旬果实进入近熟期后，进入发病盛期，采收前约半个月达到发病高峰。

苹果炭疽病一般遇到高温高湿多雨气候条件，以及土质黏重、地势低洼、排水不良、种植过密、树冠郁闭和通风不良的果园，树势较弱的果树发生较重。

苹果炭疽病的防治

1. 人工防治

10~12月，以保护果不受病菌侵染为主，结合清除病菌源，加强栽培管理，降低发病条件。加强栽培管理，合理施肥浇水，合理密度栽植，增强树势。同时，清除侵染源。结合冬季修剪清除树上僵果、病果和病果台，剪除干枯枝和病虫枝，集中深埋或烧毁。苹果发芽前喷一次3波美度石硫合剂或40%福美胂100倍液。生长季节发现病果及时摘除并深埋。

2. 喷布喷药防治

苹果炭疽病与苹果轮纹病在发生规律上基本上一致，药剂选择上基本相近。喷药以幼果期为重点，可用选用80%炭疽福美可湿性粉剂700~800倍液，或70%杀毒矾可湿性粉剂800~1000倍液等。15~20天喷一遍药，交替使用不同药剂，连续喷5~6次效果显著。

3. 套袋保护

5月，给果实套袋，保护果实免受侵染，提高产量和品质。

015 苹果早期落叶病

苹果早期落叶病，又名落叶病，是苹果树的重要病害之一，病害以危害叶片为主，早期落叶病引起苹果褐斑病、灰斑病、圆斑病、轮纹斑病等多种病害，发病后造成苹果树早期落叶，树势削弱，影响当年产量和花芽形成，进而还影响第二年产量，更影响树体正常生长发育。当果树发生了病害，应及早防治。主要分布在河南、山东、山西、辽宁、安徽等地。

苹果早期落叶病的发生与危害

苹果早期落叶病主要危害部位是树干、根茎和大树枝条。

1. 苹果早期落叶病的发生症状

诱发苹果早期落叶病的病害症状如下：

(1)褐斑病。主要危害叶片，叶片病斑初为褐色小点，后可发展为以下3种类型：一是轮纹型。叶片发病初期在叶下面出现黄褐色小点，逐渐扩大为圆形，中心为暗褐色，四周为黄色，病斑周围有绿色晕，病斑中出现黑色小点，呈同心轮纹状。叶背为暗褐色，四周浅黄色，无明显边缘。二是针芒型。病斑似针芒状向外扩展，无边缘。病斑小，数量多，布满叶片，后期叶片渐黄，病斑周围及背部绿色。三是混合型。病斑大，不规则，其上亦有小黑点。病斑暗褐色，后期中心为灰白色，边缘有的仍呈绿色。

(2)灰斑病。主要危害叶片，也可危害枝条、嫩梢及果实。叶片受害初期产生近圆形黄褐色、边缘清晰的病斑，以后病斑密集或相连使叶片呈焦枯状。病斑叶散生多个小黑点。

(3)圆斑病。此病主要侵害叶片，有时也侵害叶柄、枝梢和果实。染病叶片病斑呈圆形，褐色，边缘清晰。

(4)轮纹斑病。病斑较大，呈圆形或半圆形，边缘清晰整齐，暗褐色，有明显的轮纹。天气潮湿时，病斑背面产生黑色霉状物。多雨年份，多个病斑连片，很快造成叶片脱落。

(5)斑点病。斑点病主要危害叶片，特别是展叶20天内的幼嫩叶片，也能危害叶柄、嫩枝和果实。叶片染病后，刚开始为褐色小点，渐渐病斑直径扩大为5~6 mm，红褐色，边缘紫褐色。病斑中心往往有一深色小点或呈同心轮纹状。天气潮湿时，病部正反面均可见墨绿色至黑色霉状物。发病中后期，有的病斑可扩大为不规则形，有的病斑部分或全部呈灰白色，其上散生多个小黑点(为二次寄生菌)，有的病斑破裂或穿孔。秋梢的嫩叶染病最重，叶片上可发生数十个或上百个大小不同的病斑，多数病斑边缀在一起。夏秋季节，病菌可侵染叶柄,发病后产生暗褐色椭圆形凹陷斑,直径 3 ~5 mm,病叶随即脱落或从叶柄病斑处折断。枝条发病,徒长枝或内膛一年生枝容易受害,染病的皮孔突起,芽周变黑,凹陷坏死,边缘开裂。幼果受害多表现可为黑点型、疮茄型、斑点型、黑点褐变型等症状。

2. 苹果早期落叶病的发生原因

诱发苹果早期落叶病的几种早期病害,都是以病菌在病叶上越冬。第二年开始发病的时间以圆斑病最早,在落花后的 5 月上旬发生病害;次为褐斑病,5 月中旬开始发生病害;灰斑病和轮斑病发病较晚,6 月下旬开始发生病害。它们的发病盛期都在 6 ~7 月高温多雨季节。8 ~9 月秋梢嫩叶易感染灰斑病和轮斑病。发病轻重受降雨量和树势的影响很大。在花后降雨多的年份发病早。树势强壮,发病较轻;树势衰弱,发病则重。

苹果早期落叶病的防治

1. 人工防治

苹果早期落叶病以预防为主,做好预防可以有效控制发病程度。药剂防治要掌握好防治时机。加强栽培管理。做好水肥管理,多施有机肥料,增强树势,提高树体抗病能力。

2. 药物防治

3 月,清除病源。病菌在叶上越冬,彻底清除落叶减少越冬病菌;另外,清园后在树体及地面喷布 3 ~5 波美度石硫合剂或 40% 福美胂可湿性粉剂 100 倍液,以铲除各种越冬菌源。5 ~7 月,每年发病前 7 ~10 天喷药,预防受越冬病菌侵染;发病期可连续喷药,控制病害的流行。防治早期落叶病的有效药剂有:80% 必得利 600 ~800 倍液,或 80% 代森锰锌可湿性粉剂 800 倍液,或 70% 甲基托布津 1 200 ~1 500 倍液,或 40% 多菌灵悬浮剂 800 ~1 000 倍液,或 5% 菌毒清水剂 200 ~300 倍液等。

016 苹果霉心病

苹果霉心病,又名心腐病、果腐病、红腐病、霉腐病,是苹果树的主要病害之一。防治不力的苹果园病果率较高。此病害不仅影响果品质量和产量,更影响树体正常生长发育,应及早防治。主要分布在河南、山东、辽宁、山西等地。

苹果霉心病的发生与危害

1. 苹果霉心病的发生症状

苹果霉心病危害果实,引起果心和果肉腐烂。病果外部表现正常,重量明显变轻。苹果霉心病有霉心和心腐两种类型。霉心型是只在果心发霉,产生粉红色或灰绿色霉状物,后期果心形成一个空洞,但果肉不腐烂;心腐型是在果心发霉的同时,果肉从果心发展出现黄褐色腐烂。果实在进入成熟期时开始出现病果,采收前数量明显增多,带病果在储藏期继续扩展危害。果心腐烂发展后期,果面出现水渍状湿腐型的褐色斑块,当多个斑块相连后,全果整个腐烂。病果肉有苦味。

2. 苹果霉心病的发生原因

苹果霉心病病菌在树体上枯枝或地上病落叶和僵果上等处越冬。第二年春季苹果花期病菌经风雨传播，花瓣张开后病菌从花柱、花丝、花瓣和花萼等处侵入，随着生长进入果心。霉心病菌侵入后潜伏，在果中后期发病。

苹果霉心病的防治

1. 品种的选择

建立果园要选择优良品种。因地制宜地选择种植抗病苹果品种。

2. 人工防治

10～12 月，果树落叶后，及时清除菌源。结合修剪，清除树上病果、僵果和病枯枝，以及地上落叶、落果和枝条，集中烧毁病源。

3. 药剂防治

3 月，苹果萌芽前，结合其他病害防治喷 3～5 波美度石硫合剂，或 75% 五氯酚钠粉 100～200 倍液，或 40% 福美胂可湿性粉剂 100 倍液，消除树上越冬病菌。花前花后和坐果期喷 3 次杀菌剂，选择 10% 多抗霉素 1 000～1 500 倍液，或 50% 扑海因可湿性粉剂 800 倍液，或 40% 福星乳油 6 000～8 000 倍液，或 12.5% 特谱唑 2 000～2 500 倍液，或 70% 甲基硫菌灵可湿性粉剂 800～1 000 倍液，或 40% 多霉灵悬浮剂 800～1 000 倍液等。

017 梨黑星病

梨黑星病，又称疮痂病，俗称黑霉病，是梨树的一种主要病害。发生危害后，受害梨树在发病初期，果面产生淡黄色圆形斑点，斑点逐渐扩大并出现略凹陷，斑点处长出黑霉，后病斑变坚硬、木栓化而开裂。果实毁坏严重，不能食用，病害不仅影响树体正常生长发育，更影响果品质量和产量，效益差。梨黑星病主要分布在河南、山东等产区。当梨树发生梨黑星病时，应及早防治。

梨黑星病的发生与危害

1. 梨黑星病的发生症状

梨黑星病主要危害果实、果梗、叶片、叶柄和新梢等，梨树绿色幼嫩组织均可被害。其中，以叶片和果实受害为主。

(1)果实受害症状。受害发病初期果面产生淡黄色圆形斑点，斑点逐渐扩大并出现略凹陷，斑点处长出黑霉，后病斑变坚硬、木栓化而开裂。小幼果受害在果柄或果面产生黑色或墨绿色霉斑，斑为近圆形，受害小幼果大部分脱落。稍大一点幼果受害，变成畸形，不脱落。较大果期受害，果面产生圆形大小不一的黑色病斑，病斑表面粗糙，硬化后开裂。近熟期果受害，产生淡黄绿色病斑，病斑略凹陷，个别病斑上产生霉层。果梗受害后出现椭圆形的黑色凹斑，上着生黑霉。带病果或带菌果冷藏后，病斑上霉层变密。

(2)叶片受害症状。发病初期叶片背面产生多种形状的黄白色病斑，病斑以圆形、椭圆形为主,病斑沿着叶脉扩展。斑上产生黑色霉层,病斑较多时霉层布满整个叶背面,有的延伸到叶下面,通常情况下叶片正面产生圆形或不规则褪色黄斑。叶柄发病时症状与果梗类似。叶柄受害往往引起早期落叶。

(3)新梢受害症状。初期受害产生黑色或黑褐色椭圆形的病斑,病斑中部逐渐凹陷,表面着生黑霉。后期病斑呈疮痂状,边缘开裂。病斑向上扩展通常使叶柄变黑。发病枝梢叶片开始时变红,后期变黄,最后干枯,不易脱落。

(4)芽鳞受害症状。一般枝条上次顶芽容易受害,发病后期产生黑霉,严重时芽鳞开裂枯死。

(5)花序受害症状。花萼和花梗基部受害后出现黑色霉斑,病情扩散延伸到叶簇基部,导致花序和叶簇萎蔫枯死。

2. 梨黑星病的发生原因

梨黑星病病菌主要以分生孢子、菌丝体在腋芽的鳞片、枝梢发病部和落叶上越冬。第二年,3 月上旬,通常最先在新梢基部发病,病梢是其他部位致病菌的传染源。一般在 4 月下旬至 5 月上旬开始发病,7 ~ 8 月雨季为发病盛期。夏秋季雨水多,降雨量大,连续降雨天,空气湿度高,容易引起梨黑星病害的流行。

梨黑星病的防治

1. 清除越冬病菌

10 ~ 12 月,清除园内落叶和残枝落,集中烧毁。3 月下旬或 4 月上旬,展叶后及时喷渗透性强的杀菌剂,清除病源。

2. 加强栽培管理

在梨树生长期,要合理施肥浇水,花落后,每棵树施入复合肥 0.5 ~ 1 kg,9 月下旬,每棵树施入农家肥 40 ~ 50 kg,从而提高树势,增强树体抗病力。

3. 摘除病枝

4 月下旬至 5 月上、中旬,发现病枝时,及时人工摘除发病枝梢和花簇,集中销毁,减少病害的蔓延。

4. 喷药防治

(1)萌芽期防治。3 月上旬,喷 1 ~ 3 波美度石硫合剂或 80% 大生 M - 45 可湿性粉剂 500 倍液进行保护,以及或 40% 福星乳油 6 000 ~ 8 000 倍液,或 12.5% 特谱唑 2 000 ~ 2 500倍液等杀菌剂。

(2)生长期防治。4 ~ 9 月,梨树区进入生长期,从开花到果实采收前喷药,一般需喷药 3 ~ 4 次,在采收前必须喷 1 次药。药剂选择有 40% 福星乳油 6 000 ~ 8 000 倍液、10% 世高 2 500 倍液、12.5% 特谱唑可湿性粉剂 1 000 ~ 2 000 倍液、12.5% 腈唑乳油 2 500 ~ 3 000倍液等。雨季前可喷波尔多液 500 ~ 600 倍液、30% 绿得宝 400 ~ 500 倍液等即可。

018 梨锈病

梨锈病，又名赤星病，是梨树的主要病害之一。其在梨树生产区均有发生。梨锈病发病时易引起枯叶和落叶，造成果畸形，易早落，影响梨果产量和质量，更影响树体正常生长发育，应及时开展防治。

梨锈病的发生与危害

1. 梨锈病的发生症状

梨锈病主要危害梨树嫩叶、新梢和幼果。发病初期叶片产生带光泽的橙黄色小斑点，后逐渐扩大成为中部橙黄色、边缘淡黄色、最外面有一层黄绿色晕的近圆形病斑，表面产生不少橙黄色的小点。湿度大时小点溢出淡黄色黏液。后病斑部位组织慢慢变厚，正面稍凹陷，背面隆起，丛生黄色簇状物，后病斑逐渐变黑。幼果受害时果面出现橙黄色病斑，其上产生小黑点和黄色毛状物。受害后果变畸形早落。新梢、果梗和叶柄被害时，与果实被害症状基本相同，病斑上有黄色簇状物，后期病斑干裂，易引起落叶、落果、枝梢枯死等。

2. 梨锈病的发生原因

梨锈病病菌在转主寄主桧柏枝上形成的菌瘿上越冬，第二年春天，3 月形成侵染物，4 月中旬随风雨传播到梨树上侵害等。梨树展叶开始的 15 ~ 20 天内最易感病。病菌侵染转移到桧柏等转主寄主上，侵染危害，并在松柏上越夏、越冬，第二年春天再形成侵染物，借风传到梨树上侵染危害。这样在梨树和桧柏上一年形成一个循环。病菌在梨树上不重复侵染，一年只侵染一次。

梨锈病的防治

1. 清除寄主

梨锈病在梨树与桧柏之间循环危害，清除梨园周围的桧柏，切断侵染环节，可有效防治锈病的发生。彻底铲除梨园周围 5 km 范围以内的龙柏、松柏等树种，防止传播蔓延。

2. 控制传染源

梨果园周围柏等柏木不能彻底清除时，在 3 月上、中旬用 3 ~ 5 波美度石硫合剂或 40% 福美胂 100 倍液喷桧柏，防止病菌从柏树上传播到梨树。

3. 喷药保护

在梨树萌芽到展叶后 25 ~ 30 天内最易感病的时期喷药保护，以后每隔 10 ~ 15 天喷 1 次，连续喷 3 次。药剂喷布波尔多液 500 ~ 600 倍液，或 15% 粉锈宁乳剂 2 000 倍液，或 65% 代森锌可湿性粉剂 500 倍液，或 20% 萎锈灵可湿性粉剂 400 倍液。

019 梨轮纹病

梨轮纹病，又称粗皮病，是梨树主要病害之一。梨轮纹病危害梨树的枝干、果实、叶片，造成树势衰弱，引起其他病虫害严重发生，此病害不仅影响果品质量和产量，更影响树体正常生长发育。当果树发生了梨轮纹病，应及早开展防治。主要分布在河南、山东、安徽等地。

梨轮纹病的发生与危害

梨轮纹病主要危害梨树枝干、果实、叶片。

1. 梨轮纹病的发生症状

(1)梨轮纹病枝干发病表现。发病初期形成以皮孔为中心的突起斑点，逐渐扩大呈近圆形的暗褐色病斑，中心隆起呈瘤状。后病斑边缘下陷成一个围绕斑的圆圈。第二年斑上产生不明显黑色点。后期发病部与健康部交界处产生裂缝，病斑边缘翘起。病斑向外扩散后，再次形成边缘翘起病斑，连年扩展后多个病斑连在一起，形成不规则大斑，树皮表面粗糙，俗称“粗皮病”。病斑一般限于树皮表层，发病较重的树长势衰弱，后枝条枯死。

(2)梨轮纹病果实发病表现。初期形成以皮孔为中心的水渍状斑，斑圆形坏死，浅褐色至红褐色，后逐渐扩展为清晰的同心轮纹，轮纹红褐色至黑褐色。发病处呈圆锥状向果肉内腐烂，流出酸臭褐色黏液。最后病果逐渐失水干缩成黑色僵果，表面产生黑色粒点。果实发病多在近成熟期和储藏期出现。

(3)梨轮纹病叶部发病表现。形成近圆形或不规则褐色斑，有不明显的同心轮纹，病斑后逐渐变为灰白色。叶上病斑多时，导致叶片焦枯脱落。

2. 梨轮纹病的发生原因

梨轮纹病病菌主要在梨树枝干的病斑上越冬，第二年 3 月上旬产生易随风雨传播的传染物，从皮孔侵染枝干和果实危害。病菌侵入后先期潜伏，待条件适宜才扩展发病。枝干被侵染后，7 ~ 8 月开始出现病斑，果实侵染后一般到成熟临近采收时陆续出现轮纹状病斑。枝干病斑每年春、秋出现两次扩展高峰，夏季基本停滞不扩展。病斑数量和危害程度与降雨次数和雨量大小有关系。发生期，墒情好发病严重。

梨轮纹病的防治

1. 清除越冬菌源

2 月下旬或 3 月上旬，人工及早彻底刮净枝上病斑，剪除枯死枝。刮斑后涂抹托布津油膏或喷溃腐轮纹铲除剂，具有明显的治疗效果。

2. 强化栽培管理

控制氮肥，增施有机肥、磷肥、钾肥，每棵树施入 50 ~ 80 kg，提高梨树的生长树势，增强树体本身抗病能力，是预防轮纹的一个有效措施。

3. 果实套袋

4 月下旬或 5 月下旬，及时疏除病虫害果实或多余的果实，疏果后，喷一次药后，迅速进行果实套袋，能有效防止轮纹病的发生。

4. 药剂防治

5 ~9 月，在梨树生长期喷药，喷药次数根据往年病情、当年降雨及药效长短，确定喷药次数。连续喷 4 ~5 次药，时间为 5 月上、中旬，6 月上、中旬及中、下旬(麦收前和后)，7 月上、中旬，8 月上、中旬。每间隔 10 ~15 天喷施 1 次。药剂可选用 50% 多菌灵可湿性粉剂 800 倍液，或 70% 甲基托布津可湿性粉剂 1 000 倍液，或 50% 退菌特可湿性粉剂 600 倍液，或 40% 杜邦福星 8 000 ~10 000 倍液，或 30% 绿得保杀菌剂 400 ~500 倍液，或 12.5% 速保利可湿性粉剂 2 000 ~3 000 倍液。

020 梨黑斑病

梨黑斑病是梨树的重要病害之一，主要危害叶片，梨树受害后最先发生在嫩叶上。发病初期叶面产生圆形褐色至黑褐色的小斑点，边缘明显。病斑逐渐扩展为圆形或不规则形病斑，中心灰白色至灰褐色，边缘黑褐色，有时病斑上有轮纹。严重受害时引起裂果和落果。此病害不仅影响果品质量和产量，更影响树体正常生长发育。当梨树发生病害时，应及早防治。主要分布在河南、山东、山西等地。

梨黑斑病的发生与危害

梨黑斑病主要危害部位是叶片、果实及新梢，造成果实裂果和落果。

1. 梨黑斑病的发生症状

(1)梨黑斑病危害叶片、果实及新梢的表现。叶片受害，最先发生在嫩叶上。发病初期叶面产生圆形褐色至黑褐色的小斑点，边缘明显。病斑逐渐扩展为圆形或不规则形病斑，中心灰白色至灰褐色，边缘黑褐色，有时病斑上有轮纹。病斑多时，常融合成不规则形大斑，叶片焦枯，变畸形早期脱落。湿度大时，病斑表面产生黑色霉层。

(2)梨黑斑病危害幼果的表现。初期在果面上产生圆形褐色的小斑点，逐渐扩大变成近圆形至椭圆形，颜色变浅为黑褐色，病斑微凹陷，随着果实长大，果面畸形、龟裂，有时裂缝深达果心，裂缝内产生黑霉，引起果实早落。较大果受害时病斑果实软化、腐烂。发病重的果实多个病斑连在一起，可使整个果面呈黑色，为墨绿色至黑色霉层。

(3)梨黑斑病危害新梢及叶柄的表现。初期产生椭圆形黑色病斑，微凹陷，后随梢生长和病斑发展，逐渐扩大为长椭圆形，颜色变淡褐色，凹陷较明显。病斑边缘产生裂缝，发病梢或叶柄易枯死。

2. 梨黑斑病的发生原因

梨黑斑病病菌在病梢或落叶和落果上越冬。第二年春季，3 月上旬越冬产生传播物，经风雨传播，从气孔、皮孔或直接侵入侵染，发病后可引起多次再侵染。高温和高湿有利于病害的发生，4 月下旬开始发病，气温在 24 ~28 ℃，出现连续降雨时，利于黑斑病的发生和蔓延。地势低洼、偏施化肥,梨网蝽、蚜虫危害较重等因素,容易引起该病的危害。

梨黑斑病的防治

1. 清洁果园,减少侵染物

冬季 11 ~12 月或萌芽前 3 月上旬,清除果园内落叶、落果,剪除病枝梢,集中烧毁或深埋,减少第二年的病害发生量。

2. 做好栽培管理,提高树势

在 9 月,增施有机肥料,每棵树施入农家肥 45 ~80 kg,保护梨树良好健壮的长势,提高抗病或越冬的能力。

3. 喷药防治

发芽前喷施 1 次 3 ~5 波美度石硫合剂与 0.3% ~0.5% 五氯酚钠混合液,除治树上越冬病菌。生长期喷药,药剂选择 10% 宝丽安水剂 1 000 ~1 500 倍液,或 50% 扑海因可湿性粉剂 800 倍液,或 80% 大生可湿性粉剂 600 ~1 000 倍液,或 1.5% 多抗霉素水剂 500 倍液等。

021 葡萄白腐病

葡萄白腐病,又称葡萄腐烂病,是葡萄主要病害之一,葡萄发病后会造成病斑、果粒脱落,造成较大经济损失。此病害不仅影响果品质量和产量,更影响树体正常生长发育。发生该病后应及早防治,减少来年病害的发生量。主要分布在河南、安徽、河北、陕西等地。

葡萄白腐病的发生与危害

1. 葡萄白腐病的发生症状

葡萄白腐病在葡萄果实的整个发育期均能发病,主要危害葡萄果实和穗轴,引起穗轴腐烂,或果实早期落果现象发生。同时,还危害枝蔓和新生叶片。

(1)葡萄白腐病在果实上发病的表现。病菌先从果梗或穗轴侵入,发病初为水渍状、淡褐色、边缘不明显的斑点,后病斑逐渐扩展,蔓延到整个果粒。发病果先在基部发生淡褐色软腐,逐渐发展至全粒变褐腐烂,受害开始果粒腐烂,上面出现白色的小点。最后病果失水干枯,成黑褐色僵果,僵果挂树不脱落;果实上浆后感病,病果不干枯,受碰撞容易脱落。

(2)葡萄白腐病在枝蔓上发病的表现。通常发生在新萌蘖枝、受损伤的枝蔓,以及新梢摘心处、果实采收后留下的果柄等处。初期病斑呈淡黄色、水渍状,后枝蔓表皮变褐、纵裂、韧皮部与木质部分离,如刮麻状。发病部与健康交界处,变粗呈瘤状。其上叶片较早变黄或变红,病果、病蔓都有一种特殊的霉烂味。

(3)葡萄白腐病叶片上受害表现。多在叶缘、叶尖处开始发生,病斑初呈水浸状、浅褐色,呈圆形,具不明显轮纹。发病叶斑干枯破裂。空气潮湿时,表面着生白色小点。

2. 葡萄白腐病的发生原因

葡萄白腐病病原菌在病枝蔓、落果及落叶上越冬。通过风雨、昆虫传播,由伤口、气孔等处侵入,侵入后潜伏,条件适宜时发病。气温高,阴湿多雨天气容易发病,6 月中、下旬开始发病,7 月下旬至 8 月上旬为发病盛期。果园地势低洼、排水不良、管理粗放、杂草丛生时发病严重。

葡萄白腐病的防治

1. 清除越冬菌源

在 11 ~ 12 月,结合冬季修剪,剪除病枝蔓,及时清理园内枯枝落叶,统一销毁。减少第二年传染源。

2. 加强栽培管理

在 4 ~ 6 月,提高果架,改善通风透光条件;提高结果粒,减少病菌侵染机会;及时摘心、绑蔓,以及剪除病蔓和发病果;多施有机肥,注意排水,增强树势,提高树体抗病力。

3. 药剂防治

3 月上旬,发芽前喷 2 波美度石硫合剂和 0.3% 五氯酚钠 200 倍液;6 月中旬以后,喷 50% 退菌特 800 倍液,或 50% 多菌灵 1 000 倍液,或苯莱特 800 ~ 1 000 倍液,或 50% 福美双 800 倍液,或 70% 代森锰锌,或 64% 杀毒矾 700 倍液,均能达到好的防治效果。每隔 10 ~ 15天喷 1 次药,连续喷布 2 次即可。

022 葡萄炭疽病

葡萄炭疽病,又名晚腐病,是葡萄主要发生的生理病害之一。主要危害果实,也可危害葡萄穗、新梢、叶片和叶柄等。造成葡萄树势衰弱、枯枝落叶,此病害不仅影响果品质量和产量,更影响树体正常生长发育。应及早防治,提高树势,增产增收。主要分布在河南、山东、安徽、河北等地。

葡萄炭疽病的发生与危害

1. 葡萄炭疽病的发生症状

(1) 葡萄炭疽病在果实上危害的表现。初发病时果面上产生圆形、水浸状的浅褐色斑点,后颜色加深,斑凹陷,其上产生同心轮纹状排列的黑色小粒点。遇潮湿天气,小粒点溢出粉红色黏稠物,为病菌繁殖产物。病果逐渐失水干枯,变成僵果,不脱落。

(2) 葡萄炭疽病在病菌侵染穗油、叶柄、新梢、叶片时,一般不表现大的症状,只有在阴雨天气或潮湿时,在感病部位隐约出现粉红色黏状物。

2. 葡萄炭疽病的发生原因

葡萄炭疽病病菌在当年发病部位越冬。通过风雨、气流和昆虫传播,从皮孔、气孔和伤口侵入。第二年 5 ~ 6 月条件适宜时,带菌蔓上的病菌产生可传播侵染的孢子,借雨水或昆虫传播到果实上,萌发侵入完成初次侵染。7 ~ 8 月高温多雨常导致病害流行。高温多雨、排水不良、棚架过低、密度过大等不良条件,以及薄皮品种、晚熟品种和优良品种等情况病情较重。

葡萄炭疽病的防治

1. 加强田间管理

提高果架，改善通风透光条件；合理修剪，适量留枝，调整到合理密度；及时排水，降低湿度，改善小气候；多施有机肥，少施氮肥，提高抗病能力。

2. 清除传染源

4～7月，在葡萄生长期及时剪除病枝、病果穗及卷须，深埋或烧毁；11～12月，葡萄进入越冬时期，结合修剪，彻底清除发病后留在树上的病枝、穗等，减少病菌来源。

3. 药剂防治

3月上旬，萌芽前，喷2波美度石硫合剂和0.3%五氯酚钠200倍液，或40%福美胂200倍液。生长期，5月中、下旬开始，喷50%退菌特可湿性粉800～1 000倍液，或80%炭疽福美胂可湿性粉剂600～800倍液，或500～800倍波尔多液等。每隔10～15天喷1次药，连续喷布2次。

023 葡萄黑痘病

葡萄黑痘病，又名疮痂病，是葡萄树上常见的一种主要生理病害，葡萄产区均有分布。气温高、多雨潮湿地区发病尤重。葡萄黑痘病不仅影响果品质量和产量，更影响树体正常生长发育。应及早防治，加强科学技术管理，提高产量。主要分布在河南、河北、山东、安徽等地。

葡萄黑痘病的发生与危害

葡萄黑痘病主要危害部位是幼嫩果实、叶柄、嫩叶、嫩梢和卷须。

1. 葡萄黑痘病的发生症状

（1）葡萄黑痘病在叶片上危害的表现。最初产生针头大的圆形点，红褐色至黑褐色，周围有黄色晕圈。后逐渐扩大成圆形或不规则形斑，中央凹陷，颜色变浅呈灰褐色，边缘色深。病斑干枯破裂穿孔。

（2）葡萄黑痘病在新梢、卷须、叶柄上危害的表现。初期产生圆形或不规则小点，后扩大呈灰褐色病斑，边缘深褐色，中间凹陷龟裂。新梢发病影响生长，以后萎蔫变黑枯死。

（3）葡萄黑痘病在幼果上危害的表现。初产生圆形褐色小斑点，后病斑逐渐扩大，中央凹陷，呈灰白色，边缘褐色至深褐色，形似鸟眼。后期病斑硬化开裂，果实停止生长，味酸不能食用。

2. 葡萄黑痘病的发生原因

葡萄黑痘病病菌主要在发病的蔓、梢的斑内越冬。第二年5月产生可传播侵染的孢子，通过风雨、昆虫传播，直接侵入嫩叶、新梢等幼嫩体上，完成初次侵染；后发病部位产生可传播的侵染物孢子，通过传播进行多次再侵染。多雨、高湿有利于孢子的形成、传播和萌发侵染。

葡萄黑痘病的防治

1. 做好栽培管理

多施有机肥,少施氮肥,防止植株徒长;合理修剪,合理留果,及时排水,提高树势,增强抗病能力。

2. 消灭菌源

5~7 月,葡萄生长季节及时剪除病果、病梢、病叶;结合冬季修剪后将病残体剪下,深埋或烧毁。

3. 药剂防治

3 月中旬,萌芽前喷 2 波美度石硫合剂和 0.3% 五氯酚钠 200 倍液。生长期,每隔 10~15天喷 1 次,喷布 1:0.5:200 波尔多液,或 50% 退菌特 800 倍液,或 50% 多菌灵1 000 倍液。一定做好花前、花后两次关键性喷药。

024 葡萄白粉病

葡萄白粉病是葡萄树上常见的一种主要病害,其主要危害葡萄叶、梢和果实,受害的植株发病部位常产生一层白色至灰白色的粉状霉层。此病害不仅影响果品质量和产量,更影响树体正常生长发育。应及早防治,科学管理,才能丰产丰收。主要分布在河北、河南、山东等地。

葡萄白粉病的发生与危害

1. 葡萄白粉病的发生症状

(1)葡萄白粉病在叶片上的危害表现。发病初期,叶片上出现不规则的褪绿小斑块,后斑颜色变为褐色,上逐渐着生一层白色粉状霉层。当粉斑蔓延到整个叶面时,叶面焦枯。

(2)葡萄白粉病在新梢、果梗、穗上的危害表现。表皮出现不规则的灰白色粉斑,后成褐色网状花纹。发病后使枝梢生长受阻,果梗和穗轴变脆,容易折断。

(3)葡萄白粉病在果实上的危害表现。果面出现褐色斑,上着生白色粉状霉层,生长停止,有时变畸形。遇多雨时节,病果易纵向开裂、果肉外露,极易腐烂。

2. 葡萄白粉病的发生原因

葡萄白粉病病菌在当年发病枝蔓病斑内越冬,第二年条件适宜时,越冬病菌萌发形成传播孢子,借风雨、昆虫传播,通过皮孔、气孔等自然孔侵入。一般 7 月上旬开始发病,7 月下旬至 8 月为发病盛期。高温、阴湿的天气,栽植过密、氮肥过多,通风透光不良,均有利于发病。

葡萄白粉病的防治

1. 加强果园管理

5～8月，在葡萄生长期及时清除发病叶、梢和果；冬季清洁园内病落叶和残枝，减少越冬侵染源。以施有机肥为主，做好排水和通风透光处理，提高树势，增强抵抗病害侵染能力。

2. 喷药剂防治

3月上旬，葡萄芽萌发前，喷2波美度石硫合剂和0.3%五氯酚钠200～300倍液，铲除越冬病菌。生长期可喷50%托布津500～600倍液，或25%粉锈宁可湿性粉剂1 000倍液，或300倍硫黄胶悬剂，或20%三唑酮乳油2 000～3 000倍液，或落花后至果实始熟期喷1∶1∶200倍的波尔多液，每15天喷1次，连喷3～4次即可。

025 葡萄霜霉病

葡萄霜霉病是葡萄生产中常见的一种主要病害，葡萄产区均有发生。发病严重时叶片干枯早落，枝梢扭曲变形，果瘦小酸涩，对树的生长和产量影响较大。此病害不仅影响果品质量和产量，更影响树体正常生长发育。及早防治，细心管理，增强树势，才能丰产丰收。主要分布在河南、山东、安徽、辽宁等地。

葡萄霜霉病的发生与危害

葡萄霜霉病主要危害部位是叶片、嫩梢、花梗、叶柄和果等。

1. 葡萄霜霉病的发生症状

(1)葡萄霜霉病在叶片上的危害表现。最初叶面产生水渍状、半透明的淡黄色小斑点。后逐渐扩大，多个大斑融合连在一起，形成不规则的大斑，为黄褐色。叶焦枯、卷缩，容易早落。空气潮湿时，病斑背面产生一层白色霉状物。

(2)葡萄霜霉病在嫩梢、花梗、叶柄和卷须上的危害表现。葡萄霜霉病发病后，产生水渍状黄褐色病斑，微凹陷。潮湿时病部也产生稀少的白色霉层；发病不久受害部位生长停止，扭曲变形，皱缩，甚至枯死脱落。

(3)葡萄霜霉病在幼果上的危害表现。葡萄受害果面变灰绿色，果面布满白色霉层，病果先变硬后变软，容易脱落。

2. 葡萄霜霉病的发生原因

葡萄霜霉病病菌在各个发病的残体上越冬。第二年条件适宜时萌发，产生借风雨传播的孢子，由气孔、水孔等自然孔侵入。初次侵染成功后，再经萌发产生孢子，进行再次侵染危害。7～8月开始发病，8月下旬至9月为发病盛期。多雨、高湿有利于孢子的形成、传播和萌发侵染。

葡萄霜霉病的防治

1. 加强田间管理

提高果架，改善通风透光条件；合理修剪，适量留枝，防止枝叶过密；及时排水，降低湿度，改善小气候；多施有机肥，少施氮肥，提高抗病能力。

2. 清除传染源

生长期及时剪除病枝、病果穗及卷须，深埋或烧毁；越冬时期，结合修剪，彻底清除发病后留在树上的病枝、穗等，减少病菌来源。

3. 药剂防治

3 月上旬，芽萌发前，结合防治其他病害喷 1:0.7:(200～240)波尔多液；生长期发病后，喷 40%的 300 倍液乙膦铝，或 64%桑毒矾 700 倍液，或 50%瑞毒霉 600 倍液。5%绿源铜、27.12%铜高尚、50%大生 M－45、80%喷克等 500～600 倍液，对抗药性病菌防效较好。

026 葡萄蔓割病

葡萄蔓割病，又叫葡萄蔓枯病，是葡萄枝蔓的主要病害之一。以龙眼、玫瑰香等品种发病较重，该病能造成树势衰弱，枝蔓干裂枯死。此病害不仅影响葡萄枝蔓、果品质量和产量，更影响树体正常生长发育。应及早防治，科学管理，提高树势，增加产量。

葡萄蔓割病的发生与危害

葡萄蔓割病主要危害部位是葡萄枝蔓。

1. 葡萄蔓割病的发生症状

葡萄蔓割病主要侵染当年生新蔓。病菌侵入新梢后，潜伏皮层内，当年不表现出症状。第二年 3 月上旬，春天发芽时期，感病枝蔓有的发芽晚或不发芽，发病部位表皮粗糙、翘起，病斑延纵向扩展，表露皮层变为黑褐色，上面有不明显的丘状突起。病菌侵染多年生枝蔓，最初出现红褐色、稍凹陷的病斑，后斑扩大成梭形，病部皮层腐烂成褐色。多年生枝蔓感病其上芽能萌发新梢，节间短，叶黄。

2. 葡萄蔓割病的发生原因

葡萄蔓割病病菌在感病枝蔓上斑内越冬。第二年 5～6 月，病菌萌发产生借风雨传播的孢子角，通过伤口或皮孔、气孔等自然孔口侵入，在皮层内蔓延扩展，经 1～2 年，发病蔓出现矮化或黄化现象，严重时全蔓枯死。

葡萄蔓割病的防治

1. 加强管理

做好水肥管理，提高树势，增强抗感染能力；减少伤口，降低病菌侵入概率。

2. 处理病斑

及时剪除发病较重病蔓。对发病较轻的刮病斑，喷 5 波美度石硫合剂或 40%福美胂

100 倍液。

3. 药剂防治

发芽前喷铲除剂 3 波美度石硫合剂加 200 倍五氯酚钠。5 ~ 6 月喷 40% 的福美胂或 50% 退菌特 500 ~ 600 倍液，或 600 ~ 800 倍波尔多液，重点喷布枝蔓。

027 葡萄房枯病

葡萄房枯病，又名穗枯病、粒枯病，是葡萄树上常见的一种主要病害。此病害不仅影响果品质量和产量，更影响树体正常生长发育，影响来年葡萄生产，应及早防治，科学管理，增强树势，提高产量。葡萄产区均有发生，主要分布在河南、山东、安徽等地。

葡萄房枯病的发生与危害

1. 葡萄房枯病的发生症状

葡萄房枯病主要危害果梗和穗轴。发病初期果梗基部或接近果粒处出现淡褐色病斑，随着发展病斑变为褐色，蔓延到穗轴上，引起穗轴发病。当病斑扩展绕果梗一圈时，出现干枯萎缩。果感病受害，先在果蒂部失水萎蔫，并出现不规则褪色斑。后扩展到全果，果变灰褐色，干缩成僵果，不脱落。病果表面产生稀疏且较大的黑色小粒点。叶受害时，出现红褐色圆形小点，后扩大呈边缘褐色，中间灰白色病斑，斑上产生黑色小点。

2. 葡萄房枯病的发生原因

葡萄房枯病病原菌在病僵果或叶片上越冬，第二年 5 ~ 7 月，病菌萌发借风雨传播的孢子，通过皮孔、气孔等自然孔口侵入，完成初次侵染。病菌在高温多雨的 7 ~ 8 月，气温在 15 ~ 35 ℃时，病害容易发生。

葡萄房枯病的防治

1. 加强果园管理

5 ~ 7 月，在葡萄生长期，及时清除园内或树上发病果梗、果粒和叶等，减少侵染源。

2. 加强栽培管理

4 ~ 9 月，合理施肥浇水，摘心、剪梢，及时排水，改善通风透光条件，提高树势，增强树抗感染能力。

3. 药剂防治

3 月上旬，芽萌动期全树喷布 3 ~ 5 波美度石硫合剂，铲除越冬菌源。落花后开始喷 1∶0.7∶200波尔多液，每 10 ~ 15 天喷 1 次，或用 10% 的施保功可湿性粉剂 1 500 ~ 2 000 倍液，或 50% 的世高可湿性粉剂 5 000 ~ 6 000 倍液，或用 50% 退菌特 500 ~ 800 倍液，防止出现抗药性，所用药剂交替使用。

028 葡萄毛毡病

葡萄毛毡病，实际上是锈壁虱寄生所致，但果农习惯称为病害。锈壁虱，属节肢门、蛛形纲、壁虱目。虫体圆锥形，体长 0.1 ~ 0.3 mm，体具很多环节，近头部有两对软足，腹部细长，尾部两侧各生一根细长的刚毛。此病害不仅影响树体正常生长发育，更影响果品质量和产量。当葡萄树发生了病害，应及早防治，积极消灭。主要分布在河南、山东、安徽等地。

葡萄毛毡病的发生与危害

葡萄毛毡病主要危害部位是叶片，也危害嫩梢、幼果及花梗。

1. 葡萄毛毡病的发生症状

葡萄毛毡病造成叶片受害，最初叶背面产生许多不规则的白色病斑，逐渐扩大，其叶表隆起呈泡状，背面病斑凹陷处密生一层毛毡状白色茸毛，茸毛逐渐加厚，并由白色变为茶褐色，最后变成暗褐色，病斑大小不等，病斑边缘常被较大的叶脉限制呈不规则形，严重时，病叶皱缩、变硬，表面凹凸不平。枝蔓受害，常肿胀成瘤状，表皮龟裂。

2. 葡萄毛毡病的发生原因

葡萄毛毡病以锈壁虱成虫在芽鳞或被害叶片上越冬。第二年 3 月上旬，春天葡萄芽萌动期，锈壁虱由芽内移动到幼嫩叶背茸毛内潜伏为害，吸食汁液，刺激叶片产生毛毡状茸毛，以保护虫体进行为害。

葡萄毛毡病的防治

1. 加强园内田间管理

11 ~ 12 月结合冬季修剪，冬季修剪后彻底清洁田园，把病残收集起来烧毁。4 ~ 8 月，在葡萄生长期，及时清除受害叶；或发病期及时摘除病叶，也要集中烧毁；或发病初期及时摘除病叶并且深埋，防止扩大蔓延。

2. 人工喷药防治

3 月中旬，芽开始萌动时，喷 1 次 3 ~ 5 波美度石硫合剂，以杀死越冬虫源；发芽后喷 1 次 0.3 ~ 0.4 波美度石硫合剂，或喷敌杀死 800 ~ 1 000 倍液。

3. 加强葡萄苗木管理

从病区引进苗木时，必须用温汤消毒。方法是把苗木先放入 30 ~ 40 ℃温水中浸 3 ~ 5 分钟，再移入 50 ℃温水中浸 5 ~ 7 分钟，即可杀死潜伏的锈壁虱。

029 葡萄裂果病

葡萄裂果病是葡萄园常见的生理病害。葡萄裂果原因除白粉病危害和果间挤压引起的裂果外,主要是葡萄果实内水分变化大,果内水压高引起。同时,还与土壤水分变化过大有关。只有提早预防,才能避免裂果现象的出现,保证葡萄品质,提高葡萄收益。主要分布在河南、河北、山东、山西等地。

葡萄裂果病的发生与危害

葡萄裂果病主要危害部位是果实,造成裂果现象发生。

1. 葡萄裂果病的发生症状

葡萄裂果病主要是在葡萄果实接近采收期间发生病害,即果实成熟期,果实果皮开裂,随即果粒腐烂和发酵,果实上浆后,果粒开裂,有时露出种子,裂口处易感染真菌腐烂。严重者整株果实没剩几粒好果,造成减产甚至绝收,发病轻者,穗形不整齐,降低商品价值,失去经济价值。

2. 葡萄裂果病的发生原因

葡萄裂果病属于生理病害,裂果原因除白粉病危害和果间挤压引起的裂果外,主要是果内水分变化大,果内水压高引起。葡萄生长期比较干旱,果实近成熟期遇到大雨或大水漫灌,果吸小过大,果实膨压增大,至使果粒纵向裂开,果实品质下降。

葡萄裂果病的防治

1. 优质品种选择

在栽植葡萄时,应根据本地的气候及土壤情况选择不易裂果的品种,如‘京亚’‘巨峰’等。

2. 加强田间管理

葡萄栽培地宜选择旱能浇、涝能排的通透性好的沙壤土。注意葡萄生育期水分的合理供应,使土壤含水量保持在一个比较持续稳定的状态,防治水分大起大落,避免旱害和涝害的发生,切忌在后期骤灌猛灌。

3. 科学合理施肥

葡萄生长前期和中后期对养分的需求是有差异的,前期发芽长叶抽枝需要一定量的氮素养分,在幼果期、果实发育中期至采收前,对磷、钾的需求量很大,基肥和追肥应选择不同养分配比的肥料,尤其是后期应避免施单一的氮素肥料或含氮量高的肥料,应重视追施磷、钾肥。同时,钙、硼等中微量元素养分也能加强果皮的延展性,减轻裂果,后期追肥可叶面喷施氨基酸螯合钙、硼等养分。

4. 叶片果实的保留

在果实成熟前10~15天,要注意叶果量的保留比例,避免留叶过少。一般来讲,果穗以上副梢可留1~2片叶,达到每果枝正常叶片25片以上。增强叶片调节水分的能力,减少因水分调节能力差造成裂果。合理修剪,控制产量。适当疏穗疏粒可使葡萄生长健壮。减少因挂果过多树势衰弱引起的裂果和果穗过于紧密造成的挤压裂果。

5. 采用设施避雨栽培

采用避雨栽培,可有效减轻裂果及病害的发生。如在葡萄架上搭小拱棚、地面铺塑料膜,防止裂果的效果明显。

6. 科学合理使用膨果剂

目前,市场上的葡萄膨果剂产品良莠不齐,加之很多种植户对产品的认识不足,不能科学合理使用而加重裂果。建议果农使用正规厂家生产的葡萄膨果剂。

7. 尽量不用或少用乙烯利催熟

用乙烯利催熟,浓度低了效果不明显,浓度高了则有裂果、落叶、落果等副作用。可通过合理控产及使用"氨基酸螯合稀土"来促进成熟。在葡萄展叶、自然落果、果实膨大和着色期喷施稀土,可增加糖度,提早着色5~7天,还可以提高葡萄产量,增强抗逆能力,减轻白腐病等病害的发生。

8. 喷药防治病害诱发

6~8月,葡萄进入生长期,尤其在膨果期重视和加强病害防治,及时叶面喷药,喷布百菌清500~800倍液或多菌灵600~800倍液防治病害发生,交替喷布使用,也是减少裂果的重要措施。

030 樱桃流胶病

樱桃流胶病是樱桃树的主要病害之一。主要危害樱桃主干和主枝,严重时导致树势衰弱,树木枯死。此病害不仅影响果品质量和产量,更影响树体正常生长发育。当樱桃树发生了流胶病,应及早防治,提高树势,增进树体健康生长,从而实现丰产丰收。主要分布在河南、山东、安徽等地。

樱桃流胶病的发生与危害

1. 樱桃流胶病的发生症状

樱桃流胶病,在3月中旬,即春季樱桃树液流动时开始发生流胶,多发生在枝干伤口部位和枝杈处,初期伤口肿胀,流出黄白色半透明的黏质物,皮层及木质部变褐,局部出现干腐。溃疡流胶病由子囊菌亚门的葡萄座腔菌引起,该菌为弱寄生菌,具有潜伏侵染的特性。受病菌侵染后,病部树体内有树脂产生,但不立即流出,而存留于木质部与韧皮部之间,病部微隆起,随着树液活动,从病部的皮孔或伤口处流出。病部初为无色略透明或暗褐色,后期变为黑褐色,坚硬。枝干受虫害、冻害、日灼伤及其他机械损伤的伤口是病菌侵入的重要进口。分生孢子靠雨水传播。从春季树液活动时病部就开始流胶,6月上旬以后发病逐渐加重,雨季发病最重。樱桃流胶病每年有两次发病高峰,即5月中旬至6月下旬和8月上旬至9月下旬,其表现症状分为干腐型和溃疡型流胶两种。干腐型多发生在主干、主枝上,初期病斑不规则,呈暗褐色,表面坚硬,常引发流胶,后期病斑呈长条形,干缩凹陷,有时四周开裂,表面密生小斑点。

2. 樱桃流胶病的发生原因

樱桃流胶病发病主要原因:一是樱桃真菌、细菌危害,如褐斑病、干腐病、穿孔病等均能引起流胶;二是虫害蛀干造成的伤口诱发流胶,如桃红颈天牛、金缘吉丁虫、桑白介壳虫、金龟子等虫害;三是根部病害引起,如根癌病、腐烂病;四是机械损伤,过重修剪,剪锯口处理不合理,以及冻害、日灼伤等也能引起流胶;五是建园不合理,土壤黏重,通气、排水不良,园内积水,使树体产生生理障碍,也能引起流胶。

樱桃流胶病的防治

1. 水肥管理

在2~3月,即萌芽前后对树体进行一次灌水。同时,施肥一次,施肥以有机肥为主。4月上旬,果实膨大期,及时浇灌大水,出现积水时,及时排水,保持健壮树势。

2. 药物防治

加强病虫害防治,减少枝干病虫危害造成伤口;4月上旬,树冠叶面喷布一次灭蚜威700~800倍液,灭杀蚜虫。或药剂喷施防治,在生长季适时喷药:侵染性流胶病弹出分生孢子的时期,可结合防治其他病害,喷靓果安600~800倍液+渗透剂进行预防。每隔7~10天喷1次,连喷2~3次即可。

3. 科学合理修剪

3月上旬,樱桃树液流动前完成冬剪,在修剪时要科学合理,尽量少去大枝,防止出现较大伤口。

4. 及时刮除胶疤

4~6月,对树干流出的胶疤,人工及时刮除,刮除后及时涂50%退菌特1份、50%悬浮硫5份、水20份混合液进行保护,防止再次感染发生病害。或先用刀将病部干胶和老翘皮刮除,并用刀划几道,并将胶液挤出,然后使用溃腐灵5倍液+渗透剂如有机硅等,涂抹即可(注意涂抹面积应大于发病面积的1~2倍),严重时间隔7~10天再涂抹一次。涂抹的最适期为树液开始流动时,此时正是流胶的始发期,发生株数少、流胶范围小,便于防治,减少树体养分消耗。以后随发现随发动人力涂抹防治。

031 樱桃穿孔病

樱桃穿孔病,又名樱桃细菌性穿孔病,是樱桃树常见的林木病害。此病害不仅影响樱桃树体正常生长发育,更影响果品质量和产量。同时,导致早期落叶,还影响下一年产量。当发生了樱桃穿孔病,应及早防治,科学管理,才能提高产量。主要分布在河南、山东等地。

樱桃穿孔病的发生与危害

1. 樱桃穿孔病的发生症状

樱桃穿孔病主要危害樱桃叶片。樱桃叶片受害后，受害初期呈半透明水渍状淡褐色小点，后扩大成圆形、多角形或不规则形病斑，直径为 1 ~ 5 mm，紫褐色或黑褐色，周围有一淡黄色晕圈。或受害叶片，初为水渍状半透明淡褐色小病斑，后发展成深褐色，周围有淡黄色晕圈的病斑，边缘发生裂纹，病斑脱落后形成穿孔或一部分与叶片相连。或叶片初发病时，有针头大的紫色小斑点，以后扩大并相互联合成为圆形褐色病斑，直径为 1 ~ 5 mm，病斑上产生黑色小点粒，最后病斑干缩，脱落后形成穿孔。湿度大时，病斑后面常溢出黄白色黏质状菌脓，病斑脱落后形成穿孔。

2. 樱桃穿孔病的发生原因

樱桃穿孔病由一种黄色短秆状的细菌侵染造成，病菌在枝条的腐烂部位越冬，第二年 3 月，病部组织内细菌开始活动，樱桃树开花前后，病菌从病部组织中溢出，借风雨或昆虫传播，经叶片的气孔、枝条的芽痕和果实的皮孔侵入。一般情况，3 ~ 4 月春雨期间发生，夏季干旱 7 ~ 8 月发展较慢，9 月雨季又开始后期侵染。病菌的潜伏期因气温高低和树势强弱而异。气温 30 ℃时潜伏期为 8 天，25 ~ 26 ℃时为 4 ~ 5 天，20 ℃时为 9 天，16 ℃时为 16 天。枝繁叶茂、树势强的樱桃树上潜伏期可长达 35 ~ 40 天。幼果感病的潜伏期为 14 ~ 21 天。樱桃穿孔病一般 5 ~ 6 月开始发病，8 ~ 9 月达到发病高峰期。引起早期落叶，影响来年产量。

樱桃穿孔病的防治

1. 加强樱桃树的管理

11 ~ 12 月，开展冬季果树修剪，结合修剪，剪除病枝，彻底清除枯枝、落叶及落果，集中烧毁，消灭越冬菌源；容易积水、树势偏旺的果园，要注意排水；修剪时疏除密生枝、下垂枝、拖地枝，做到合理修剪，适量留枝，调整到合理密度；改善通风透光条件；增施有机肥料，避免偏施氮肥，增强树势，提高树体抗病能力。多施有机肥，少施氮肥，提高抗病能力。防止早期落叶，影响下一年产量。

2. 加强喷布药剂防治

3 月上旬，芽萌发前，喷 2 波美度石硫合剂和 0.3% 五氯酚钠 200 倍液，或 40% 福美胂 200 倍液。上年发病较重的果园，展叶后喷 1 ~ 2 次 70% 代森锰锌 600 倍液，或 70% 百菌清 500 ~ 700 倍液。生长期，6 ~ 8 月每月喷一次 1∶1∶200 波尔多液。樱桃开花期，花后半个月开始每隔 10 ~ 15 天喷 1 次 72% 农用链霉素可湿性粉剂 3 000 倍液，或 90% 新植霉素 3 000 倍液，或 65% 代森锌可湿性粉剂 500 ~ 600 倍液等，防治病害的发生，从而促进樱桃树健康生长和增加产量。

032 樱桃根癌病

樱桃根癌病，又名根肿瘤病。肿瘤多发生在樱桃树根表土下根颈部、主根与侧根连接处或接穗与砧木愈合处。病菌从伤口侵入，形成肿瘤。随肿瘤变大，细根变少，树势变弱，病株生长矮小，叶色黄化，提早落叶，影响树体正常生长发育，更影响产量和品质，严重时全株干枯死亡，应及早科学防治。主要分布在河南、山西、山东等地。

樱桃根癌病的发生与危害

樱桃根癌病主要危害部位是根部、根茎部，造成树势衰弱，严重时树枯死。

1. 樱桃根癌病的发生症状

樱桃根癌病为细菌性病害，病原菌及病瘤存活在土壤中或寄主瘤状物表面，随病组织残体在土壤中可存活 1 年以上。灌溉水、雨水、嫁接、修剪、其他作业、农具及地下害虫均可传播病原细菌。病菌由嫁接伤口、虫害伤口入侵，受害 3 个月时间有明显瘤子表现症状；6～8 月为病害的高发期。在土壤黏重、排水不良的樱桃果园发病较重。初期肿瘤乳白色或略带红褐色，后期内部木质化，颜色渐深，变成深褐色，质地较硬，表面粗糙，并逐渐龟裂，多为球形或扁球形。患病早期，苗木或树体的地上部分无明显症状。

2. 樱桃根癌病的发生原因

樱桃根癌病病菌在瘤状组织内部越冬，瘤外层开裂后，细菌随雨水、灌水和昆虫传播，进入土壤侵染根部；在新栽樱桃树的地下土中，害虫也是传播途径；樱桃苗木带病是根癌病发生的直接因素和主要诱发原因。

樱桃根癌病的防治

1. 科学建立樱桃果园

（1）选购苗木要检疫。选购的苗木在栽植前应进行检疫，杜绝栽植携带根癌病苗木，发现携带根癌病的苗木及时进行除害处理或销毁；或选用抗根癌的砧木繁育苗木。

（2）要选用樱桃优良品种。中国樱桃、马哈利樱桃和酸樱桃等作嫁接砧木，发病较轻。实生甜樱桃作砧木发病重，不宜采用。

（3）要科学合理栽植。一是土壤选择。选择前茬未种植核果类果树或樱桃的地块建园，土壤以通气性好的沙壤土为好。外地采购的苗木，定植前对苗木进行严格消毒。栽植前最好用石灰乳（石灰∶水＝1∶5）蘸根或用 1% 硫酸铜液浸根 5～10 分钟，再用水洗净后栽植。施肥以有机肥为主；秋季深翻果园，增加土壤的透气性；及时排出园内积水。

2. 采用药剂防治

对发病的樱桃树，先将樱桃根部土壤扒开，切除病瘤（注意病瘤要烧毁），晾干伤口，用 5% 农用链霉素可湿性粉剂 500 倍液或用 20% 噻菌酮（龙克菌）可湿性粉剂 600 倍液或 5% 硫酸铜液灌根，然后覆土，覆土最好选用客土。发现病株后，及时挖开土壤刨出根晾晒,剪除感病组织,然后用石硫合剂涂抹消毒,并用根癌(k84)30倍液或40%多菌灵100倍液灌根。挖除重病和病死株,及时烧毁。

033 樱桃干腐病

樱桃干腐病,是樱桃树5年生幼树发生的病害。樱桃树势弱时发病,树势健康,则该病停止扩展。所以应加强樱桃树科学管理,当樱桃树发生病害时,应及早防治。主要分布在河南、山东、安徽、山西等地。

樱桃干腐病的发生与危害

1. 樱桃干腐病的发生症状

樱桃干腐病主要发生在枝上或树干上。初期发病形成不规则的暗褪色斑,后斑逐渐变硬,表面渗出深褐色黏液。最后斑失水干缩下陷,边缘开裂,表面着生许多小黑点。膜状剥离,露出韧皮部。

2. 樱桃干腐病的发生原因

樱桃干腐病病菌在当年发病枝蔓病斑内越冬,第二年条件适宜时,越冬病菌萌发形成传播孢子,借风雨、昆虫传播,通过皮孔、气孔等自然孔侵入。一般7月上旬开始发病,7月下旬至8月为发病盛期。高温阴湿天气,栽植过密、氮肥过多、通风透光不良,均有利于发病。

樱桃干腐病的防治

1. 加强果园栽培管理

科学管理,增强树体的抗病能力,增施有机肥,避免偏施氮肥,培养健壮树势,提高树体抗逆性;栽植樱桃树,最后异地土封存定植。

2. 尽量避免造成伤口

保护树体,生长季节应当加强病虫害综合防治,并且注意尽量减少对树体的机械损伤。重视自然灾害后的树体保护,尤其是在冰雹后对树体的保护。在冬春季枝干涂白或涂抹防冻剂,防止日灼和冻害;改善土壤,及时中耕松土,排水防涝,改善土壤通气状况。施肥以有机肥为主,做好排水和通风透光处理,提高树势,增强抵抗病害侵染能力。

3. 喷药人工防治

3月上旬,樱桃树芽萌发前,喷5波美度石硫合剂或40%福美胂100倍液;发病期刮病斑,涂腐必清,或托福油膏,或843康复剂。0.3%五氯酚钠200倍液,铲除越冬病菌。生长期可喷50%托布津500倍液,或喷25%粉锈宁可湿性粉剂1 000倍液,或300倍硫黄胶悬剂,或20%三唑酮乳油2 000~3 000倍液,或落花后至果实始熟期喷1:1:200倍的波尔多液,每隔10~15天喷1次,连喷3~4次即可。

034 樱桃褐腐病

樱桃褐腐病，又称灰星病，是樱桃树果园中的主要病害，樱桃树产区均有发生。樱桃褐腐病菌主要以菌丝在僵果及枝梢溃疡斑中越冬，第二年3月产生大量的分生孢子，由分生孢子侵染花、果、叶，再蔓延到枝上。花期低温多雨潮湿，易引起花腐，后期温暖多雨多雾易引起果腐。此病害不仅影响果品质量和产量，更影响树体正常生长发育。应当加强果园管理，及早防治。主要分布在河南、山东、河北等地。

樱桃褐腐病的发生与危害

1. 樱桃褐腐病的发生症状

樱桃褐腐病主要危害叶、果。当叶片染病后，多发生在展叶期的叶片上，发病初在病部表面现不明显褐斑，后扩及全叶，上生灰白色粉状物。嫩果染病，表面初现褐色病斑，后扩及全果，致果实收缩，成为灰白色粉状物，即病菌分生孢子。病果多悬挂在树梢上，成为僵果。另外，还主要表现为危害叶、花和果，以果受害最重。叶片受害后，先从叶边缘开始，初发生水渍状暗褐色斑，斑很快扩大到叶柄，整片叶失水萎蔫下垂。花受害后，初期雄蕊及花瓣最先发病，出现褐色水渍状斑点，后扩展到全花，整朵花迅速腐烂，表面着生灰霉。幼果出现褐色病斑，后病斑扩大至全果，果肉变褐软腐。后期病斑产生灰褐色至灰白色霉层。病果失水干缩变成僵果，挂在树上不易脱落，腐烂后容易脱落。

2. 樱桃褐腐病的发生原因

樱桃褐腐病病菌在病落果、僵果、病叶上越冬。第二年3月随雨水、昆虫传播，从气孔、皮孔等自然孔口及伤口侵入。低温潮湿天气，容易引起花期至幼果期花腐或果腐；高温和潮湿条件，容易引起成熟果实的发病。通风透光条件差、树势生长衰弱，易引起此病的发生。

樱桃褐腐病的防治

1. 果园管理

清除园内病落叶、花和果，减少病菌源；剪除树内过密枝条，及时排水，改善果园通风透光条件，降低果园湿度。同时，消灭越冬菌源，彻底清除病僵果、病枝，集中烧毁。结合果园翻耕，将僵果埋在10 cm以下。

2. 药剂防治

3月上旬，春季芽萌发前，樱桃树冠全面喷布1次5波美度石硫合剂，或40%福美胂100倍液，在初花期，落花后喷50%速克灵1 000倍液，或50%甲霉灵1 000~1 200倍液，70%甲托800~900倍液，50%多霉灵1 000倍液，40%隆利(施佳乐，嘧霉胺)800~1 000倍液。随后，每隔10~15天再喷2次。落花后每隔10~15天喷2次药剂防治，喷50%甲霉灵1 000~1 200倍液，或65%代森锌可湿性粉剂500倍液。或在果实成熟前25~30天喷布1次药，或喷洒50%甲霜灵1 000倍液，或75%百菌清可湿性粉剂700倍液，或井冈霉素水剂500倍液，或50%扑海因1 000倍液，防病效果显著。

特别注意，樱桃幼果期对农药较为敏感，防止药害发生。21%过氧乙酸（果富康、菌杀特、菌之敌、9281、克菌星、白腐消），可造成药害毁产。三氯异氨尿酸、氯溴异氰尿酸均不能在樱桃上应用。

035 苹果腐烂病

苹果腐烂病，又名苹果烂皮病、臭皮病，是苹果树、海棠观赏树的重要病害。主要危害5~6年生以上的结果树，造成树势衰弱、枝干枯死、死树，绝收。此病害不仅影响果品质量和产量，更影响树体正常生长发育及观赏价值。一旦发生病害，应及早防治，科学管理。主要分布在山东、河北、河南、辽宁、山西、陕西等地。

苹果腐烂病的发生与危害

苹果腐烂病主要危害部位是树干、大树枝条。

1.苹果腐烂病的发生症状

苹果腐烂病有溃疡型、枝枯型、溃病型3种类型。

（1）溃疡型。在3月上旬，树干、枝树皮上出现红褐色、水渍状、微隆起、圆至长圆形病斑，质地松软，易撕裂，手压凹陷，流出黄褐色汁液，有酒糟味，后干缩，边缘有裂缝，病皮长出小黑点，潮湿时小黑点喷出金黄色的卷须状物。或在主干大枝上，常形成水渍状、溃疡型大病斑，呈红褐色，发出酒糟味，病部深达木质部，手压下陷，组织糟烂，病皮易剥离，病部长出许多黑色小粒点，雨后从孔口溢出许多橘黄色、卷发状分生孢子角。

（2）枝枯型。在春季2~5年生枝上出现病斑，边缘不清晰，不隆起，不呈水渍状，后失水干枯，密生小黑粒点。树干皮层上出现稍带红褐色、稍湿润的小溃疡斑，其边缘不整齐。一般病斑2~3 cm深，指甲大小至几十厘米，腐烂后干缩呈饼状，晚秋后形成溃疡斑。枝条干枯型腐烂病主要发生在春夏季节，在2~4年生枝的剪锯口、干桩、果台枝等处，常表现出红褐色、不规则的病斑，迅速扩展蔓延环缢枝条，引起病枝干枯死亡。

（3）溃病型。病菌在病树皮和木质部表层蔓延越冬。早春产生分生孢子，遇雨由分生孢子器挤出孢子角。分生孢子分散，随风飞散在果园上空，萌发后从皮孔、果柄痕、叶痕及各种伤口侵入树体，在侵染点潜伏，使树体普遍带菌。6~8月树皮形成落皮层时，孢子侵入并在死组织上生长，后向健康组织发展。翌春扩展迅速，形成溃疡斑。病部环缢枝干即造成枯枝死树。

2.苹果腐烂病的发生原因

（1）人为诱发病害。苹果套袋后用药间隔时间过长。苹果套袋后，多数果农认为果实进入了“保险箱”，打药只是为了保叶，将用药的间隔拖得很长。调查发现，套袋后一般都连续喷2~3遍波尔多液，间隔期一般在25~30天以上，个别农户间隔期达到40天。6~8月，正是腐烂病集中传播时期，由于喷药间隔期过长，给病菌传播提供了条件，这是造成苹果腐烂病呈上升趋势的重要原因。

(2)管理不善诱发病害。由于近几年苹果价格较高,果农舍不得疏花疏果,产量过高,加之其他管理措施跟不上,造成大小年结果严重,树势衰弱,抗病性差,加重了苹果腐烂病的发生。肥料投入不足,结构不合理。调查发现,果园粪肥不足,特别是磷、钾肥不足,是导致树势衰弱,诱发腐烂病严重的主要因素之一。另外,很多果农习惯于在雨季追施氮肥促果个,造成果树秋季旺长,储备营养不足,树势旺而不壮,也导致了腐烂病的严重发生。

(3)喷药防治不当诱发病害。清园药剂使用不当,病斑刮除治疗不及时。对树上的腐烂病斑和腐烂枝没有及时刮除、剪掉,有的把病残枝堆积在果园里及其附近,造成大量病菌积累。

(4)自然冻害诱发病害。冬季,气温严寒,造成冻害也是诱发病害发生和流行的重要因素。

苹果腐烂病的防治

1.加强肥水管理防治

坚持每年秋末施基肥,亩施优质有机肥 5 000 kg 以上。追肥应增施磷、钾肥,尤其后期一定要控制氮肥。合理调控水分,做到旱浇涝排,防止干旱和积水,并注意避免冻害。

2.刮除病斑涂抹治疗防治

早春和晚秋 2 次刮治病斑。具体为:发现腐烂病斑要及时刮治。做到对已发病至木质部的病斑,根据茎的粗度,要求刮面超出病斑病健交界处,横向刮 0.5~1 cm, 纵向刮 3 cm;对发病仅在韧皮部的病斑,刮除变色的韧皮组织即可。然后使用溃腐灵原液或 5 倍液药剂均匀涂抹 1 次,病重处,3 天后再涂一次。喷雾治疗,尤其对于陕西地区的园区,主枝干少,仅留 3 大主枝,且当地腐烂病发病趋势逐年加重,在 7~8 月(多雨季节)和秋季清园时使用溃腐灵 60 倍液喷于枝干病害严重株体的主干、侧干、枝条部位,能大大降低腐烂病的发生。

036 苹果轮纹病

苹果轮纹病是一种主要生理病害,常与干腐病、炭疽病等混合发生,对果品生产构成重大威胁,有蔓延加重趋势。此病害不仅影响果品质量和产量,更影响树体正常生长发育。在生产中应及早预防,科学管理果园。主要分布在河南、山东、山西、陕西等地。

苹果轮纹病的发生与危害

苹果轮纹病主要危害部位是枝干和果实。

1.苹果轮纹病的发生症状

(1)苹果轮纹病在枝干发病的表现。以皮孔为中心形成暗褐色、水渍状或小溃疡斑,稍隆起呈疣状,圆形。后失水凹陷,边缘开裂翘起,扁圆形,直径达 1 cm 左右,青灰色。多个病斑密集，形成主干大枝树皮粗糙，故称“粗皮病”，斑上有稀疏小黑点。

（2）苹果轮纹病在果实发病的表现。果实受害，初以果点为中心出现浅褐色的圆形斑，后变褐扩大，呈深浅相间的同心轮纹状病斑，其外缘有明显的淡色水渍圈，界线不清晰。病斑扩展引起果实腐烂。烂果有酸腐气味，有时渗出褐色黏液。

2.苹果轮纹病的发生原因

苹果轮纹病病菌以菌丝体、分生孢子器在病组织内越冬，是初次侵染和连续侵染的主要菌源。于春季开始活动，随风雨传播到枝条上。在果实生长初期，因为有各种保护机制，病菌无法侵染。在果实膨大期之后，病菌均能侵入，其中从 7 月中旬到 8 月上旬侵染最多。侵染枝条的病菌，一般从 5 月开始从皮孔侵染，并逐步以皮孔为中心形成新病斑，翌年病斑继续扩大，形成病瘤，多个病瘤连成一片则表现为粗皮。在果园，树冠外围的果实及光照好的山坡地，发病早；树冠内膛果，光照不好的果园，果实发病相对较晚。气温高于 20 ℃，相对湿度高于 75%或连续降雨，雨量达 10 cm 以上时，有利于病菌繁殖和田间孢子大量散布及侵入，病害严重发生。山间窝风、空气湿度大、夜间易结露的果园，较坡地向阳、通风透光好的果园发病多；新建果园在病重老果园的下风向，离得越近，发病越多。果园管理差，树势衰弱，重黏壤土和红黏土、偏酸性土壤上的植株易发病，被害虫严重危害的枝干或果实发病重。

苹果轮纹病的防治

1.果园技术管理措施

增施肥水、合理负载、严禁主干环剥以增加树势，提高抗病力。清洁果园，随时清除烂果，并将其深埋或携出果园以防传染。实行果实全套袋栽培，全套纸袋或树冠外围套纸袋、内膛套塑膜袋。套袋前先喷 1 次内吸性杀菌剂+杀虫剂。

2.喷布药物防治

在 3 月上旬，发芽前喷 5 波美度石硫合剂或索利巴尔 100 倍液，开花前喷代森锰锌 800 倍液，落花后喷甲基托布津 800~900 倍液，此后每隔 10~15 天交替喷布代森锰锌 800 倍液，或喷多菌灵或苯菌灵或甲基托布津 800 倍液、多霉清 1 000 倍液、百菌清 600 倍液、扑海因 1 000 倍液、量式波尔多液 200 倍液等药剂。一般雨前喷保护剂，雨后喷内吸剂。

037 苹果斑点落叶病

苹果斑点落叶病，又名褐纹病 ，是苹果树、海棠树的主要病害之一。严重时常造成苹果早期落叶和树势衰弱，影响产量和花芽形成。此病害不仅影响果品质量和产量，更影响树体正常生长发育，应及早防治，积极防治。主要分布在河北、河南、山东、辽宁、山西、陕西等地。

苹果斑点落叶病的发生与危害

1.苹果斑点落叶病的发生症状

苹果斑点落叶病主要危害嫩叶片,也危害嫩枝及果实。

(1)叶片受害症状。叶片特别是在春季,即3月下旬展叶期,展叶10~20天内的嫩叶易受害。先在叶上产生褐色至深褐色小斑点,直径2~3 mm,周围有紫色晕圈,边缘清晰,随着气温升高,病斑扩大,直径可达5~6 mm。数个病斑连接成片呈不规则形,严重的叶片焦枯脱落。天气潮湿时,病斑背面产生黑色霉层。幼嫩叶片受侵染后,叶片皱缩、畸形。叶片染病,初发于5月上旬,初现直径2~3 mm褐色圆形病斑,后病斑逐渐增多或扩大,形成5~6 mm的红褐色病斑,边缘紫褐色,中央常具一深色小点或同心轮纹。天气潮湿时,病部正反面均长出墨绿色至黑色霉状物,即病菌分生孢子梗和分生孢子。遇高温多雨季节,病斑迅速扩大,呈不整形,病叶部分或大部分变褐。发病严重的幼叶由于生长受阻,往往扭曲变形,全叶干枯。或叶片染病初期出现褐色圆点,后扩大为红褐色,边缘紫褐色,病部中央常具一深色小点或同心轮纹。

(2)叶柄及嫩枝受害症状。叶柄及嫩枝受害后,产生椭圆形褐色凹陷病斑,造成叶片易脱落和柄枝易折、易枯。发病后期病斑常被其他真菌寄生,中央呈灰白色,并长出小黑点,有的叶片穿孔,病斑脱落。夏秋季节,病菌可侵染叶柄。叶柄染病,产生暗褐色椭圆形凹陷斑,直径3~5 mm,染病叶片随即脱落或自叶柄病斑处折断。枝条染病,在徒长枝或一年生枝条上产生褐色或灰褐色病斑,芽周变黑,凹陷坏死,直径2~6 mm,边缘裂开。轻度发病枝条只皮孔裂开。天气潮湿时,病部正反面均可长出墨绿色至黑色霉状物。

(3)果实染病的症状。果实染病,产生黑点型、疮痂型、斑点型和果点褐变型4种症状,其中斑点型最常见。初期多在幼果果面上产生黑色发亮的小斑点或锈斑;6月中旬至8月上旬被侵染的果实呈褐色瘪病状,直径2~3 mm,有时可达5 mm,并易在病健交界处开裂;近成熟的果实多为褐色病斑。储藏期病果在低温下病斑扩大或腐烂缓慢,遇高温时,易受二次寄生菌侵染致果实腐烂。果实受害多在近成熟期,果面产生直径2~5 mm褐色斑点,周围有晕圈。果心受害,产生黑褐色霉层,可扩大至果肉。或果实染病,在幼果果面上产生黑色发亮的小斑点或锈斑。

2.苹果斑点落叶病的发生原因

(1)苹果斑点落叶病越冬能力强、直接致病。该病害属真菌中的半知菌侵染所致。其中斑点落叶病菌是苹果轮斑病菌的强毒株系,没有伤口也能发病,致病力极强。

(2)苹果斑点落叶病气候传播致病。苹果斑点落叶病的病菌以菌丝体在病叶、枝条上越冬,第二年春季产生分生孢子,随气流风雨传播,侵染春梢叶片,花期前后开始出现病叶;7月上、中旬是春梢危害高峰,病叶上大量产生孢子,重病园病叶率达50%以上,每叶平均病斑5个以上,开始出现落叶,同时病菌孢子可以反复进行再侵染;9月上、中旬进入秋梢危害高峰;10月中、下旬基本停止发病。气候条件与病害流行关系密切。一般春季苹果展叶后,雨水早而多,空气湿度在70%以上,发病早而重。果园密植、树冠郁闭、空气湿度大、杂草多、透风不良有利于发病。

(3)苹果斑点落叶病修剪伤口传播致病。苹果斑点落叶病在3月下旬产生病害,病菌在湿度大、雨水多的天气严重，病害从伤口或直接侵入进行初侵染。一年有两个发生活动高峰：第一高峰从5月上旬至6月中旬，孢子量迅速增加，致春秋梢和叶片大量染病，严重时造成落叶；第二高峰在9月，这时会再次加重秋梢发病严重度，造成大量落叶。受害叶片上孢子在4月下旬至5月上旬形成，枝条上7月才有大量孢子产生，所以叶片上形成孢子较枝条上早。此外，在苹果新梢抽生期雨后5天内新侵染病斑数明显增多，进入新梢停止生长期，即使有大雨，也难产生新侵染斑，因此叶龄和降雨同时影响该病流行程度。该病的发生、流行与气候、品种密切相关。高温多雨病害易发生。春季干旱年份，病害始发期推迟；夏季降雨多，发病重。此外，树势衰弱、通风透光不良、地势低洼、地下水位高、枝细叶嫩等均易发病。

（4）苹果斑点落叶病病害的流行与苹果树品种、叶龄的影响有关。苹果斑点落叶病病菌主要侵染嫩叶，30天以上的老叶一般不再受侵染。不同苹果品种抗病性不同，一般'红星'、'新红星'、'红冠'、'陆奥'、'富士'、'红富士'、'印度'、'元帅'、'青香蕉'等品种易感病，'金冠'、'国光'等品种中度感病，'红玉'、'祝光'、'旭'等品种较抗病。

苹果斑点落叶病的防治

1.冬季清扫果园

加强栽培管理，增强树体抗病力，合理修剪，使树冠通风透光；秋末或早春清扫落叶，收集焚毁，消灭越冬寄主；10~11月，要及时清扫果园落叶，剪除病梢集中烧毁。低洼地、水位高的果园要注意排水，合理施肥，增强树势，提高抗病力；封锁疫区，禁止采集带病接穗和购买带病苗木。

2.加强夏季修剪管理

7~9月，夏季主要剪除徒长枝，减少后期侵染源，改善果园通透性，尤其是7月及时剪除无用的徒长枝、病梢，减少侵染源。及时中耕除草，改善果园通风透光条件，降低空气湿度，减少发病。

3.喷药人工防治

（1）春季喷药防治。发芽前喷5波美度石硫合剂或索利巴尔100倍液，落花后开始，每隔10~15天交替喷布下列药剂：代森锰锌或喷克800倍液，扑海因1 000倍液，百菌清600倍液，福星600倍液，倍量式波尔多液200倍液。另外，由于苹果树斑点落叶病主要危害展叶10~20天以内的叶片，而苹果树一年有春、秋两次新梢生长，其中春梢对全年树体营养与果品产量和质量起着决定性作用。因此，应该重点保护春梢，压低后期菌源。一般在春梢生长期叶片病叶率达10%~20%时，喷洒高效农药2次。

（2）生长期喷药防治。5月中旬左右落花后，在发病前，开始喷1∶2∶200倍量式波尔多液，或10%世高水分散粒剂2 000~2 500倍液，或70%代森锰锌可湿性粉剂400~600倍液，或50%扑海因可湿性粉剂1 000倍液，或50%速克灵可湿性粉剂1 000倍液，或36%甲基硫菌灵悬浮剂500~600倍液，或5%菌毒清600倍液，或75%百菌清可湿性粉剂800倍液，或10%多氧霉素可湿性粉剂1 000倍液，可定期喷施80%代森锌可湿性粉剂600~800倍液+国光思它灵（氨基酸螯合多种微量元素的叶面肥），用于防病前的预防和补充营养，提高观赏性；发病初期，病初期喷洒25%咪鲜胺乳油500~600倍液，或50%多锰锌可湿性粉剂400~600倍液。连用2~3次,间隔7~10天。7~8月秋梢生长初期再喷药一次。

038 苹果白粉病

苹果白粉病,既危害苹果,还危害梨、沙果、海棠、槟子和山定子等,对山定子实生苗、小苹果类的槟沙果、海棠和苹果中的'倭锦'、'祝光'、'红玉'、'国光'等品种危害严重。为此,苹果白粉病是苹果产区主要发生的病害之一。此病害不仅影响果品质量和产量,更影响树体正常生长发育。应及早防治,科学防治。主要分布在河北、河南、山东、山西、陕西等地。

苹果白粉病的发生与危害

苹果白粉病主要危害部位是实生嫩苗株,同时,危害大树芽、梢、嫩叶,也危害花及幼果。

1.苹果白粉病的发生症状

苹果白粉病,发生病部满布白粉是此病的主要特征,被害部位表面覆盖一层灰白色粉状物,春季发芽晚,芽干瘪尖瘦,节间短,病叶狭长,质硬而脆,叶缘上卷,直立不伸展,新梢满覆白粉;生长期健叶被害则凹凸不平,叶绿素浓淡不匀,病叶皱缩扭曲,甚至枯死;花芽被害则花变形、花瓣狭长、萎缩;幼果被害,果顶产生白粉斑,后形成锈斑。症状分别表现如下:

(1)幼苗被害症状。幼苗叶片及嫩茎上产生灰白色斑块,发病严重时叶片萎缩、卷曲、变褐、枯死,后期病部长出密集的小黑点。

(2)枝干被害症状。大树被害,芽干瘪尖瘦,春季发芽晚,节间短,病叶狭长,质硬而脆,叶缘上卷,直立不伸展,新梢满覆白粉。生长期健叶被害则凹凸不平,叶绿素浓淡不匀,病叶皱缩扭曲,甚至枯死。病部表层覆盖一层白粉,病梢节间缩短,发出的叶片细长,质脆而硬,长势细弱,生长缓慢。受害严重时,病梢部位变褐枯死。初夏以后,白粉层脱落,病梢表面显出银灰色。

(3)芽被害症状。受害芽干瘪尖瘦,春季重病芽大多不能萌发而枯死,受害较轻者则萌发较晚,新梢生长迟缓,幼叶萎缩,尚未完全展叶即产生白粉层。春末夏初,春梢尚未封顶时病菌开始侵染顶芽。夏、秋季多雨,带菌春梢顶芽抽生的秋梢均不同程度带菌;如春梢顶芽带菌较多而未抽生秋梢,则后期发病重,大多数鳞片封顶后很难紧密抱合,形成灰褐或暗褐色病芽;个别带菌较少、受害较轻的顶芽,封顶后鳞片抱合较为紧密,不易识别,但次春萌芽后抽梢均发病。花芽受害,严重者春天花蕾不能开放,萎缩枯死。

(4)叶片被害症状。受害嫩叶背面及正面布满白粉。叶背初现稀疏白粉,即病菌丝、分生孢子梗和分生孢子。新叶略呈紫色,皱缩畸形,后期白色粉层逐渐蔓延到叶正反两面,叶正面色泽浓淡不均,叶背产生白粉状漏斑,病叶变得狭长,边缘呈波状皱缩或叶片凹凸不平;严重时,病叶自叶尖或叶缘逐渐变褐,最后全叶干枯脱落。

(5)花朵被害症状。花芽被害则花变形、花瓣狭长、萎缩。花器受害,花萼洼或梗洼处产生白色粉斑,萼片和花梗畸形,花瓣狭长,色淡绿。受害花的雌、雄蕊失去作用,不能授粉坐果,最后干枯死亡。

(6)果实被害症状。幼果受害,主要发生在果实萼的附近,萼洼处产生白色粉斑,病部变硬,果实长大后白粉脱落,形成网状锈斑。变硬的组织后期形成裂口或裂纹。幼果被害,果顶产生白粉斑,后形成锈斑。

2.苹果白粉病的发生原因

苹果白粉病以菌丝在冬芽鳞片间或鳞片内越冬。第二年春季冬芽萌发时,越冬菌丝产生分生孢子,此孢子靠气流传播,直接侵入新梢。病害侵入嫩芽、嫩叶和幼果主要在花后一个月内,所以5月为发病盛期,通常受害最重的是病芽抽出新梢。生长季中病菌陆续传播侵害叶片和新梢,病梢上产生有性世代,子囊壳放出子囊孢子进行再侵染。秋季秋梢产生幼嫩组织时病梢上的孢子侵入秋梢嫩芽,形成二次发病高峰。10月以后很少侵染。春暖干旱的年份有利于病害前期流行。本病的发生、流行与气候、栽培条件及品种有关。春季温暖干旱、夏季多雨凉爽、秋季晴朗有利于该病的发生和流行。连续下雨会抑制白粉病的发生。白粉菌是专化性强的严格寄生菌。果园偏施氮肥或钾肥不足、种植过密、土壤黏重、积水过多发病重。果树修剪方式直接与越冬菌源即带菌芽的数量有关。轻剪有利于越冬菌源的保留和积累。

苹果白粉病的防治

1.冬季修剪防治措施

加强栽培管理,增强树势;清除菌源,冬春将枯枝落叶清出果园,焚毁或深埋;11~12月,修剪果树,尽量去除病芽,以减少或避免越冬菌源。对于发病严重、冬芽带菌量高的果树,要连续几年进行重剪,以便压低带菌量。早春萌芽后至开花前,结合复剪将漏剪已发病的病叶丛及早去除并携出园外加以烧毁或深埋,防止分生孢子传播。此项工作一定要及时、认真仔细地进行2~3次,可以收到很好的防病效果。要合理剪枝,剪枝要有利于果树的通风透光、营养合理分布,要清除果园内的杂草、落叶、病枝、落果以及修剪的树枝,深翻地,结合冬季修剪,剔除病枝、病芽;早春及时摘除病芽、病梢,刮除病斑,并对病斑刮除处喷施硫酸铜或福美胂或石硫合剂等保护性药剂。合理密植,控制灌水,疏剪过密枝条,施足底肥,避免偏施氮肥,注意配以磷、钾肥,使树冠通风透光,增强树势,提高抗病力。及时搞好枝条的回缩更新,使其健壮,提高抗病力。

2.生长期喷药防治

喷药防治,重点时期在春季3月,即在发病初期就把病情控制住,以免让病害大量发生后难于防治。使用药剂以15%三唑酮1 000~1 500倍液、70%甲基托布津1 000倍液、50%甲基托布津800倍液的防治效果最好,同时具有保护和治疗作用。其次有40%福美胂500倍液、0.3~0.5波美度石硫合剂。最后,经国外试验证明,0.4%氯苯嘧啶醇、乐杀螨、嗪氨灵及0.1%双苯三唑醇等药剂的防治效果也很高。具体喷药时间可放在花前、70%落花及10天以后喷布3次;其后再根据病情发展酌情考虑喷药。砧苗可在发病初期连续喷药2~3次。或春季开花前嫩芽刚破绽时,喷布1波美度石硫合剂;或喷布15%粉锈宁 1 000 倍液。开花 10 天后，结合防治其他病虫害，再喷药 1 次。或萌芽前喷布 5 波美度石硫合剂。或花期、花后各喷 1 次 50%硫悬浮剂 200 倍液，或 0.3～0.5 波美度石硫合剂，或 15%粉锈宁可湿性粉剂 3 000～5 000 倍液。或开花前、落花后及花后 15 天，连续喷药 3 次，以后适当喷洒甲基托布津或多菌灵 800 倍液、三唑酮 1 000 倍液等药剂。发病后间隔一周左右连喷 2～3 次即可控制病情。或 50%退菌特可湿性粉剂 800 倍液，或 50%多菌灵可湿性粉剂 500～800 倍液，或 80%炭疽福美可湿性粉剂 800 倍液，或 70%代森锰锌可湿性粉剂 400 倍液，或 1∶200 波尔多液，或 5%菌毒清水剂 50～100 倍液，或 70%甲基托布津可湿性粉剂 1 000 倍液喷布即可。

039 苹果炭疽病

苹果炭疽病，又名苦腐病、晚腐病，是危害苹果树果实的病害之一。夏季高温、高湿的气候发生严重，此病害不仅影响果品质量和产量，更影响树体正常生长发育。发病后，应及早防治，积极防治。

苹果炭疽病的发生与危害

苹果炭疽病主要危害部位是苹果果实。

1.苹果炭疽病的发生症状

果实发病时，果面上出现针头大的淡褐圆形小斑，边缘清晰，逐渐扩大，果实褐色软腐，带苦味，成圆锥状深入果肉。病斑下陷，表面有深浅相间的同心轮纹状。或被害果面出现淡褐色、水渍状、边缘清晰的圆点，逐渐扩大成水烂眼，最后形成一个表面凹陷的暗褐色大斑，病斑中央长出一圈圈的略呈同心轮纹状排列的黑色粒点。剖开病果呈滤斗状褐色软腐，病组织尝之味苦。

2.苹果炭疽病的发生原因

苹果炭疽病以菌丝体在病枯枝、破伤处、病果苔、病落果、病僵果中于树上或地下越冬，也可在果园周围的刺槐上越冬。第二年春产生分生孢子。分生孢子借雨水的飞溅和风雨传播，经皮孔或直接侵入完成初侵染。苹果坐果期开始侵染，果实迅速膨大期是侵染高峰，8 月以后侵染量减少。幼果期侵染多，成熟期侵染少，幼果期发病少，成熟期发病多，也具有潜伏侵染的特性。其潜伏期较短，一般为 5～50 天；发病期较长，发病较早，一般 7 月开始发病。

苹果炭疽病与轮纹病最大的区别在于：当年病果产生的分生孢子器，可散发分生孢子，再次侵染果实，具有再侵染和再侵染频繁的特点。

苹果炭疽病的防治

1.加强清除菌源防治

强调春秋季节特别是早春剪除病残枝、病果台、病僵果，处理地面病落果，不以刺槐或苹果枝作篱笆,减少病菌初侵染源。

2.提倡夏秋季节与其他病害配合防治

秋季定期巡查果园,发现病果,立即摘除,减少病菌再侵染。夏秋季节同为苹果炭疽病和轮纹病的侵染期,而目前防治这两种病害的有效药剂又基本相同,再加上轮纹病是‘红富士’苹果园中第一大果实病害,因此‘红富士’苹果园果实病害的防治应以重防轮纹病为主,兼治苹果炭疽病。苹果炭疽病一般不需要单独用药防治。

3.喷药防治

大中枝干全面涂抹一遍“富力库”150 倍液+“杰效利”1 000 倍液,压低树上菌源。苹果发芽前,全园喷布一遍百菌清 500~600 倍液,铲除树体和围栏植物的越冬菌源。全园实施苹果套袋栽培技术,这是目前防治苹果轮纹病、提高苹果色泽、降低果品残毒的最为有效的方法。果实侵染期,轮换交替连续用药以保护果实免遭侵染,这是降低果实带菌率,减少后期发病的有效方法。苹果套袋前连续防治 3~4 次,间隔期 10 天左右。选用大生 800 倍液或安泰生 800 倍液+征露 800 倍液或拿敌稳 6 000 倍液喷雾。苹果套袋后再连续防治 5~6 次,用药间隔期 10~15 天。从幼果期开始喷药保护,5%退菌特可湿性粉剂 1 000 倍液、20%苯醚甲环唑 5 000 倍液、50%的多菌灵可湿性粉剂和 50%甲基托布津可湿性粉剂 500 倍液,每半月左右喷洒一次,连喷 3~4 次。

040 枣疯病

枣树疯病,简称枣疯病,又名丛枝病、枣树扫帚病。在枣树果园均有不同程度的发生。枣树疯病是所有枣树病害中最为严重的一种毁灭性病害。幼树发病后 1~2 年枯死,大树染病 3~6 年逐渐死亡,造成枣树绝收。此病害在河南省南部发生严重,不仅影响果品质量和产量,更影响树体正常生长发育。要做到及早防治,科学防治。主要分布在河北、河南、山西、陕西、山东等地。

枣疯病的发生与危害

1.枣疯病的发生症状

枣疯病危害枣树花、芽、叶、果和根。一般先在部分枝条和根蘖上表现症状,而后渐次扩展至全树。在开花后出现明显症状。

(1)花受害后的症状。枣树花受害后,花变成叶。花器变成营养器官,花柄延长成枝,萼片、花瓣、雄蕊均变肥大小叶,变绿成小叶,雌蕊则转化为小枝。

(2)芽受害后的症状。枣树芽不正常萌发,病株 1 年生发育枝的主芽和多年生发育枝上的隐芽,均开始萌发成发育枝,其上的芽又大部分萌发成小枝,如此逐级生枝,病枝纤细,节间缩短,呈丛状,叶片小而萎黄。萌发长出新枝,新枝上的芽又萌发成新的小枝,如此不断逐级产生新生枝,形成丛枝。发病形成的新枝纤细。

(3)叶片受害后的症状。叶片受害后,先是叶片叶肉变黄,叶脉间变黄,叶脉仍呈绿色，后整个叶片逐渐黄化，叶边缘反卷向上，色泽暗淡或焦枯，叶片变硬变脆，严重时病叶脱落。开花后长出的叶片细小，叶脉明显呈翠绿色，容易干枯。有时在叶背面主脉上能长出叶片，形状如鼠耳状。

(4)果实受害后的症状。果实受害后，病花一般不能结果。病株上的健壮枝条仍可结果，果实大小不一；果面着色不匀，凸凹不平，凸起处呈红色，凹处呈绿色；果肉组织松软，失去食用价值。

(5)根部受害后的症状。根部受害后，不正常萌发。疯树主根由于不定芽的大量萌发，往往长出一丛丛的短疯根，同一条根上可出现多丛疯根。后期病根皮层腐烂，严重者全株死亡。或发病树主根不定芽非正常大量萌发，长出很多丛短疯根，后期病根皮层腐烂，多根发病后引起全株死亡。

2.枣疯病的发生原因

枣疯病主要通过嫁接苗木和分根繁育的苗木传播。经嫁接苗木传播，病害潜育期在20天或1年以上。其中品种‘金丝小枣’最易感病。同时，在土壤干旱瘠薄及管理粗放的枣园发病严重。另外，枣疯病是由病毒和类菌原体混合侵染。枣疯病主要通过各种嫁接和昆虫传播，尤其是芽接、切接、皮接或根接，均能传病。6月上旬至月底以前嫁接后当年发病，以后嫁接的潜育到第二年早春3月发病；根部接种的当年发病早，嫁接枝干的当年发病晚到第二年才发病。除嫁接和分根传染外，通过几种叶蝉也能传播，如橙带拟菱纹叶蝉、中华拟菱纹叶蝉、红闪小叶蝉、凹缘菱纹叶蝉等。另外，不同品种枣树对枣疯病的抗性存在明显差异。‘金丝小枣’、‘扁核酸’和‘灰枣’易感病，‘灵宝枣’、‘九月青’、‘鸡心枣’、‘马牙枣’、‘长铃枣’、‘酸铃枣’等比较抗病。最后，枣树地势较高、土地瘠薄、肥水条件差、管理粗放、杂草丛生的枣园发病重。

枣疯病的防治

1.苗木繁育嫁接防治

苗木嫁接选用无病种条，从无枣疯病的枣园中，选择健壮母树芽眼，采取接穗、接芽或分根进行繁殖，以培育无病苗木。

2.加强栽培管理

新建立的枣树果园重点做好水、肥管理，增施有机肥、磷钾肥；疏松土壤、改良土壤性质，提高土壤肥力，增强树体抗病能力。

3.果园喷药防治

(1)枣树园，每亩喷0.2%氯化铁溶液80 kg左右，每隔7~10天喷1次，共喷2~3次，可有效预防枣疯病发生。

(2)药剂防治。3月，早春树液流动前，施药防治。施药方法：在树干钻孔或环割，钻孔和环割均要达到木质部。钻孔后注入1万单位的土霉素药液，或0.1%的四环素药液500 mL；环割后用含丛灵液400~500 mL的药填塞到环割处，用塑料布包扎。用药剂量根据树大小而定，树梢大的可加大用量。

041 枣锈病

枣锈病是枣树的主要病害之一。此病害不仅影响果品质量和产量，更影响树体正常生长发育。当枣树发生了枣锈病，应及早防治、科学防治。主要分布在河南、河北、山东、山西、陕西、安徽等地。

枣锈病的发生与危害

枣锈病主要危害叶片，也有少量危害果实现象发生。可造成叶片提前脱落，影响果品产量和品质。

1.枣锈病的发生症状

枣锈病发病初期，叶片背面多在中脉两侧及叶片尖端和基部散生淡绿色小点，逐渐形成暗黄褐色突起，即锈病菌的夏孢子堆。夏孢子堆埋生在表皮下，后期破裂，散放出黄色粉状物，即夏孢子。发展到后期，在叶正面与夏孢子堆相对的位置，出现绿色小点，使叶面呈现花叶状。病叶渐变灰黄色，失去光泽，干枯脱落。树冠下部先落叶，逐渐向树冠上部发展。在落叶上有时形成冬孢子堆，黑褐色，稍突起，但不突破表皮。或表现为受害初期叶片背面散生或群生淡绿色小点，后逐渐变为黄褐色，病斑凸起。病斑多在叶脉两侧、叶尖和叶片基部发生。病斑较多时连成片状，后树表皮破裂，露出黄粉，叶片失去光泽，最后干枯、落叶。根据检查为枣多层锈菌真菌引起的，侵染条件尚不丨分清楚。枣芽中有多年生菌丝活动，病落叶上越冬的夏孢子和酸枣上早发生的锈病菌是主要的初侵染源。有试验证明，外来的夏孢子也是初侵染源之一，夏孢子随风传播，地势低洼、行间郁闭发病重，雨季早、降雨多、气温高的年份发病重，反之较轻。

2.枣锈病的发生原因

枣锈病病菌在落叶上越冬，借风力、雨水传播。一般在温度较高、湿度较大的7~8月发病。发病轻重与降雨有关，降雨多、气温高的年份，以及地势低洼、间作玉米等地发病早且较重。在山东，一般年份在6月下旬至7月上旬降雨多、湿度高时开始侵染，7月中、下旬开始发病和少量落叶，8月下旬大量落叶。7~8月降雨少于150 mm，发病轻；降雨达到250 mm，发病重；降雨量330 mm以上则枣锈病暴发成灾。在河北东北部，一般8月初开始发病，9月初发病最盛，并开始落叶。发病轻重与降雨有关，雨季早、降雨多、气温高的年份发病早且严重。地势低洼、排水不良，行间间种高粱、玉米或西瓜、蔬菜的发病较重。

枣锈病的防治

1.清理枣树果园内侵染源

10~12月，即秋冬季结合管理，清除落叶，集中烧毁，减少侵染源。

2.加强枣树果园管理

11~12月，以合理密度栽植枣树，建立枣树果园，对盛果期的枣树，应进行合理修剪，增强通风透光度;7~9月,夏季及时排水,降低园内湿度。

3.喷布药剂防治

发病较轻的于7月上旬喷1次药液,发病较重的要连续喷药2~3次,每10~15天喷布1次。药剂选用1:2:200波尔多液,或锌铜波尔多液(硫酸铜0.5份、硫酸锌0.5份、生石灰2份、水200份),或15%三唑酮可湿性粉剂1 000倍液,或20%萎锈灵乳油400倍液,或97%敌锈钠可湿性粉剂500倍液,或50%退菌特可湿性粉剂500~600倍液。

042 枣缩果病

枣缩果病,又名枣萎蔫果病、枣雾蔫病等,是枣树的主要病害之一。此病害不仅影响果品质量和产量,更影响树体正常生长发育。应及早防治,预防为主。主要分布在河南、山东、河北、山西等地。

枣缩果病的发生与危害

枣缩果病主要危害部位是枣树果实。

1.枣缩果病的发生症状

枣果在生长前期开始出现枣缩果病症状。初期在果中部到肩部之间,出现水浸状黄褐色不规则病斑,病斑部位果皮开始变为土黄色,后变为暗红色,果皮收缩,无光泽。病斑不断扩大,向果肉深处发展,出现由外向内的褐色斑,果肉呈海绵状坏死,味苦。另外,果实外果皮呈现无光泽的暗红色,果脱水后纵向收缩,果瘦小,皱缩萎蔫;果柄变为褐色或黑褐色,提早脱落。枣缩果病病原菌侵入正常果实以后,被侵害果实的发病症状一般有晕环、水渍、着色、萎缩和脱落几个阶段,但也不完全如此。6~7月,枣果实在生长前期发生缩果病,病果表现在水渍期就脱落;枣果实在生长中期发生缩果病,表现病果有的在半红时就脱落;而枣果实在生长后期发生缩果病,表现病果多在萎缩期未脱落就进入了采收期。

2.枣缩果病的发生原因

枣缩果病由细菌引起。病菌在树上或落叶落果中越冬,通过雨水、虫传播,自伤口侵入。侵入后潜伏。枣缩果病的发生原因如下:

(1)枣缩果病与害虫危害有关。该病的发生与害虫在果面造成伤口危害有关系,主要害虫是介壳虫、蝽象、壁虱、叶蝉等。这些主要害虫是刺吸式口器的害虫,它们危害果实会引起伤口传病。一般在8月中旬,果梗洼处开始变红时逐渐发病。8月下旬至9月初进入发病盛期。阴雨连绵,或间断性晴雨天交替频繁,高温高湿天气、连续大雾天等气候条件时,发病较重。

(2)枣树缩果病与缺少硼肥有关。硼元素极易淋溶流失,会使树体表现缺硼症状;在盐碱性土壤中,硼元素呈不溶性状态,植株根系不易吸收,树体也会表现缺硼症状;钙质含量很高的土壤,硼也不易被吸收;虽然黏质土壤含硼量较多,但有机肥(农家肥)用量少、商品肥施用过量的果园,极易造成营养元素之间的拮抗作用,同样会使缩果病发生。

(3)枣树缩果病与气温、土壤有关。该病的发生与枣树果园质地、气候及品种等因素密切相关。土壤瘠薄的山地和河滩沙地等引起缺素、肥力不足。6月下旬,开始发病;7月上旬发病逐渐增强,中、下旬进入高峰期;8~9月上、中旬,该病还可对挂果较晚的红枣果实造成危害。6~7月,发病较早的枣树,整个病果瘦小且提前脱落,严重影响红枣产量;8~9月,发病的果实,即便是在成熟前脱落,但因色泽及内在品质均普遍较差,同样对红枣品质及产量造成较大的影响。气候条件的影响,气温在26~28 ℃时,一旦遇到阴雨连绵或夜雨骤晴天气,在枣果变白至着色时发病。此病就容易暴发成灾。缩果病以点片发生较多,一片枣园往往有几株树发病严重,一株枣树又往往有几个枝条发病严重等。

枣缩果病的防治

1.冬季及时清理枣树果园

11~12月,人工及时清理果园内的落叶、落果及各类杂草,集中烧毁处理,减少传染源。

2.夏季加强枣树虫害防治

4~9月,枣树进入生长期,尤其是夏季,做好桃小食心虫、介壳虫、蝽象、壁虱和叶蝉的防治等,减少果面伤口,降低病菌侵入机会。重点及时防止刺吸式虫害的发生及危害,介壳虫、椿象、壁虱和叶蝉的危害等。发生害虫时,喷布氯氰菊酯1 000~1 200倍液灭杀,同时用杀虫剂与特谱唑混合喷雾防治灭幼虫效果显著,对枣缩果病的防效可达95%以上。

3.生长期加强果园土壤管理,药物防治

枣树萌芽前喷5波美度石硫合剂。5~8月喷1∶2∶300波尔多液,或50%甲基托布津可湿性粉剂500倍液,或50%多菌灵可湿性粉剂700倍液。隔7~10天喷1次。在枣果变色转红期保持土壤湿润,预防或减少裂果的发生。重点在枣果变色转红前后喷施"枣果防裂防烂剂"钙加硒+硼肥,预防裂果和减少裂果的发生数量。每支10 mL,直接兑水25~30 kg全树喷洒,每7~10天喷布一次,连用2~3次。或在枣果变色转红期的发病前后,喷50%的DT杀菌剂500倍液+硼肥或12.5%的特谱唑粉剂3 000倍液,每隔7~10天喷1次,连喷3~4次。硼加硒30~50 mL/亩,全树喷施。每7天喷施1次,共喷施2~3次。枣树缩果病往往与炭疽病同时发生在一个枣果上或同时在果园内发生,则需要同时进行防治。在6月底前,开始用硫酸链霉素6 500倍液喷雾,每隔10~15天喷1次,共喷2~3次。

043 桃褐腐病

桃褐腐病,又名果腐病,桃园均有分布,发生此病害不仅影响果品质量和产量,更影响树体正常生长发育和观赏价值。一旦发生了病害,应及早防治,预防为主。主要分布在河南、河北、山东、山西、陕西、安徽等地。

桃褐腐病的发生与危害

1.桃褐腐病的发生症状

桃褐腐病主要危害桃树花、果实,还危害桃树的叶、枝梢等。不同的部位受害,具有不同的症状。

(1)花与叶受害症状。花部受害自雄蕊及花瓣尖端开始,先发生褐色水渍状斑点,后逐渐延至全花,随即变褐而枯萎。天气潮湿时,病花迅速腐烂,表面丛生灰霉,若天气干燥,则萎垂干枯,残留枝上,长久不脱落。或者花受害先从雄蕊和花瓣顶端上开始,产生褐色水渍状斑点,后逐渐扩展到整个花,随后变褐枯萎。空气湿度大时,感病花很容易变腐烂,表面滋生灰霉;空气干燥时,萎蔫干枯下垂,不脱落。叶受害先从叶边缘开始,发病后变成褐色,萎蔫下垂,残留枝上不脱落。

(2)梢受害症状。花与叶发病后,逐渐扩展蔓延到新梢,致使新梢感染发病,产生长椭圆形溃疡斑。病斑中央略凹陷,灰褐色,常流胶。病斑扩展到环绕枝一周时,斑上部枝条枯死。空气潮湿时,溃疡斑上产生灰色霉层。或侵害花与叶片的病菌菌丝,可通过花梗与叶柄逐步蔓延到果梗和新梢上,形成溃疡斑。病斑长圆形,中央稍凹陷,灰褐色,边缘紫褐色,常发生流胶。当溃疡斑扩展环割一周时,上部枝条即枯死。气候潮湿时,溃疡斑上出现灰色霉丛。

(3)果实受害症状。从幼果到成熟期均可受害,近成熟期发病最为严重。果实受害初期果面产生圆形的褐色病斑。当环境条件适宜时,病斑扩展迅速,3~5 天内可遍布全果,同时,果肉也变褐腐烂。往往病斑表面长出灰褐色绒状霉簇,通常呈同心轮纹状排列,发病果失水后变成僵果,残留枝上不脱落;腐烂的病果易脱落。

2.桃褐腐病的发生原因

桃褐腐病病菌在树上僵果和病枝上,以及落地烂果上越冬。第二年春天借风雨、昆虫传播。桃树被病菌侵染后,遇阴湿天气,花、果容易发病较重。花期低温潮湿容易引起花腐,果期多雨、多雾容易引起果腐烂。储藏运输期间,病菌通过接触传播侵染健康果,储运中如遇高温高湿,则有利病害发展。一般味甜、汁多和皮薄的桃品种容易感病。桃褐腐病的发生原因表现如下:

(1)桃树开花期及幼果期如遇低温多雨,果实成熟期又逢温暖、多云多雾、高湿度的环境条件,发病严重。前期低温、潮湿容易引起花腐,后期温暖多雨、多雾则易引起果腐。

(2)害虫危害桃树传染。一些害虫危害桃树叶片、果实、枝梢等,受害伤口常给病菌造成侵入的机会。

(3)桃树树势衰弱引起病害。桃树果园,管理不善和地势低洼水淹,或枝叶过于茂密,通风透光较差,引起桃树发病都较重。

(4)桃树品种和运输引起病害。桃树品种间抗病性不同,桃树果实成熟后质地柔嫩、汁多、味甜、皮薄的品种较易感病。果实储运中如遇高温高湿,则有利病害发展或引起病害。

桃褐腐病的防治

1.加强桃树果园管理

盛果期的桃树，应加强管理，减少传染菌源。11~12月，结合冬季修剪进行清园，彻底清除树上僵果、病枝，地上脱落病果应集中烧毁；同时进行深翻，将地面病残体深埋地下。

2.桃树生长期管理

5~8月，及时做好田间排水和果树通风透光；加强对蟠象、桃象虫、桃食心虫、桃蛀螟等害虫的防治，减少害虫携带病菌传播。5月上、中旬，有条件的进行桃树果实套袋，即花后、定果后对果进行套袋，可有效阻隔和预防病菌的侵染。

3.喷布药物防治病害

3月上旬，发芽前喷5波美度石硫合剂；落花后7~10天喷洒1次65%代森锌可湿性粉剂500倍液，或50%多菌灵1 000倍液，或70%甲基托布津800~1 000倍液。为防花褐腐病发生，在花前、花后各喷1次50%速克灵可湿性粉剂2 000倍液，或50%苯菌灵可湿性粉剂1 500倍液。未套袋的果实，落花后喷药，间隔15天再喷1~2次药，果成熟前25~35天再喷一次50%扑海因可湿性粉剂1 000~2 000倍液。

044 桃穿孔病

桃穿孔病是桃树的重要病害之一，桃园均有分布，发生严重时，会引起叶片脱落，新梢枯死，影响树势，降低第二年果品的产量，更影响树体正常生长发育和观赏价值。应及早防治，预防为主。主要分布在河北、河南、山西、陕西、安徽等地。

桃穿孔病的发生与危害

桃穿孔病主要包括细菌性穿孔病、真菌性霉斑穿孔病和褐斑穿孔病。主要危害部位是叶片，主要发生在靠近叶脉处，其次危害果实和枝梢。

1.桃穿孔病的发生症状

（1）桃穿孔病叶片发病症状。叶片发病开始产生水渍状小斑点，颜色为浅褐色，后逐渐扩展为近圆形或不规则病斑，颜色加深，由浅褐色变为红褐、紫褐、黑褐色，斑周围有黄绿色晕环。有时多个病斑扩展相连在一起形成一个大斑。空气湿度大时，病斑相对应的叶背面溢出黄色黏质状菌脓。后期病斑干枯脱落，形成叶片穿孔。发病较重时，病叶早期脱落。或叶上初生水渍状小点，后渐扩大为圆形或不规则形、紫褐色至黑褐色斑点，直径约2 mm，周围有水渍状黄绿色晕环，边缘有裂纹，最后脱落穿孔，孔的边缘不整齐。

（2）桃穿孔病果实发病症状。果实发病初期产生水渍状小圆斑，随着病斑扩大，颜色加深呈暗紫色，中央稍凹陷。湿度大时，病部溢出黄色黏状菌脓。后期病斑干枯开裂。

（3）桃穿孔病枝梢发病症状。新梢发病形成两种类型的病斑，即春季溃疡病斑和夏季溃疡病斑。春季溃疡病斑，发生在上一年夏季长出的枝条上，春天展叶时，枝条上逐渐产生深褐色近圆形的小疱疹，后逐渐扩展变为椭圆形病斑，后期病部凹陷，表皮干裂。病斑较大，发生严重时会造成新梢枯死。夏季溃疡病斑，多在夏末时期发生在当年生嫩枝上，以气孔或芽眼为中心，形成水渍状暗紫色斑点，后期颜色逐渐加深为褐色至紫黑褐色，斑圆形或椭圆形，中部稍凹陷，边缘溢出桃胶，病斑不易扩展，会很快干枯。一年生嫩枝上发生的溃疡病斑，呈圆形水渍状，暗褐色，稍凹陷，边缘水渍状，潮湿时，其上溢出黄白色黏液。

2.桃穿孔病的发生原因

桃穿孔病病菌在病枝溃疡病斑内越冬，第二年桃树开花后，病菌溢出菌脓，借风雨、昆虫传播到叶片、果或新枝上，由气孔、皮孔和芽痕等自然孔口侵入。空气湿度大、土壤黏重、偏施氮肥、树势衰弱、栽培密度大、通风透光条件差等情况，均容易引起细菌性穿孔病的发生。

桃穿孔病的防治

1.加强果园管理防治

桃树发病期，及时清除病株残体、病果、病叶、病枝。对桃树果园做好通风降湿，保护地减少或避免叶面结露。科学施肥，不偏施氮肥，增施磷、钾肥，培育壮苗，以提高植株自身的抗病力。适量灌水，阴雨天或下午不宜浇水，预防冻害。

2.桃树喷布药物防治

3 月上旬，发芽前喷 5 波美度石硫合剂或 1：1：100 波尔多液；3 月下旬，花后喷 1：4：200硫酸锌石灰液，或 72%农用链霉素 2 000 倍液。4 月下旬，展叶后喷 0.3~0.4 波美度石硫合剂。5~8 月在桃树生长比较旺盛的地片，喷布或土施多效唑，能明显减轻穿孔病危害。6~9 月，桃树生长期，发生病害轻微时，喷布百菌清 800 倍液，或多菌灵 800 倍液稀释喷洒，10~15 天用药一次；病情严重时，百菌清 600 倍液稀释，7~10 天喷施一次。

045 桃缩叶病

桃缩叶病是桃树的重要病害之一，各地桃园均有分布发生，以长江区域发生较重。发病严重时会引起叶片脱落，新梢枯死，影响树势，降低第二年果品的产量，更影响树体正常生长发育和观赏价值。应及早防治，预防为主。主要分布在河南、河北、安徽、山西、陕西等地。

桃缩叶病的发生与危害

1.桃缩叶病的发生症状

桃缩叶病主要危害幼嫩组织，其中以嫩叶为主，嫩梢、花和幼果亦可受害。嫩叶刚伸出时就显现卷曲状，颜色发红。叶片逐渐开展，卷曲及皱缩的程度随之增加，致全叶呈波纹状凹凸，严重时叶片完全变形。病叶较肥大，叶片厚薄不均，质地松脆，呈淡黄色至红褐色；后期在病叶表面长出一层灰白色粉状物，即病菌的子囊层。病叶最后干枯脱落。在新梢下部先长出的叶片受害较严重,长出迟的叶片则较轻。如新梢本身未受害,病叶枯落后,其上的不定芽仍能抽出健全的新叶。新梢受害呈灰绿色或黄色,比正常的枝条短而粗,其上病叶丛生,受害严重的枝条会枯死。花和幼果受害后多数脱落,故不易觉察。未脱落的病果,发育不均,有块状隆起斑,黄色至红褐色,果面常龟裂。这种畸形果实,不久也会脱落。

2.桃缩叶病的发生原因

桃缩叶病病菌在桃芽鳞片外表或芽鳞间隙中越冬。第二年春天,桃芽展开时,病菌萌发孢子侵染展出的嫩叶或新生枝梢。病菌侵入后叶片本能反应,组织生长加快,造成病叶膨大和皱缩。病菌侵染后在芽鳞外表或芽鳞间隙中越夏越冬,一年只侵染一次,不再侵染。

低温高湿气候条件和早熟品种树容易发生桃缩叶病。春季桃芽膨大和展叶期,如遇潮湿的阴雨天气,病情发生较重。先一年发病重的,第二年容易被病菌感染。春季桃树萌芽期气温低,桃缩叶病常严重发生。一般气温在10~16 ℃时,桃树最易发病,而温度在21 ℃以上时,发病较少。这主要是由于气温低,桃幼叶生长慢,寄主组织不易成熟,有利于病菌侵入;反之,气温高,桃叶生长较快,就减少了染病的机会。另外,湿度高的地区,有利于病害的发生,早春,桃树萌芽展叶期低温多雨的年份或地区,桃缩叶病发生严重;如早春温暖干燥,则发病轻。从品种上看,早熟桃发病较重,晚熟桃发病轻。

桃缩叶病的防治

1.加强桃树果园管理

11~12月,对发病重、落叶多的桃园,要增施肥料,加强栽培管理,以促使树势恢复。3月上旬喷布药物,喷药后,如有少数病叶出现,应及时摘除,集中烧毁,以减少第二年的菌源。桃树生长期摘除病叶梢,发现发病叶或病梢,及时摘除或剪掉,集中烧毁,减少下一年传染源。另外注意,在早春桃发芽前喷药防治,可达到良好的效果。如果错过这个时期,而在展叶后喷药,则不仅不能起到防病的作用,且容易发生药害,必须引起注意。

2.喷布药物药剂防治

3月上旬,在早春桃芽开始膨大但未展开时,喷洒5波美度石硫合剂一次,这样连续喷药2~3年,就可彻底根除桃缩叶病。在发病很严重的桃园,由于果园内菌量极多,一次喷药往往不能全歼病菌。11~12月,可在当年桃树落叶后喷2%~3%硫酸铜一次,以杀灭黏附在冬芽上的大量芽孢子。到第二年早春再喷5波美度石硫合剂一次,使防治效果更加稳定。早春萌芽期喷用的药剂,除5波美度石硫合剂外,也可喷用1%波尔多液,或70%甲基托布津可湿性粉剂1 000倍液,此时是防治的关键时期。4月,展叶后如遇阴凉多雨天气,可选用70%甲基托布津1 000倍液、50%多菌灵1 000倍液、70%代森严锰锌可湿性粉剂500倍液等药,交替喷药。

046 石榴干腐病

石榴干腐病，又名石榴果腐病，由褐腐病菌侵染造成的果腐，主要发生在石榴近成熟期。此病害不仅影响果品质量和产量，更影响树体正常生长发育。当石榴树发生了此病害时，应及早防治，积极预防。主要分布在山西、陕西、河南、山东、安徽等地。

石榴干腐病的发生与危害

石榴干腐病主要危害部位是枝干、幼果。

1.石榴干腐病的发生症状

石榴干腐病，初在果皮上产生淡褐色水浸状斑，迅速扩大，以后病部出现灰褐色霉层，内部子粒随之腐坏。病果常干缩成深褐色至黑色的僵果悬挂于树上不脱落。病株枝条上可形成溃疡病斑。由酵母菌侵染造成的发酵果也在石榴近成熟期出现，储运期可进一步发生。病果初期外观无明显症状，仅局部果皮微现淡红色。剥开带淡红色部位可见果瓤变红，子粒开始腐败，后期整果内部腐坏并充满红褐色带浓香味浆汁。用浆汁涂片镜检可见大量酵母菌。病果常迅速脱落。自然裂果或果皮伤口处受多种杂菌（生要是青霉和绿霉）的侵染，由裂口部位开始腐烂，直至全果，阴雨天气尤为严重。果腐病的突出症状除一部分干缩成僵果悬挂于树上不脱落外，多数果皮糟软，果肉子粒及隔膜腐烂，对果皮稍加挤压，就可流出黄褐色汁液，至整果烂掉，失去食用价值。

2.石榴干腐病的发生原因

主要是在石榴树生长期，气温高、干旱；或雨水多、湿度大等因素交替浸染诱发干腐病发生。最适宜生长温度23~29 ℃，最低为13.5 ℃，最高为36 ℃。干腐病菌主要在树干上的僵病果上越冬，僵病上的菌丝在第二年4月中旬前后产生新的袍子器，是该病菌的主要传播源。该病发生程度取决于6~8月的温湿度，6~8月持续干旱高温，不易大发生；6~8月雨水多，气温在26 ℃左右，相对湿度在93%以上，易暴发浸染干腐病。

石榴干腐病的防治

1.积极加强石榴管理，提高树体抗病能力

11~12月，清扫果园，冬季结合修剪将病枝、烂果等清除干净，注意保护树体，防止受冻或受伤；生长期，5~8月要随时摘除病落果，深埋或烧毁；果实套袋；刮除枝干病斑并将病斑深埋，涂药保护，涂福美胂药液。

2.喷布药物药剂防治

3月上旬，树冠全面喷3~5波美度石硫合剂，5~8月，喷1：1：160波尔多液，或40%多菌灵0.17%溶液等交替使用，每15~20天喷布1次，效果较好。或在发病初期用40%多菌灵可湿性粉剂600倍液喷雾，7天1次，连用3次，防效95%以上。对榴绒粉蚧、介壳虫、康氏粉蚧、龟腊蚧等积极杀灭，5月下旬和6月上旬两次施用25%优乐得可湿性

粉剂,每亩每次40克,使用稻虱净也有良好防效。

3.防治生理落果或裂果

生长期,石榴果实开花后,用浓度为50 mg/L的赤霉素于幼果膨大期喷布果面,10天1次,连用3次,防裂果率达47%。

047 黄杨白粉病

黄杨白粉病,又名粉霉病。该病发生时,危害处表面出现一层白色粉末,病情严重时黄杨叶片枯萎。该病常发生在闷热潮湿不通风的环境中。此病害不仅影响绿化效果,更影响树体正常生长发育。当发生病害时,应及早防治。主要分布在山东、河南、山西、湖北、河北、浙江、广西等地。

黄杨白粉病的发生与危害

1.黄杨白粉病的发生症状

黄杨白粉病,3月下旬至4月下旬发病,主要危害叶片。发病时整个植株像下雪一样,发病轻的时候,叶片上可看见白乎乎的菌孢子,严重的时候,连续2~3年,整个植株干枯死亡。被害植株叶片表现皱缩畸形,影响生长。白粉病多分布于黄杨的叶正面,少有生长在叶背面的,单个病斑圆形,白色病斑扩大相互愈合之后形状不规则。其最明显的症状是在叶面或叶背及嫩梢表面布满白色粉状物,后期渐变为白灰色毛毡状。严重时叶卷曲,枝梢扭曲变形,甚至枯死。

2.黄杨白粉病的发生原因

黄杨白粉病病菌以菌丝体(灰色膜状菌层)在黄杨的被害组织内或芽鳞间越冬。第二年3月,在黄杨展叶和生长期产生大量的分生孢子,通过气流传播感染,成为病害初次侵染的菌源。病菌在寄主枝叶表面寄生,产生吸器深入表皮细胞内吸收养分,每年春、夏季和秋季产生大量孢子多次侵染叶片和新梢。夏季高温不利于病害的发展。高温是病害发生的主要因素。

黄杨白粉病的防治

1.加强管理,改善生活条件防治

12月结合修剪,剪除病枝、病叶。搞好冬季清园工作,扫除病枝叶,并集中烧毁;合理灌溉、施肥,增强植株长势,提高抗病能力。生长期发现病叶、病枝及时剪掉烧毁,可有效减少病害的初侵染菌源和再侵染菌源。在绿化栽植时,选择较高、干燥、光照充足、不积水、土壤深厚肥沃的地方。通过适当修剪,增强通透性。同时,生长期增施磷、钾肥,氮肥适量;注意抗旱排涝,使苗木生长健壮,提高抗病能力。

2.喷布药液,细致认真喷布防治

3月上旬,气温回升,喷洒0.5波美度石硫合剂;在发病前,交替喷施25%粉锈宁1 300倍液、70%甲基托布津700倍液、50%退菌特可湿性粉剂800倍液。白粉病危害的是嫩叶和新梢,若发病严重,必须进行修剪,将病叶剪除集中烧毁,然后喷施药剂防治。5~8月,加强喷布波尔多液,以后每隔半月喷1次,连喷3次。或70%百菌清600~800倍液,或65%代森锰锌可湿性粉剂800溶液喷雾防治,药剂应交替使用,以免白粉菌产生抗药性。

048 南天竹红斑病

南天竹红斑病是南天竹的主要病害之一,发病严重时,常引起提早落叶。此病害不仅影响观赏价值,更影响树体正常生长发育。当发生该病害时,应及早防治,科学防治。主要分布在陕西、河南、河北、山东、湖北、江苏、浙江、安徽、江西、广东、广西、云南、贵州、四川等地。

南天竹红斑病的发生与危害

南天竹红斑病主要危害部位是叶片的叶尖或叶缘。

1.南天竹红斑病的发生症状

南天竹红斑病主要从叶尖或叶缘开始发生,初为褐色小点,后逐渐扩大成半圆形或楔形病斑,直径2~5 mm,褐色至深褐色,略呈放射状。后期在病斑上簇生灰绿色至深绿色煤污状的块状物,即分生孢子梗及分生孢子。发病严重时,常引起提早落叶。

2.南天竹红斑病的发生原因

南天竹红斑病以菌丝或子实体在病叶上越冬,第二年3月中旬,气温回升,墒情好、雨水多时,产生分生孢子,借风雨传播,使叶片侵染发病,危害叶片,影响植株正常健壮生长。

南天竹红斑病的防治

1.清理树冠防治

当发生病害后,及时摘除病叶,集中深埋或烧毁。在病叶较多的情况下,可先留部分感染较轻的病叶观赏,第二年春季新叶展开后再摘除病叶,以控制病菌来源。

2.喷布药物防治

3月上旬,在红斑病发病前喷甲基托布津可湿性粉剂或代森锰锌1 000~1 200倍液,每隔10~15天喷1次,连喷2~3次。5~8月,生长期发生严重时,喷布70%代森锌可湿性粉剂400~600倍液,或70%甲基托布津可湿性粉剂1 000~1 300倍液防治,每隔10~15天喷1次,连续喷2~3次。

049 桑椹菌核病

桑椹菌核病,俗称桑白果病,属真菌类病害,是影响桑树生长的主要病害。桑树开花时病菌开始侵入,结果后病状显现,颜色呈白色;病果无商品和食用价值。此病害不仅影响果品质量和产量,更影响树体正常生长发育。当桑树发生了此病害时,应及早防治,合理的种植和药物使用可有效预防此病。

桑椹菌核病的发生与危害

桑椹菌核病主要危害部位是桑椹果实。

1.桑椹菌核病的发生症状

桑椹菌核病,是肥大性菌核病、缩小性菌核病、小粒性菌核病的统称。肥大性菌核病花被厚肿,灰白色,病椹膨大,中心有一黑色菌核,病椹弄破后散出臭气。缩小性菌核病椹显著缩小,灰白色,质地坚硬,表面有暗褐色细斑,病椹内形成黑色坚硬菌核。小粒性菌核病桑椹各小果染病后,膨大,内生小粒形菌核。病椹灰黑色,容易脱落而残留果轴。多数果园均有发生。随着桑园综合开发的不断深入,种桑不单只为采叶养蚕,果、叶两用的果桑种植面积也在不断扩大,而果桑比较容易发生桑菌核病。

2.桑椹菌核病的发生原因

桑椹菌核病病菌以菌核在土壤中越冬。第二年,桑树花开放时,条件适宜,菌核萌发产生子囊盘,盘内子实体上生子囊释放出子囊孢子,借气流传播到雌花上,菌丝侵入子房内形成分生孢子梗和分生孢子,最后菌丝形成菌核,菌核随桑椹落入土中越冬。3 月上旬,春季温暖、多雨、土壤潮湿利于菌核萌发,产生子囊盘多,病害重。通风透光差、低洼多湿、花果多、树龄老的桑园发病重。

桑椹菌核病的防治

1.防治时间

防治桑椹菌核病分 3 次进行,每隔 7~10 天防治一次。第一次,始花期,即桑花初开时;第二次,盛花期,即桑花全面开放时;第三次,盛末期,即桑花开始减少、初果显现时。

2.喷布药剂

选择 70%甲基托布津 1 000 倍液,或 50%多菌灵可湿性粉剂 1 000 倍液。

3.喷布药物

喷施时雾点须细、周到,不可漏喷,达到花序、叶、枝充分湿润,以滴水为度。选择药物为甲基托布津和多菌灵,应交替使用。防治时农药浓度须按标准配,不可任意提高浓度,否则不利于今后防治。桑病防治以防为主,所以应重视前期防治。

050 林木果树根癌病

林木果树根癌病,又名冠瘿病,俗称根瘤病,是果树上常见的一种病害,尤以苗圃发生较多,主要危害树种为樱花、月季、大丽花、丁香、秋海棠、天竺葵、蔷薇、梅花、苹果、梨、桃、杏、李等多种绿化林木果树。此病害不仅影响林木果树生长和果品质量及产量,更影响树体正常生长发育。林木果树根癌病只要采取综合防治措施,及早治疗,病树是可以防治控制的。主要分布在河南、河北、山东、山西等地。

林木果树根癌病的发生与危害

1.林木果树根癌病的发生症状

林木果树根癌病根癌主要发生在根颈处,也可发生在根部及地上部。发生病害初期出现近圆形的小瘤状物,以后逐渐增大、变硬,表面粗糙、龟裂,颜色由浅变为深褐色或黑褐色,瘤内部木质化。瘤大小不等,大的似拳头大小或更大,数目几个到十几个不等。林木内部组织松软,表面粗糙不平。随着瘤体不断增大,表面渐变成褐色,表皮细胞枯死,内部组织木栓化。癌瘤多为球形或扁球形。由于根系受到破坏,故造成病株生长缓慢,重者全株死亡。或病害发生于根颈或侧根上,病部产生肿瘤,初期乳白色或肉色,逐渐变成褐色或深褐色,圆球形,表面粗糙,凹凸不平,有龟裂,感病后根系发育不良,细根极少,地上部生长缓慢,树势衰弱,严重时叶片黄化、早落,或干枯或全株枯死。

2.林木果树根癌病的发生原因

林木果树根癌病是致瘤农杆菌所致。细菌短杆状,大单极生 1~4 根鞭毛,在水中能游动。有荚膜,不生成芽孢,革兰氏染色阳性。发育温度为 10~34 ℃,最适温度为 22 ℃,致死温度为 51 ℃,耐酸碱范围 pH5.7~9.2,最适为 pH7.3。病原细菌主要在癌瘤组织皮层内和土壤中越冬。主要借雨水、灌溉水或翻耕土壤进行传播,地下害虫和线虫也有一定传播作用;远距离传播主要靠带病苗木。细菌由伤口侵入,在皮层组织形成癌细胞,癌细胞不断分裂增殖,形成癌瘤。病原细菌可在病组织中和土壤中存活多年。病原随病苗、病株向外传带。通过雨水、灌溉水及地下害虫、线虫等媒介传播扩散。病原细菌主要通过修剪伤口、嫁接伤、机械伤、虫伤、冻伤等处侵入寄生植物,也可通过自然气孔侵入。细菌侵入植株后,可在皮层的薄壁细胞间隙中不断繁殖,并分泌刺激性物质,使邻近细胞加快分裂、增生,形成癌瘤症。细菌进入植株后,可潜伏存活或潜伏侵染,待条件合适时发病。每年的生长期都可发生危害,主要发生时期为 6~10 月,以 8 月发生受害最多。

林木果树根癌病的防治

1.选择优质苗木造林,加强林木果园管理

严格淘汰病苗,在栽植前用放射土壤杆菌 K84 菌株的细菌悬浮液(每毫升 106 个细菌)浸泡根系或插条,可有效地预防根癌病发生;或栽植前用硫酸铜 100 倍液浸根 5 分钟,或用链霉素 100~200 mL 浓度浸根 20~30 分钟。加强果园管理,多施有机肥料,增施磷、钾肥;注意防涝,促进根系生长发育;对碱性土壤应施酸性肥料,酸化土壤,使之不利于细菌生长繁殖。注意防寒受冻,及时防治地下害虫,田间作业时要尽量减少伤口,并注意对各种伤口的消毒及保护,减少细菌浸染。癌病的苗木必须集中销毁,苗木栽种前最好用 1%硫酸铜浸 5~10 分钟,再用水洗净,然后栽植。发现病株可用刀锯彻底切除癌瘤及其周围组织。对病株周围的土壤也可按每平方米 50~100 g 的用量,撒入硫黄粉消毒,同时注意进行土壤改良。

2.及早检查及早发现,及时人工刮治病瘤

及时发现病害,在病瘤长到黄豆粒大小时即行刮除,有利于伤口愈口,如病瘤过大,或密集成片,包转茎部,则较难治愈。刮后伤口用 5 波美度石硫合剂或硫酸铜 100 倍液、

80%“402”抗菌剂乳油 50 倍液、链霉素 400 mL 浓度等消毒,外涂波尔多液浆保护。

3.科学嫁接繁育苗木,细心进行土壤消毒管理

重病区实行 2 年以上轮作或用氯化苦消毒土壤后栽植。细心栽培,避免各种伤口。嫁接技术,改劈接为芽接,嫁接用具可用 0.5%高锰酸钾消毒。重病株要刨除,轻病株可用 300~400 倍的“402”抗菌剂乳油浇灌,或切除瘤后用 500~2 000 mL 链霉素或 500~1 000 mL 土霉素或 5%硫酸亚铁涂抹伤口。另据报道,用甲冰碘液(甲醇 50 份、冰醋酸 25 份、碘片 12 份)涂瘤有治疗作用;放射形土壤杆菌 84 号可用于生物防治。从保护苗木伤口入手阻止病菌的侵染,K84 菌剂在土壤中具有较强的竞争能力,优先定殖于伤口周围,并产生对根癌/根瘤病菌有专化性抑制作用的细菌素,预防根癌/根瘤病发生和危害,与化学农药相比具有防病效果好、持效时间长和不污染环境等优点。

051 紫荆角斑病

紫荆角斑病是紫荆的主要病害,危害叶片,病斑呈多角形,黄褐色,病斑扩展后,互相融合成大斑。感病严重时叶片上布满病斑,导致叶片枯死,脱落。此病害不仅影响观赏价值,更影响树体正常生长发育。当发生了紫荆角斑病时,应及早防治。主要分布在河南、山东、江苏、北京、安徽等地。

紫荆角斑病的发生与危害

紫荆角斑病主要危害部位是林木叶片。

1.紫荆角斑病的发生症状

紫荆角斑病发生的病原为半知菌类尾孢霉菌和紫荆粗尾孢霉菌。该病发生较普遍,初期叶片上出现褐色小点,逐渐扩大,由于受叶脉的限制,往往形成褐色或黑褐色多角形病斑。后期病斑上产生墨绿色粉状物(分生孢子和分生孢子梗)。病害发生严重时,叶片上长满病斑,造成枯叶,提早落叶,影响树木正常生长和第二年春季开花。或紫荆角斑病侵染紫荆叶片,发病初期叶片上着生有褐色斑点,随着病情的发展,斑点逐渐扩大,形成不规则的多角形斑块,发病后期病斑上着生有暗绿色粉状颗粒。

2.紫荆角斑病的发生原因

紫荆角斑病病菌在病落叶上越冬;第二年 3 月下旬,展叶不久病菌就能危害,多从下部叶片先感病,逐渐向上蔓延扩展。病害高峰期从梅雨季节开始,7 月出现大量病斑,8 月开始落叶,9 月常常出现下部枝条叶片全部脱落。严重时叶柄、新梢都能发病,引起枝梢死亡。

紫荆角斑病的防治

1.及时清理病叶

10 月上旬,清除病落叶,集中烧毁,减少来年浸染源。11~12 月,合理修剪,注意通风透光;加强林木管理,及时重点进行冬剪病枝。7~9 月,加强水肥管理;生长期加强营养平

衡,不可偏施氮肥;同时,施肥要合理,目的是促进其生长健壮,提高抗病性。在绿化造林中,注意造林密度,要保持适当株行距,促进树木通风透光,减少病害的发生。

2.喷药防治

3~4月,树木展叶后开始喷药,预防喷布50%多菌灵500~600倍液,或70%代森锰锌600~800倍液,或75%百菌清700~1 000倍液。当发生病害时,可喷50%多菌灵可湿性粉剂700~1 000倍液,或70%代森锰锌可湿性粉剂800~1 000倍液,或80%代森锌500倍液,10~15天喷1次,连喷3~4次,有较好的防治效果。发生严重时,喷洒65%代森锌500倍液或50%多菌灵600倍液,连喷2次。

052 黄连木炭疽病

危害黄连木的主要病害是炭疽病,此病害不仅影响果品质量和产量,更影响树体健康生长发育,所以要加强管理,及时防治病害,促进黄连木树健壮生长。主要分布在河北、河南、山西、山东等地。

黄连木炭疽病的发生与危害

1.黄连木炭疽病的发生症状

黄连木炭疽病主要危害果实,同时也危害果梗、穗轴、嫩梢。果实受害后果粒生长减缓,果梗、穗轴干枯,严重时干死在树上,果穗受害后,果梗、穗轴和果皮上出现褐色至黑褐色病斑,圆形或近圆形,中央下陷,病部有黑色小点产生,湿度大时,病斑小黑点处呈粉红色突起,即病菌的分生孢子盘及分生孢子。叶片感病后,病斑不规则,有的沿叶缘四周1 cm处枯黄,严重时全叶枯黄脱落。嫩枝感病后,常从顶端向下枯萎,叶片呈烧焦状脱落。发病重的年份对黄连木产量影响很大,植株呈干枯甚至绝收。

2.黄连木炭疽病的发生原因

黄连木炭疽病病菌以菌丝体、分生孢子或分生孢子盘在寄主残体或土壤中越冬,4月上旬,气温回升后开始发病,5~6月间迅速发展,新叶则从8月开始发病。分生孢子靠风雨、浇水等传播,多从伤口处侵染。另外,栽植过密、通风不良引起叶子相互交叉易感病。病菌生长适温为26~28 ℃,分生孢子产生最适温度为28~30 ℃,适宜pH值为5~6。湿度大、病部湿润、有水滴或水膜是病原菌产生大量分生孢子的重要条件,连阴雨季节发病较重。

黄连木炭疽病的防治

黄连木炭疽病,应该在黄连木萌芽前喷布药物,铲除病害;3月上旬,春季黄连木萌芽前,用5波美度石硫合剂均匀喷树体及周围的禾本科植物,消灭越冬炭疽病病菌和越冬蚜虫卵;或在黄连木发芽及发病前期喷洒百菌清500~800倍液或多菌灵600~800倍液;6~8月树木生长期,用50%甲基托布津800~1 000倍液喷布,每隔15~20天喷布一次,连续喷布2~3次。

053 法桐白粉病

法桐白粉病是法桐主要病害，不仅影响树体的美观，更影响树体正常生长发育。所以应及早防治，积极防治。主要分布在河南、河北、山西、山东、安徽等地。

法桐白粉病的发生与危害

法桐白粉病主要危害部位是叶片，叶片会出现泛黄、卷缩、枯落等情况，影响正常生长。

1.法桐白粉病的发生症状

法桐白粉病为多次侵染的真菌性病害，主要危害叶片及嫩梢，病叶皱缩扭曲成一团，叶片正反面均布满白色粉层。5~6 月开始发病，发病初期，在叶片正面或背面产生白粉小圆斑，后逐渐扩大，导致嫩叶皱缩、纵卷、新梢扭曲、萎缩，影响该树的正常生长，发生严重时，在白色的粉层中形成黄白色小点，后逐渐形成黄褐色或黑褐色，导致叶片枯萎提前脱落。

2.法桐白粉病的发生原因

法桐白粉病是一种真菌性病害，这种病菌在高温高湿的环境下滋生繁殖，通过气流或水珠飞溅传播。在 4 月露地温度 18~20 ℃，法桐白粉病菌开始生长发育，产生大量的分生孢子，对植株进行传播和侵染。夏季高温高湿时，又会产生大量分生孢子，扩大再侵染，分生孢子在叶片萌发，从叶片气孔进入组织内吸取叶片的养分。

法桐白粉病的防治

1.选择优良健壮苗木造林绿化

在绿化造林时，应选用无白粉病的植株或从无该病发生的地区调用的法桐树。

2.清除病叶修剪防治

由于法国梧桐萌生力强，对重点发病区域要注意观察，结合适当修剪病害严重枝干；对于重病的大树，可于冬季剪除所有当年生的枝条，清除病落叶、病梢以减轻侵染源。3 月及时剥芽，增强通风透光性，增强树势。

3.喷布药剂防治

12 月，休眠期修剪后普遍喷一次 5 波美度石硫合剂浓液；4 月上旬，展叶初期普遍喷一次等量式波尔多液 150 倍稀液，以利对此病的早期预防。3 月上旬，在开春新叶萌发后，用代森锰锌进行预防，喷布 2 500~3 000 倍液，或 25%粉锈宁可湿性粉剂 1 000~1 500 倍液，或 70%甲基托布津可湿性粉剂 800~1 200 倍液，或 75%百菌清可湿性粉剂 500~600 倍液喷雾，每隔 10~15 天喷一次，连续喷 2~3 次。药剂的合理使用能有效地控制该病的发生与蔓延。在药物的使用上，尽量几种药剂交替使用，从而提高防治效果。

054 国槐腐烂病

国槐腐烂病，也名烂皮病。要及时预防和防控，才能促进树木健壮生长。其不但危害国槐树，还危害杨树、柳树、海棠、碧桃等用材林和绿化树。主要分布在河南、山东、河北、山西等地。

国槐腐烂病的发生与危害

1.国槐腐烂病的发生症状

国槐腐烂病主要危害树木主干和支干，表现为枯梢和干腐两种类型，其中干腐型较常见。呈现树干皮层溃烂，呈湿腐状，是一种真菌危害的病害，造成树势衰弱。发生病部的表现为：发病初期病部呈暗灰色、水渍状，稍隆起，用手指按压时，溢出带有泡沫的汁液，腐皮组织逐渐变为褐色。后期皮层纵向开裂，流出黑水，俗称黑水病。病斑环绕枝干一周时，导致枝干或整株死亡。此病菌多由各种伤口侵入，3 月下旬开始发病，3~4 月病害发展严重，病斑发展较快，5~6 月形成大量分生孢子，病斑停止扩展，周围出现愈合组织。在种植过密、苗木衰弱、伤口多的条件下，病害发生严重。病菌通常从剪口、断枝处侵入，在伤口附近形成病斑。

(1)枯梢型。危害部位容易发生在侧枝及顶梢上，病初患部皮层变色，病部枝梢失水枯死。

(2)干腐型。危害部位容易发生在西南方向成年树木的主干和大枝上，形成表面溃疡，患部初期出现暗褐色水渍状病斑，菱形，内有酒糟味，皮层腐烂变软，后失水下陷，有时龟裂。在适宜发病条件下病斑不断扩大，当病斑包围树干一圈连接后，受害枝干上部干枯或枯死。

2.国槐腐烂病的发生原因

国槐腐烂病发病的主要原因，一是与树木栽培有关，二是与抚育管理有关。幼苗移植栽植后，生长势弱的苗木，以及栽植时苗木根系受伤面积过大，或苗木采挖假植时间过长，或强度修剪使树势减弱，易受风沙侵袭的苗木最易感病。国槐腐烂病发病适宜温度在13~16 ℃以下，高温不易发病。2~3 月，早春出现异常低温冻害、土壤 pH 值偏大都是发病的诱因。该病主要发生在 1~6 年生幼树上，春季 3 月上旬至 5 月中旬为发病盛期，6 月气温升高发病缓慢或不发展。病斑多发生在西南向冻伤、灼伤等处，胸径 1~5 cm 的幼树发病率较高。

国槐腐烂病的防治

1.苗木栽培管理防治

苗木移植时，对移栽的大苗，要及时浇水保墒，增强抗病能力。对苗木要及时管理，尽量避免苗木受撞伤，减少病害的发生概率。

2.喷布药物的防治

3月或7~8月,对苗木干部及伤口涂波尔多液或保护剂,防止病菌侵染。发病初期刮除或划破病皮,用1:10浓碱水、退菌特或代森锌200倍液,或2.1%腐烂净乳油原液,每平方米200 g,涂病部病斑,或用托布津涂抹30倍液。对已经受伤的伤口病斑涂抹20倍波尔多液,或甲基托布津30倍液,对树干或树冠可喷洒50%退菌特200~300倍液,防治效果显著。

055 银杏茎腐病

银杏茎腐病是银杏繁育苗木的主要病害之一。此病害不仅影响苗木质量和产量,更影响苗木正常生长发育。在苗木繁育时,应及早预防或防治。主要分布在河南、山东、安徽、江苏、浙江等地。

银杏茎腐病的发生与危害

银杏茎腐病主要危害部位是银杏树的根茎。

1.银杏茎腐病的发生症状

银杏茎腐病发病初期,幼苗基部变褐,叶片失去正常绿色,并稍向下垂,但不脱落。感病部位迅速向上扩展,以致全株枯死。病苗基部皮层出现皱缩,皮内组织腐烂呈海绵状或粉末状,色灰白,并夹有许多细小黑色的菌核。此病病菌也能侵入幼苗木质部,因而褐色中空的髓部有时也见小菌核产生。此后病菌逐渐扩展至根,使根皮皮层腐烂。如用手拔病苗,只能拔出木质部,根部皮层则留于土壤之中。银杏扦插苗在高温或低温的条件下,茎腐病也能发生,可使插穗表皮呈筒状套在木质部上,韧皮部薄壁组织则全部发黑腐烂。

2.银杏茎腐病的发生原因

银杏茎腐病病菌通常在土壤中营腐生生活,属于弱寄生真菌。在适宜条件下自苗木伤口处侵入。因此,病害发生与寄主和立地环境条件有关。苗木受害的根本原因是地表温度过高,苗木基部受高温灼伤后造成病菌侵入。苗木木质化程度越低,此病的发病率越高。在苗床低洼积水时,发病率也明显增加。银杏扦插苗,在6~8月当苗床高温达30 ℃以上时,插后10~15天即开始发病,严重时大面积接穗发黑死亡。

银杏茎腐病的防治

1.繁育苗木要提早

苗木繁育时,在河南地区2月下旬即争取土壤解冻时进行播种,此项措施有利于苗木早期木质化,或在高温季节来临之前提高幼苗木质化程度,增强对土表高温和茎腐病的抵抗力,并进行苗圃泥土消毒,恰当遮阴,及时灌溉。在发病初期用50%甲基托布津800~1 000倍液进行防治。

2.科学种植、合理密播

密播有利于发挥苗木的群体效应,增强对外界不良环境的抗力。试验证明,苗木密度愈小,发病率愈高,密度愈大,发病率愈低。实践还证明,过去每亩播种 25~40 kg 种子,如改为每亩 80~100 kg 种子的播种量之后,不仅发病率降低,而且单位产苗量增加,既节约了土地,又减少了发病。

3.防治地下害虫苗木

地下害虫主要有地老虎、蝼蛄、蟋蟀等,危害银杏幼苗根系,当幼苗受地下害虫的危害之后,极易为茎腐病菌所感染。因此,播种前后一定要时刻注意消灭地下害虫。

4.防止苗木的机械损伤

当年生播种实生苗或 1 年生移植苗,在苗期管理松土除草时或冬季起苗栽植过程中,一定要注意不要损伤苗木的根茎,否则极易引起茎腐病的发生。

5.苗木生长期要遮阴降温

为防止太阳辐射地温增高,育苗地应采取搭荫棚、行间覆草、种植玉米、插枝遮阳等措施以降低对幼苗的危害。苗木适时浇水、喷水,7~9 月,在高温季节应及时灌水、喷水,以降低地表温度,有条件的地方可采取喷灌,更有利于减少病害的发生。

6.喷布药物进行防治

银杏当年生苗木在 6~8 月天气延续燥热时发病较重,及时结合灌水喷洒各种杀菌剂,如甲基托布津 500 倍液,或多菌灵 600 倍液,或波尔多液 1 000 倍液等;同时,或在 6 月中旬追施有机肥料时加入拮抗性放线菌,或追施草木灰或过磷酸钙等,每亩施入 50~80 kg 即可。

056 花椒白粉病

花椒白粉病,又名花椒自涉病,俗称白面病、面粉病等,是花椒树的主要病害之一。此病害不仅影响果品产量和品质,更影响树体正常生长发育。果树发生了花椒白粉病,应及早防治。主要分布在陕西、山西、四川、河南、甘肃等地。

花椒白粉病的发生与危害

花椒白粉病主要危害部位是花椒叶片,也危害新梢和果实。

1.花椒白粉病的发生症状

花椒白粉病发生在叶、嫩茎、花柄及花蕾、花瓣等部位,初期为黄绿色不规则小斑,边缘不明显。随后病斑不断扩大,表面生出白粉斑,最后该处长出无数黑点。染病部位变成灰色,连片覆盖其表面,边缘不清晰,呈污白色或淡灰白色。症状表现如下:

(1)叶片受害症状表现。病害大发生时,叶片布满灰白色粉状物,病叶可达 75%~100%,病害使叶片干枯。叶片被侵害时,最初于叶片表面形成白色粉状病斑,然后病斑变成灰白色,并逐渐蔓延到整个叶片,严重时叶片卷缩枯萎。

(2)枝梢受害症状表现。枝梢被害时,初为灰白色小斑点,然后不断扩大蔓延,可使整个树梢受害,抽出的叶细长,展叶缓慢,随病势的发展,病斑由灰白色变为暗灰色。

(3)果实受害症状表现。果实受害后,果面形成灰白色粉状病斑,严重时引起幼果脱落。

总之，花椒受花椒白粉病危害严重时，其叶片皱缩变小，嫩梢扭曲畸形，花芽不开。

2.花椒白粉病的发生原因

花椒白粉病由真菌侵染所引起，属于子囊菌亚门，白粉菌目，白粉菌科，球针壳属。该病除危害花椒外，还危害杨树、葡萄等，病菌以菌丝体在病组织上或芽内越冬，第二年春季形成分生孢子，借风力传播。3~4月上旬，分生孢子飞落到寄主表面，若条件适宜，即可萌发直接穿透表皮而侵入。孢子萌发适宜温度为20~28 ℃。在较低温条件下，孢子就能萌发。因此，6~8月干旱天气或7~9月温暖、闷热、多云的天气容易引起病害大发生。另外，花椒栽植过密、施肥不当、通风透光性差，也能促进该病害的发生蔓延。

花椒白粉病的防治

1.加强花椒树的管理

及时摘除病叶，集中烧毁或深埋。另外，花椒白粉病发病较多的椒园，11~12月及时清除冬季落叶和4~9月生长期树上、树下的病叶、病枝、病果，集中烧毁处理，防止传染蔓延。夏季注意排水、施肥、中耕除草，以增强树势，并适当剪去过密枝叶，保持通风透光良好，可减轻发病。

2.喷布药液防治

（1）发芽前的喷药防治。3月上旬，早春花椒发芽前喷洒45%晶体石硫合剂100~150倍液，除防治白粉病外，还可兼治叶螨、介壳虫等。

（2）发芽后的喷药防治。花椒发芽后喷洒45%晶体石硫合剂180~200倍液，或75%百菌清可湿性粉剂600~800倍液，或25%丙环唑乳油1 000~1 500倍液，或25%粉锈宁可湿性粉剂1 500~2 000倍液，间隔7~10天喷1次，有较好的防病效果。发生严重的花椒树，可用15%粉锈宁可湿性粉剂500~700倍液喷雾防治；4月上旬，发病季节喷托布津可湿性粉剂，10~15天喷1次，连喷3次，或发病时可用50%多菌灵300~400倍液或50%甲基托布津300~400倍液防治即可。

第二部分　主要虫害发生与防治

057 桑天牛

桑天牛，鞘翅目，天牛科，又名老水牛。是林木主要蛀干害虫之一。主要危害桑、构、无花果、白杨、欧美杨、柳、榆、苹果、沙果、樱桃、梨、野海棠、柞、褚、刺槐、树豆、枫杨、枇杷、油桐、花红、柑橘、山核桃、毛白杨等树种。主要分布在河南、河北、山东等地。

桑天牛的发生与危害

1.桑天牛的危害

桑天牛危害部位为树干，是蛀干害虫。危害状：嫩梢树皮可见成虫啃食形成的不规则条块状伤疤，边缘残留茸毛状纤维物。在树干的同一方位，可见有顺序向下排列的圆形排泄孔。危害轻时造成幼树死亡；严重时，大树树干空洞，生长势衰弱，生长缓慢。

2.桑天牛的发生

桑天牛为蛀干害虫，河南1~2年1代，以幼虫在枝干内向下蛀食，隔一定距离向外蛀1通气排粪屑孔，排出大量粪屑，有红褐色液体流出。4~6月成虫羽化，出现危害树木产卵；幼虫在树干内越冬，或以幼虫或未来得及孵化的卵在枝干内越冬，寄主萌动后开始危害，落叶时休眠越冬。幼虫期初孵幼虫先向上蛀食8~12 mm，即掉回头沿枝干木质部一边向下蛀食，逐渐深入心材，如植株矮小，下蛀可达根际，幼虫在蛀道内，每隔一定距离即向外咬一圆形排粪孔，粪便即由虫孔向外排出，排泄孔径随幼虫增长而扩大，孔间距离自上而下逐渐增长，增长幅度因寄主植物而不同。幼虫老熟后，即沿蛀道上移，超过1~3个排泄孔，先咬羽化孔的雏形，向外达树皮边缘，使树皮呈现臃肿或破裂，常使树液外流。此后，幼虫又回到蛀道内选择适当位置，即距蛀道底65~115 mm做成蛹室，化蛹其中。成虫食害嫩枝皮和叶，削弱树势，重者枯死。

桑天牛的形态与特征

桑天牛，成虫体和鞘翅黑色，被黄褐色短毛，头顶隆起，中央有1条纵沟。前胸近方形，背面有横的皱纹，两侧中间各具1个刺状突起。触角鞭状；第1、2节黑色，其余各节灰白色，端部黑色；鞘翅基部密生黑瘤突，肩角有黑刺1个。卵长椭圆形，稍弯曲，乳白或黄白色。幼虫老龄体长55~60 mm，乳白色，头部黄褐色，蛹体初为淡黄色，后变黄褐色。

桑天牛的防治

对桑天牛，要采取多种措施开展防治，才能达到较好的效果。

1.冬季修剪防治

结合冬季修剪除掉虫枝,集中处理。

2.人工灭杀卵、成虫防治

在5~8月,成虫发生期,及时组织人工捕捉成虫,消灭在产卵之前。4~6月成虫发生期结合防治其他害虫,喷洒绿色威雷200~400倍液;或成虫产卵盛期后挖卵和初龄幼虫;或刺杀木质部内的幼虫,找到新鲜排粪孔用细铁丝插入,向下刺到隧道端,反复几次可刺死幼虫。或在成虫期,清除杨树及其周围900~1 000 m范围内的零星桑科植物,断绝成虫补充食料。每12~20 m或农田防护林每500 m保留1簇桑树作为饵树,每天清晨捕杀成虫,或每隔一定时间对饵树喷施1次药剂杀灭成虫。或在卵和低龄幼虫期,锤击主干上的卵和未侵入木质部的幼龄幼虫。

3.喷药防治

成虫羽化高峰期前,用8%绿色威雷300~600倍液进行常量或超低量喷干。在大龄幼虫期,在1~5月,幼虫活动期,寻找有新鲜排泄物的虫孔,由上而下插入磷化铝或磷化锌的毒签或毒丸,用黄泥封口。同时,保护和利用招引啄木鸟,利用寄生蜂和白僵菌等防治;插毒签、采取磷化铝片塞孔或用40%甲胺磷乳油或5%灭幼脲3号油剂100~150倍药液灌虫孔杀死幼虫。

058 杨尺蠖

杨尺蠖,又名春尺蠖、榆尺蠖、沙枣尺蠖、桑尺蠖等,俗称吊死鬼。其食性杂,危害杨、柳、榆、杏、苹果、槐、梨、槭、桑、南天竹等树种,在河南主要危害杨树。杨尺蠖,越冬蛹3月中旬前后羽化为成虫,3月下旬大量羽化出土并交配产卵,卵期15~20天,4月中、下旬大量孵化危害。杨尺蠖幼虫危害杨树嫩叶,严重时可将嫩叶食光,影响叶片光合作用及树体的正常健康生长。主要分布在河南、河北、山东、山西、陕西、安徽等地。

杨尺蠖的发生与危害

1.杨尺蠖的危害

杨尺蠖危害部位为枝梢、叶片,是食叶害虫。初龄幼虫危害特点为,可吐丝下垂迁移,爬行时脊背拱起,又称造桥虫;同时成虫身体细长,行动时一弯一伸像个拱桥,休息时,身体能斜向伸直,如枝状,具有很好的伪装性。群居危害,易爆发成灾。受害轻时,新生嫩叶残缺不全;受害严重时,叶片全无,呈夏树冬景惨状。

2.杨尺蠖的发生

该虫1年发生1代,以蛹在干基周围土壤中越夏、越冬。第二年气温回升后,4月上旬,成虫开始羽化,成虫雄虫有趋光性,白天潜伏于树干缝隙及枝叉处,夜间交尾,多在下午和夜间羽化出土,将卵成块产于树皮缝隙、枯枝、枝杈断裂等处。4月中旬幼虫孵化,初孵幼虫活动能力弱,取食嫩叶;4~5龄幼虫耐饥能力强,1~3天不能危害也不至于死亡,同时,可吐丝借风飘移传播到附近林木危害,受惊扰后吐丝下坠,旋又收丝攀附上树。5

月老熟幼虫入土化蛹越夏越冬。

杨尺蠖的形态与特征

杨尺蠖，成虫翅大，体细长，有短毛，触角丝状或羽状，被称为“尺蛾”。幼虫先啃食幼芽或叶肉，随后食尽全叶。以5月上旬危害最严重，幼虫有吐丝下垂、随风转移的习性。老熟幼虫于5月中、下旬入土化蛹，蛹期长达9个月之久。雌雄成虫均有趋光性，约在土温1 ℃左右羽化，羽化后在土中静伏相当长时间，才破土而出。白天隐伏在树干下部背风面、地表杂草中或树皮缝隙间，黄昏时开始活动，在树干下交尾产卵。每一雌蛾可产卵800~1 000粒，卵主要产于枝干的裂皮缝隙中，少量在小枝杈处，一般一次产卵10~36粒，一起排列成块。当杨树叶芽开始萌动时，卵块即开始孵化。幼虫共5龄，初龄幼虫食量小，4~5龄食量大增，如虫口密度较大，2~3天内可将大面积林木叶片全部吃光。遇惊即纷纷吐丝下垂，飘悬空间，故有“吊死鬼”之称。幼虫期历时20~25天。河南平顶山地区4月15~25日为幼虫入土盛期，入土后经7~8天开始化蛹。蛹在土中分布深度与土质有关，在土壤中分布于5~20 cm的土层中，就水平分布来说，蛹多集中在树根周围20~50 cm土壤里越夏、越冬，一般郁闭度小的林分容易成灾。

杨尺蠖的防治

1.人工防治

杨尺蠖，在成虫出土前，即2月中旬，树木叶芽萌动期，在树干基部涂阿维菌素加废机油(1∶20)药环，可有效阻杀上树雌成虫，且对路过的小幼虫及老熟幼虫均有良好的防治效果。一般晴天上午，距树干1 m处挖宽、深各20 cm沟，用300~500倍有机磷杀虫剂浇沟。施入农药后，及时封土压实，防止药物蒸发，失去防效。

2.破蛹防治

杨尺蠖1年发生1代，完全变态。以蛹的形式在树干周围土壤中、杂草或石块下过冬，第二年3~4月为羽化繁盛时期。在上年虫害严重的地方进行清理杂草或机械全面划破翻动树下土壤，破坏蛹的羽化环境或伤害蛹的成活能力，减少繁殖。

3.黑光灯诱杀防治

杨尺蠖，第二年3~4月为羽化繁盛时期。可以在成虫羽化期利用黑光灯诱杀，每亩挂黑光灯12个诱杀成虫，从而减少幼虫繁殖量。

4.喷药防治

4月中旬，幼虫发生期，对3~4龄的幼虫喷氯氰菊酯1 000倍液，或敌百虫1 200倍液，或喷施25%灭幼脲3号2 000倍液，灭杀幼虫，减少危害。

059 杨白潜蛾

杨白潜蛾，又名杨白潜、潜叶虫等。属鳞翅目，潜蛾科。在河南、山东等地主要危害毛白杨、107、108欧美杨等树种，尤其是危害杨树叶片，受害杨树叶片被潜食后变黑、焦枯，严重时满树枯叶，提前脱落，对树木生长影响很大，是杨树的主要害虫之一。主要分布在河南、河北、山东等地。

杨白潜蛾的发生与危害

1.杨白潜蛾的危害

杨白潜蛾的危害部位为叶片，是食叶害虫。杨白潜叶蛾幼虫危害杨树叶片后，叶片变黑、焦枯，严重时满树枯叶，提前脱落，对树木生长影响很大。

在6~7月，气温高、湿度大的季节，集中发生危害，易暴发成灾。幼虫孵化后蛀入叶肉危害，虫斑内充满粪便，因而呈黑色，几个虫斑相连形成一个棕黑色坏死大斑，致使整个叶片焦枯脱落。幼虫老熟后从叶片正面咬孔而出。

2.杨白潜蛾的发生

杨白潜蛾在河南省1年发生3~4代，以蛹结茧在被害叶片或树皮缝中越冬。第二年，4月中旬杨树叶片形成后，成虫羽化，4月下旬或5月上旬，出现越冬代成虫；成虫羽化时，先咬破蛹壳，在蛹壳表面（也称作茧表面）出现1个小口，然后成虫钻出蛹壳爬行，通常先停留在杨树叶片基部吸食汁液。成虫有趋光性，羽化当天即可交尾产卵。交尾多在10~19时，以11~16时最盛，交尾时间达20分钟左右。雌虫交尾后在叶面静止约半小时，然后来回爬行，寻找适宜的产卵部位。卵一般产在不老不嫩的叶正面，贴近主脉或倒脉，与叶脉平行排列。每个卵块2~3行，每行2~5粒，每块卵5~15粒。卵粒很小，一般肉眼不易发现。每头雌虫产卵量平均为50粒。卵的孵化率很高，每个卵块所有卵粒都在同一天孵化。第一代卵期为10天，第2至第4代卵期为4~10天，大多数为6~7天。幼虫孵出时，从卵壳底面咬破叶片，潜入叶内取食叶肉。幼虫不能穿过叶脉，但老熟幼虫可以穿过侧脉潜食。被害处形成黑褐色虫斑，虫斑逐渐扩大，常由2~3个虫斑相连成大斑，往往1个大斑占叶面的1/3~1/2。幼虫老熟后从叶正面咬孔而出，寻找化蛹场所，幼虫停留片刻，头部左右摆动，吐丝结“工”字形茧，经过1天左右化蛹。越冬茧以树干上树皮裂缝中为多，生长季节多在叶背面。单株树干上的茧绝大多数集中在树干阳面。幼苗、幼树树干上迄今没有发现茧。大部分茧分布在直径7~8 cm以上的树干上，树皮光滑的树干上很少有茧。主要危害杨树叶片，该虫1年3代，以蛹在被害叶片的茧中或皮缝中越冬。第二年5月中、下旬羽化成虫，成虫羽化后喜停留在杨树叶片基部的腺点上，有趋光性。

杨白潜蛾的形态与特征

杨白潜蛾，成虫体长3~4 mm，翅展8~9 mm。头部白色，头顶微现乳黄色，上面有1束白色毛簇；复眼黑色，近半球形，常为触角节的鳞毛覆盖。胸部白色，足灰白色。前翅银白色，有光泽，前缘近1/2处有1条伸向后缘呈波纹状的斜带，带的中央黄色，两侧也具有褐线1条，后缘角有1条近三角形的斑纹，其底边及顶角黑色，中间灰色，沿此纹内侧有1条似缺环状开口于前缘的黄色带，两侧也有褐线1条，内侧的一条在翅的顶角处，颜色极深。后翅银白色，披针形，缘毛极长。腹部圆筒形，白色，腹面可见6节；雄虫第九节背板十分明显，极易与雌虫区别。卵扁圆形，长0.3 mm，孵化前深灰色，孵化后卵壳为灰白色。

表面具网眼状刻纹。老熟幼虫体长 6.5 mm 左右。黄白色,体扁平。头部及每节侧方生有长毛 3 根,头部较窄,口器褐色,向前方突出,触角 3 节,其侧后方各有黑褐色单眼 2 个。前胸背板乳白色。体节明显,以腹部第三节最大,后方逐渐缩小。蛹浅黄色,梭形,长 3 mm,藏于白色丝茧内。

杨白潜蛾的防治

1.清理落叶杂草防治

进入冬季,人工清理林下杂草、落叶;或在越冬蛹羽化前或在杨树苗出土后及时扫除落叶,集中烧毁;或集中在深坑内沤肥,沤肥时,上盖密封好。

2.黑光灯诱杀成虫防治

6~7 月,成虫发生期,在杨树林间挂黑光灯,灯光诱杀苗圃、片林、防护林中成虫。或在杨树苗圃地,每日下午 5 时左右在苗圃里网捕成虫,减少成虫量和幼虫的发生量。

3.喷布药物化学防治

首先,11~12 月在树干或树干基部涂白以杀死树皮下的越冬蛹。其次,5~7 月,杨树生长期,喷布 50%马拉硫磷乳油 1 000~1 300 倍液,或 50%杀螟松乳油或 80%敌敌畏乳油 1 300~1 800 倍液,喷杀幼虫及成虫。

4.保护天敌防治

杨白潜蛾的主要天敌有寄生蜂和寄生蝇,它们的寄生率为 16%,所以要保护天敌。

060 杨黄卷叶螟

杨黄卷叶螟,又名黄翅缀叶野螟,属鳞翅目,螟蛾科,是杨树主要害虫之一,其以幼虫取食树冠上层或枝梢嫩叶,危害较轻时,受害叶片 2 片或多片黏在一起,有空洞;危害严重时,幼虫将嫩叶食光,形成秃梢,影响杨树快速健康生长。主要分布在河南、山东、安徽等地。

杨黄卷叶螟的发生与危害

1.杨黄卷叶螟的危害

杨黄卷叶螟主要危害部位为叶片,是以幼虫危害的食叶害虫,尤喜危害新梢或树冠外围枝梢上的嫩叶,幼虫吐丝黏缀嫩叶呈饺子形,或受害叶片 2 片或多片黏在一起,或在叶缘吐丝将叶折叠。

2.杨黄卷叶螟的发生

该虫在河南 1 年发生 2~4 代,以初龄幼虫在落叶、地被物及树皮裂缝中结茧越冬。第二年 4 月下旬越冬成虫出现,5 月幼虫开始出蛰危害,5 月底至 6 月上旬幼虫老熟化蛹。6 月上旬成虫开始羽化,至中旬为羽化产卵盛期。以后基本上每月一代,至 9 月中旬第 4 代成虫羽化产卵,直到 10 月上旬仍可见到少量成虫活动。从以上发生情况比较证明,此虫后面几代龄期极不整齐，且有世代重叠现象。成虫白天隐藏,晚上活动,趋光性极强。

卵产于叶背面，以中脉两侧最多，成块状或长条形，每块有卵 50～100 粒。幼虫孵化后啃食叶片表皮，并吐出白色黏液涂在叶面，随后吐丝缀嫩叶呈饺子状，或在叶缘吐丝将叶折叠，藏于其中取食。幼虫长大后，群集顶梢吐丝缀叶取食。多雨季节活动最猖獗，3～5 日内即将嫩叶吃光，形成秃梢。幼虫极活泼，稍受惊扰即从卷叶内弹跳逃跑或吐丝下垂，老熟幼虫在卷叶内吐丝结白色稀疏的薄茧化蛹。

杨黄卷叶螟的的形态与特征

杨黄卷叶螟，成虫体长 12 mm 左右，翅展约 29 mm，头部褐色，两侧有白条，胸、腹、背部淡黄褐色，触角淡褐色，下唇须向前伸，末节向下，末节下面白色，其余褐色。前后翅金黄色，有波状褐色纹，前翅中室端有褐色环状纹，环心白色；卵扁圆形，乳白色，近孵化时黄白色，卵粒鱼鳞状排列，聚集成块状或条形；幼虫黄绿色，老熟时体长 14～21 mm，两头尖、中间较粗，头两侧近后缘有一个黑褐色斑点，与胸部两侧的黑褐色斑纹相连，形成一条纵纹。体两侧沿气门各有一条浅黄色纵带。

杨黄卷叶螟的防治

1.冬季清理林地防治

要加强林地或杨树苗圃地的栽培管理，增强树势，提高植株抵抗力。及时清理落叶等废弃物，集体烧毁，深翻土壤，减少虫害。

2.黑光灯诱杀成虫防治

杨黄卷叶螟成虫有趋光性，每亩杨树林地或杨树苗圃地挂 1～2 个黑光灯，诱杀成虫，可以减少发生危害。

3.喷布药物化学防治

5～9 月，杨树生长期，在杨黄卷叶螟的卵孵化后喷洒杀虫剂 90%敌百虫 1 500 倍液，发生严重时，喷洒 80%敌敌畏 2 000 倍液或灭幼脲 3 号 1 500～1 800 倍液。尤其是在杨树苗木和幼树上，在幼虫发生期喷布 1%阿维菌素 3 000 倍液。同时，保护和利用天敌或卵期释放赤眼蜂。

061 樟叶蜂

樟叶蜂，又名叶峰，属膜翅目，叶蜂科，是樟树的主要食叶害虫。该虫年发生代数多，成虫飞翔力强，所以危害期长，危害范围广。它既危害幼苗，也危害园林绿化树。苗圃内的香樟苗，常常被成片吃光，当年生幼苗受害重的即枯死，幼树受害则上部嫩叶被吃光，形成秃枝。林木树冠上部嫩叶也常被食尽，严重影响树木生长，特别是高生长，使香樟分杈低、分杈多，枝条丛生。近年来，随着樟树在河南种植，该虫在河南已经发生危害。主要分布在河南、广东、福建、浙江、江西、湖南、广西及四川等地。

樟叶蜂的发生与危害

1.樟叶蜂的危害

樟叶蜂，又名叶蜂，主要危害部位是叶片。初孵幼虫群集叶背取食叶片，以后分散取食，造成叶片出现缺刻和孔洞，严重时可将树叶全部吃光，影响树势生长和幼苗健壮。

2.樟叶蜂的发生

樟叶蜂，在河南、山东等地，1 年发生 1~3 代。以老熟幼虫在土内结茧越冬，4 月下旬出现第一代幼虫，6 月上、中旬出现第二代幼虫，有世代重叠现象。由于樟叶蜂幼虫在茧内有滞育现象，第一代老熟幼虫入土结茧后，有的滞育到次年再继续发育繁殖；有的则正常化蛹，当年继续繁殖后代。因此，在同一地区，一年内完成的世代数也不相同。成虫白天羽化，以上午最多。活动力强，羽化后当天即可交尾，雄成虫有尾随雌虫，争相交尾的现象。交尾后即可产卵，卵产于枝梢嫩叶和芽苞上，在已长到定形的叶片上一般不产卵。产卵时，借腹部末端产卵器的锯齿，将叶片下表皮锯破，将卵产入其中。95%的卵产在叶片主脉两侧，产卵处叶面稍向上隆起。产卵痕长圆形，棕褐色，每片叶产卵数粒，最多 16 粒。一雌可产卵 75~158 粒，分几天产完。幼虫从切裂处孵出，在附近啃食下表皮，之后则食全叶，在大发生时，则叶片很快就被吃尽。幼虫食性单一，未见危害其他植物。

樟叶蜂的形态与特征

樟叶蜂，孤雌生殖较普遍，有些种的未受精卵只产雄虫，有些只产雌虫，有些则既产雌虫又产雄虫。成虫通常在嫩茎或叶上产卵。幼虫一般自由生活，有腹足 6~8 对，但也有生活在叶片、瘿、茎或果实中的。成虫雌虫体长 7~10 mm，翅展 18~20 mm；雄虫体长 6~8 mm，翅展 14~15 mm。头黑色，触角丝状，共 9 节，基部二节极短，中胸发达，棕黄色，后缘呈三角形，上有“X”形凹纹。翅膜质透明，脉明晰可见。足浅黄色，腿节（大部分）、后胫和跗节黑褐色。腹部蓝黑色，有光泽。卵长圆形，微弯曲，长 1 mm 左右，乳白色，有光泽，产于叶肉内。幼虫老熟体长 15~18 mm，头黑色，体淡绿色，全身多皱纹，胸部及第1~2腹节背面密生黑色小点，胸足黑色间有淡绿色斑纹。蛹长 7.5~10 mm，淡黄色，复眼黑色，外被长卵圆形黑褐茧。

樟叶蜂的防治

4~6 月，幼虫期及时喷洒杀虫素消灭幼虫，或喷布灭幼脲 2 000~3 000 倍液等药剂防治；幼虫发生集中时期，可用 0.5 kg 闹洋花或者雷公藤粉，加清水 75~100 kg 制成药液喷杀。或喷洒 90%敌百虫或 80%敌敌畏或 50%马拉硫磷乳油 2 000 倍液，喷杀幼虫，效果均好。另外，在幼虫危害盛期可喷洒 0.5 亿~1.5 亿浓度的苏云金杆菌、青虫菌、白僵菌防治，保护生态环境；在冬季可以人工挖除越冬茧，减少第二年的发生危害率。

062 杨扇舟蛾

杨扇舟蛾，又名杨树天社蛾、小叶杨天社蛾、白杨灰天社蛾、白杨天社蛾，属鳞翅目、舟蛾科，主要危害杨、柳等树种，是杨树主要食叶害虫之一。5~8 月，春夏之间幼虫危害。幼虫取食杨树、柳树的叶片，严重时把树叶吃光，影响树木生长。1~2 龄幼虫仅啃食叶的下表皮，残留上表皮和叶脉；2 龄以后吐丝缀叶，形成大的虫苞，白天隐伏其中，夜晚取食；3 龄以后可将全叶食尽，仅剩叶柄。分布在河南、山东、辽宁、河北、山西等地。

杨扇舟蛾的发生与危害

1.杨扇舟蛾的危害

杨扇舟蛾主要危害部位为叶片，是食叶害虫，易集中暴发危害，特点是白天隐伏其中，夜晚取食；2 龄以后幼虫吐丝缀叶，形成大的虫苞；3 龄以后幼虫分散取食，可将全叶食尽，仅剩叶柄，杨树林地或苗圃受害后，呈夏树冬景。

2.杨扇舟蛾的发生

该虫一般 1 年发生 4 代，以茧蛹在落叶、墙缝、树洞或表土内越冬。第二年 3 月中旬越冬代成虫开始羽化，交配产卵。第 1 代幼虫全身密披灰黄色长毛，身体灰赭褐色，背面带淡黄绿色，每节两侧各有 4 个赭色小毛瘤，第 1、8 腹节背中央有一大枣红色瘤，发生期为 4 月中旬至 6 月中旬。第 2 代为 6 月上旬至 7 月上旬，第 3 代为 7 月中旬至 8 月下旬，第 4 代为 8 月下旬至 9 月下旬，世代重叠。最后 1 代幼虫危害至 9 月底陆续下树，寻找适宜场所结茧化蛹越冬，个别幼虫至 10 月上旬化蛹，以蛹越冬。成虫昼伏夜出，多栖息于叶背面，趋光性强。一般上半夜交尾，下半夜产卵直至次日晨。雌蛾午夜后产卵于叶背面和嫩枝上，其中，越冬代成虫，卵多产于枝干上，以后各代主要产于叶背面。卵粒平铺整齐呈块状，每个卵块有卵粒 9~600 粒，平均每一雌蛾产卵 100~600 余粒。卵期 7~11 天左右。幼虫共 5 龄，幼虫期 33~34 天左右。初孵幼虫群栖，1~2 龄时常在一叶上剥食叶肉，2 龄后吐丝缀叶成苞，藏匿其间，在苞内啃食叶肉，遇惊后能吐丝下垂，随风飘移，3 龄后分散取食，逐渐向外扩散危害，严重时可将整株叶片食光。老熟时吐丝缀叶做薄茧化蛹。除越冬蛹外，一般蛹期 5~8 天，最后 1 代幼虫老熟后，以薄茧中的蛹在枯叶中、土块下、树皮裂缝、树洞及墙缝等处越冬，其中，入土化蛹越冬的，多在土表 3~5 mm 深处。翌年 3、4 月间成虫羽化，在傍晚前后羽化最多。成虫每年除第 1 代幼虫较为整齐外，其余各代世代重叠。

杨扇舟蛾的形态与特征

杨扇舟蛾成虫体长 13~20 mm，翅展 28~42 mm。虫体灰褐色。头顶有一个椭圆形黑斑。臀毛簇末端暗褐色。前翅灰褐色，扇形，有灰白色横带 4 条，前翅顶角处有一个暗褐色三角形大斑，顶角斑下方有一个黑色圆点。外线前半段横过顶角斑，呈斜伸的双齿形曲,外衬2~3个黄褐带锈红色斑点。亚端线由一列脉间黑点组成,其中以2~3脉间一点较大而显著。后翅灰白色,中间有一横线;卵初产时橙红色,孵化时暗灰色,馒头形;幼虫老熟时体长35~40 mm。头黑褐色。全身密披灰黄色长毛,身体灰赭褐色,背面带淡黄绿色,每个体节两侧各有4个赭色小毛瘤,环形排列,其上有长毛,两侧各有一个较大的黑瘤,上面生有白色细毛一束。第1、8腹节背面中央有一大枣红色瘤,两侧各伴有一个白点;蛹褐色,尾部有分叉的臀棘;茧椭圆形,灰白色。

杨扇舟蛾的防治

1.人工防治

11~12月越冬,或6~8月越夏,是应用人工措施防治的有利时机。由于杨树树体高大,加强对蛹和成虫的防治会取得事半功倍的效果。尤其是冬季,人工收集地下落叶或翻耕土壤,以减少越冬蛹的基数。根据大多数种类初龄幼虫群集虫苞的特点,组织人力摘除虫苞和卵块,可杀死大量幼虫。也可以利用幼虫受惊后吐丝下垂的习性,通过震动树干捕杀下落的幼虫。

2.杀虫灯诱杀防治

成虫羽化盛期,应用杀虫灯(黑光灯)诱杀成虫等措施,每亩挂杀虫灯1~2个,有利于降低下一代的虫口密度。

3.打孔注药防治

对发生严重、喷药困难的高大树体,可打孔注药防治。利用打孔注药机在树胸径处不同方向打3~4个孔,注入疏导性强的20%氰戊马拉松乳油。用药量为2~4 mL/10 cm胸径,原药或1倍稀释液。注药后注意用黄泥封好注药口。

4.喷布药物防治

6~9月,杨树进入生长期,尽量选择在低龄幼虫期防治。此时虫口密度小,危害小,且虫的抗药性相对较弱。防治时,喷布20%氰戊菊酯500倍液+5.7%甲维盐2 000倍混合液;或灭幼脲3号1 500~2 000倍液喷杀幼虫,可连用1~2次,间隔7~10天。可轮换用药,以延缓抗性的产生。另外,在4月下旬或5月上旬第1代卵发生期,人工刮除枝干上的卵块或摘下有卵叶片。幼虫发生期,喷施25%灭幼脲3号2 000倍液。在幼虫期,用1亿~2亿孢子/mL的青虫菌喷雾,或Bt2 000倍液、25%灭幼脲3号2 500倍液树冠喷施。杨树大面积发生此虫害时,可用25%灭幼脲3号2 000倍液喷洒。

5.生物防治

在片林和行道林,卵期释放赤眼蜂防治。释放松毛虫赤眼蜂,害虫产卵初期,放蜂点50个/hm^2,放蜂量25万~150万头/hm^2。要注意保护天敌、利用天敌。

063 杨小舟蛾

杨小舟蛾,又名杨小褐天社蛾,属鳞翅目,舟蛾科,主要危害杨、柳树,是杨树的重要食叶害虫之一。杨树受害后影响叶片光合作用和树势生长。主要分布在河南、山东、河北等地。

杨小舟蛾的发生与危害

1.杨小舟蛾的危害

杨小舟蛾主要危害杨树叶片。5~9月,杨树进入夏季,杨小舟蛾以幼虫啃食杨树叶片危害,幼虫有群集性,常群集危害,将叶片食光,仅留下叶表皮及叶脉,惨不忍睹,呈夏树冬景现象。老熟幼虫具有吐丝缀叶下树化蛹的习性。

2.杨小舟蛾的发生

在河南、山东等地,杨小舟蛾1年发生4~5代。以蛹在树下落叶和杂草、松土内越冬。第二年4月中旬羽化成虫,成虫有趋光性,夜晚活动、交尾、产卵,多将卵产于叶片上。各代幼虫的出现期为:第一代为5月上旬,第二代为6月中旬至7月上旬,第三代为7月下旬至8月上旬,第四代为9月上、中旬,初孵幼虫群集啃食叶表皮,稍大后分散,7、8月高温多雨季节发生严重。幼虫行动迟缓,在夜晚取食,老熟幼虫吐丝缀叶下树化蛹。10月进入越冬期。

杨小舟蛾的形态与特征

杨小舟蛾成虫体长11~14 mm,翅展24~26 mm。体色变化较多,有黄褐、红褐和暗褐等色。前翅有3条具暗边的灰白色横线,内横线似1对小括号"( )",中横线像"八"字形,外横线呈倒"八"字的波浪形。横脉为1小黑点。后翅臀角有1褐色或红褐色小斑。卵黄绿色,半球形,呈块状排列于叶面。老熟幼虫体长21~23 mm,体色变化大,呈灰褐色、灰绿色,微具紫色光泽,体侧各具一条黄色纵带,体上生有不显著的肉瘤,以腹部第一节和第八节背面的较大。有世代重叠现象,常常大发生,大面积吃光树叶,危害较大。10月中、下旬最后1代老熟幼虫在树皮裂缝、墙缝或表土下吐丝结薄茧化蛹越冬。

杨小舟蛾的防治

1.人工加强林间管理防治

杨树造林要合理密植,保持通风透光,增强树势。10~11月,即秋末冬初,人工及时清除林下落叶,并集中将其烧毁,减少越冬头数和第二年虫害的数量;2月下旬,初春气温低,深翻林下土壤,将越冬蛹杀灭。

2.树干基部打孔注入药液防治

5月上旬,幼虫孵化前至幼虫幼龄期,可在树干基部打孔,胸径20 cm以下的打2~3个孔,20~30 cm的打3~4个孔,30 cm以上的不少于4个孔。在孔内放入疏导性强的20%氰戊马拉松乳油。用药量为2~4 mL/10 cm胸径,原药或1倍稀释液。注药后注意用黄泥封好注药口。

3.树冠喷布药物防治

幼虫危害初期用20%氰戊菊酯1 500倍液+5.7%甲维盐2 000倍液组合喷杀幼虫,可连用1~2次,每隔7~10天一次喷布叶片。

4.林间进行放烟防治

7~9月下旬，杨树食叶害虫幼虫开始孵化，分两次使用苦参烟碱对林间食叶害虫进行放烟防治，两次间隔7~10天。每亩使用苦参烟碱1.2 kg即可。苦森烟碱是低毒无公害药剂，防治后害虫不会马上死亡，但是会影响其发育，不会正常化蛹，因此会大大降低越冬基数，从而减轻来年的发生和危害。防治效果显著。

5.保护和利用天敌

在林区尽量使用生态农药防治，保护天敌。

064 黄刺蛾

黄刺蛾，又名痒辣子，属鳞翅目，刺蛾科。其幼虫多被称为荆条虎，俗称为瘖子毛、八街毛子、荆条虎、刺蛾、八角罐、羊蜡罐、绊脚子、炸辣子、火辣子、刺蛾幼虫、播刺猫、洋拉子、带刺、蛰了毛子、带刺的毛毛虫、播次猫、毛虫、洋辣罐、辣毛、洋辣子毛、臊毛枷子、巴夹子 、活辣钱、刷木架子等。其幼虫肥短，蛞蝓状。无腹足，代以吸盘。行动时不是爬行而是滑行。有的幼虫体色鲜艳，附肢上密布褐色刺毛，像乱蓬蓬的头发，结茧时附肢伸出茧外，用以保护和伪装。受惊扰时会用有毒刺毛螫人，并引起皮疹。主要危害麻类、桑树、茶树、苹果、梨、桃、李、杏、樱桃、山楂、海棠、大枣、野酸枣、柿、石榴、栗、核桃、柑橘、榆、槐树、榆钱树等多种林木果树，并危害药用植物、花卉等，是危害林木果树的主要食叶害虫之一。主要分布在河南、辽宁、吉林、山东等地。

黄刺蛾的发生与危害

1.黄刺蛾的危害

黄刺蛾主要危害林木果树叶片，以幼虫啃食叶片。幼龄幼虫喜群集，多在叶背啃食，低龄啃食叶肉，使叶片成网眼状；稍大则成缺刻和孔洞。或幼龄幼虫取食叶下表皮和叶肉，形成圆形透明小斑，随着危害程度的增加，小斑连接成块。老熟幼虫取食叶片，形成孔洞，甚至将叶片全部吃光，仅留叶脉和叶柄。老熟幼虫严重危害时，被害状呈光秆。幼虫在卵圆形的茧中化蛹，茧附着在叶间。

2.黄刺蛾的发生

黄刺蛾1年发生1~2代。幼虫10月在树干和枝杈处结茧过冬。第二年5月中旬开始化蛹，下旬始见成虫。5月下旬至6月为第一代卵期，6~7月为幼虫期，6月下旬至8月中旬为晚期，7月下旬至8月为成虫期；第二代幼虫8月上旬发生，10月结茧越冬。成虫羽化多在傍晚，以17~22时为盛。成虫夜间活动，趋光性不强。雌蛾产卵多在叶背，卵散产或数粒在一起。每雌产卵49~67粒，成虫寿命4~7天。幼虫多在白天孵化。初孵幼虫先食卵壳，然后取食叶下表皮和叶肉，剥下上表皮，形成圆形透明小斑，隔1日后小斑连接成块。4龄时取食叶片形成孔洞；5、6龄幼虫能将全叶吃光，仅留叶脉。幼虫食性杂，各地喜食的林木、果树种类不一。幼虫共7龄。第一代各龄幼虫发生所需天数分别是：1~2天，2~3天，2~3天，2~3天，4~5天，5~7天，6~8天，共22~33天。幼虫老熟后在树枝上吐丝做茧。茧开始时透明，可见幼虫活动情况，后凝成硬茧。茧初为灰白色，不久变褐色，并露出白色纵纹。结茧的位置，在高大树木上多在树枝分叉处，苗木上则结于树干上。1年2代的第一代幼虫结的茧小而薄，第二代茧大而厚。第一代幼虫也可在叶柄和叶片主脉上结茧。

黄刺蛾的形态与特征

黄刺蛾成虫体长13~15 mm，翅展30~31 mm。体橙黄色。前翅黄褐色，自顶角有1条细斜线伸向中室，斜线内方为黄色，外方为褐色；在褐色部分有1条深褐色细线自顶角伸至后缘中部，中室部分有1个黄褐色圆点。后翅灰黄色。卵扁椭圆形，一端略尖，长1.5~1.6 mm、宽0.9 mm，淡黄色，卵膜上有龟状刻纹。老熟幼虫体长19~26 mm，体粗大。头部黄褐色，隐藏于前胸下。胸部黄绿色，体自第二节起，各节背线两侧有1对枝刺，以第三、四、十节的为大，枝刺上长有黑色刺毛；体背有紫褐色大斑纹，前后宽大，一中部狭细成哑铃形，末节背面有4个褐色小斑；体两侧各有9个枝刺，体侧中部有2条蓝色纵纹，气门上线淡青色，气门下线淡黄色。蛹椭圆形，粗大，体长13~16 mm，淡黄褐色，头、胸部背面黄色，腹部各节背面有褐色背板。茧椭圆形，质坚硬，黑褐色，有灰白色不规则纵条纹，极似雀卵。

黄刺蛾的防治

1.人工摘除虫茧防治

冬季或树木生长期，人工随时打破虫茧。一是在树木生长期，人工消灭幼龄幼虫。幼龄幼虫多群集取食，被害叶显现白色或半透明斑块等，甚易发现。应及时摘除带虫枝、叶灭杀。二是清除越冬虫茧。采用敲、挖、剪除等方法清除虫茧。

2.喷布药物防治

5~8月，在幼虫初发期向叶面喷施300~500倍Bt乳剂，10天后再喷1次25%灭幼脲3号2 000倍液或30%蛾螨灵2 000倍液。幼虫盛发期喷洒80%敌敌畏乳油1 200倍液或50%辛硫磷乳油1 000倍液；或喷90%敌百虫晶体8 000倍液或80%敌敌畏乳油1 800~2 000倍液防治；或45%高效氯氰菊酯1 500倍液均匀喷雾。喷布90%敌百虫1 500~2 000倍液，或50%敌敌畏800~1 000倍液，或50%杀螟松1 000倍液，或青虫菌800倍液，杀灭幼虫。

3.灯光诱杀防治

黄刺蛾成虫具较强的趋光性，可在成虫羽化期晚上19~21时用灯光诱杀，每亩挂杀虫灯1~2台，诱杀成虫，减少发生量。

4.保护天敌

黄刺蛾的天敌是广肩小蜂、姬蜂、螳螂，应注意保护。

另外，黄刺蛾身上的毒毛刺入皮肤后，能分泌毒液，使人感到又痛又痒，所以俗称痒辣子。如果被其毒刺蛰到会非常疼痛，由于毒液呈酸性，可以用食用碱或者是小苏打稀释后涂抹。也可使用风油精。如果条件所限，可以用肥皂水涂抹，都有利于治疗毒液带来的皮疹、水泡或者疼痛。

065 金龟子

金龟子，又名牧户虫，属鞘翅目，金龟科，其成虫俗称栗子虫、黄虫、瞎眼闯子、打灯虎儿；其幼虫统称蛴螬，俗称土蚕、地蚕、地狗子，长3~4 cm，色白，头黄棕色，口坚硬，身体常弯曲成马蹄状。主要危害梨、核桃、桃、李、葡萄、苹果、柑橘、杨、柳、樟、女贞等林木。其中主要种类有铜绿金龟子、朝鲜黑金龟子、茶色金龟子、暗黑金龟子等。金龟子是一种分布广、食性杂、危害期集中的林木害虫。这类害虫种类多、生活隐蔽、适应性强、生活史长短不一，很难防治。金龟子是林业、农业生产中最难防治的土栖性害虫。主要分布在河北、河南、山东、辽宁、山西、内蒙古、安徽等地。

金龟子的发生与危害

1.金龟子的危害

金龟子幼虫统称蛴螬，危害树根、茎部、主根和侧根；成虫危害嫩芽、花朵和叶片。幼虫每年随地温升降而垂直移动，地温20 ℃左右时，幼虫多在深10 cm以上处取食，成虫一般在夏季清晨和黄昏由深处爬到表层，咬食近地面的叶片。在新鲜被害植株下深挖，可找到幼虫集中处理。金龟子是一种分布广、食性杂、危害期集中的林木害虫。常见的有东方金龟子、苹毛金龟子、铜绿金龟子等，是一种常见的地上和地下害虫。

2.金龟子的发生

金龟子成虫俗称牧户虫、栗子虫、黄虫，幼虫统称蛴螬，俗称土蚕、地蚕，长3~4 cm，色白，头黄棕色，口坚硬，身体常弯曲成马蹄状。生活史较长，除成虫有部分时间出土外，其他虫态均在地下生活，在我国一般发生为1~2年到3~6年，以幼虫和成虫越冬。金龟子有夜出型和日出型两种，夜出型夜晚取食危害，多有不同程度的趋光性，而日出型则白天活动取食。金龟子的主要种类如下：

（1）铜绿金龟子。成虫体长18~21 mm、宽8~10 mm。背面铜绿色，有光泽，前胸背板两侧为黄色。色反光，并有3条纵纹突起。雄虫腹面深棕褐色，雌虫腹面为淡黄褐色。卵为圆形，乳白色。幼虫乳白色体肥，并向腹面弯成“C”形，有胸足3对，头部为褐色。

（2）朝鲜黑金龟子。成虫体长20~25 mm、宽8~11 mm。黑褐色，有光泽，鞘翅黑褐色，两鞘翅会合处呈纵线隆起，每一鞘翅上有3条纵隆起线。雄虫末节腹面中部凹陷，前方有一较深的横沟；雌虫则中部隆起，横沟不明显。

（3）暗黑金龟子。成虫体长18~22 mm、宽8~9 mm，暗黑褐色无光泽。鞘翅上有3条纵隆起线。翅上及腹部有短小蓝灰绒毛，鞘翅上有4条不明显的纵线。

（4）茶色金龟子。成虫体长10 mm左右、宽4~5 mm。茶褐色，密生黄褐色短毛。鞘翅上有4条不明显的纵线。

（5）东方金龟子。1年发生1代，成虫在土中越冬。果树发芽叶出土，在黄河故道地区以3月底至4月初发生最多。在晴朗、气温较高的傍晚，成虫大量出土危害嫩芽，晚间

9时以后,陆续落地潜入表土层。成虫有趋光性和假死性,振落后,当晚不再上树危害。白天潜入土中,晚间交尾,在土中产卵。

(6)苹毛金龟子。1年发生1代,成虫在土中越冬。在苹果开花时出土,依次危害杏、桃、梨、苹果的花蕾及花。落花后,不再危害。成虫白天活动,夜间静栖在花蕾上。有假死性。

金龟子的形态与特征

成虫体多为卵圆形,或椭圆形,触角鳃叶状,由9~11节组成,各节都能自由开闭。成虫一般雄大雌小。体壳坚硬,表面光滑,多有金属光泽。前翅坚硬,后翅膜质,多在夜间活动。有的种类还有拟死现象,受惊后即落地装死。夏季交配产卵,卵多产在树根旁土壤中。幼虫乳白色,体常弯曲呈马蹄形,背上多横皱纹,尾部有刺毛,生活于土中,一般称为蛴螬。老熟幼虫在地下做茧化蛹。金龟子为完全变态。

金龟子的防治

1.振树捕捉虫防治

利用成虫的假死性,傍晚前后,成虫出没的时候,及时进行人工振树,捕捉成虫杀死即可。

2.黑光灯诱杀防治

6~9月,成虫具有趋光性,林区、果园每亩面积可以挂杀虫灯1~2个,设置黑光灯诱杀成虫。

3.林下养殖防治

林区果园养鸡啄食成虫,一举两得。

4.树冠喷药防治

6~9月,当成虫出现时,喷布50%敌敌畏乳剂2 000倍液,或臭清聚酯1 000~2 000倍液,或40%乐果氯氰菊酯1 200倍液。在幼树上喷布6∶200倍石灰水乳剂,则有较好的驱避作用。

066 李小食心虫

李小食心虫,属鳞翅目,小卷叶蛾科,是危害李树果实的主要害虫之一。危害轻时,幼果提早落果;危害严重时,果实内充满虫粪,不仅使果实无法食用,而且造成大量果实脱落,严重影响果品质量和产量。主要危害李、杏、樱桃、桃、郁李等多种林木果树。其中以李受害最重。主要分布在河南、东北、华北、西北等各地。

李小食心虫的发生与危害

1.李小食心虫的危害

李小食心虫以幼虫蛀果危害,蛀果前常在果面上吐丝结网,栖于网下开始啃食果皮蛀入果内,早期入果孔为黑色,数日后即有虫粪排出。豆粒大的果实极易大量脱落,被害果在入果孔流出大量水珠状果胶滴。入果后蛀食果仁或纵横串食,并串到果柄附近咬坏输导系统,小果变紫红色,呈“红糖馅”,不堪食用。有的果园虫果率竟达80%~90%,造成增产不增收。

2.李小食心虫的发生

李小食心虫在河南省平顶山市、漯河市等地区1年发生2代,以老熟幼虫在树冠下土壤中2~5 cm处结茧越冬;5月中、下旬出土化蛹,幼虫出现,成虫6月上旬羽化,6月中、下旬为成虫羽化盛期,此期成虫在黄昏时交配产卵,卵产于果实上,多在近果柄处,极少数产在叶片上,卵7~9天后,幼虫孵化,在果面爬行寻找适当蛀入果实地点后,即在其果面上吐丝结网,栖于网下开始啃咬果皮蛀入果肉,不久在入果孔处流出泪珠状果胶,幼虫在果肉中取食,果实逐渐变紫红色,缓慢脱落,果内幼虫期20~30天,幼虫老熟后脱果入土化蛹;第1代成虫于7月上、中旬出现,盛期为7月中、下旬,第2代卵期3~4天,至8月中、下旬幼虫开始脱果入土越冬,第2代是局部世代,因第1代幼虫脱果晚者即入土越冬,不再发生第2代幼虫危害。另外,成虫昼伏夜出,有趋光性和趋化性,白天栖息在树下附近的草丛或土块缝隙等隐蔽场所,黄昏时在树冠周围交尾产卵,卵散产在果面上,间或产在叶片上。幼虫孵化后,先在果面上爬行数分钟乃至3小时左右,寻找到适当部位后即蛀入果内。幼虫危害时多直接蛀入果仁,被害果极易脱落。幼虫蛀食果实2~3天后,在被害果尚未脱落前,即行转果危害,尤其当2~3个果生长靠近时,幼虫更易迁果危害。但随果落地的小幼虫,由于落地虫果很快干枯,多数不能完成幼虫期。第2代幼虫蛀果后,不能危害果仁,只蛀食果肉,果实被害后常表现出“流泪”现象,一般每头幼虫只危害1个果实,受害果不脱落。第3代幼虫大部分由果梗基部蛀入,被害果表面无明显症状,但比好果提前成熟和脱落。雌蛾能分泌性信息素,产卵最低温度为15 ℃,最适温度为24~28 ℃,卵量平均为50多粒。

李小食心虫的形态与特征

李小食心虫成虫体长4.5~7.1 mm,翅展11~15 mm。体背面灰褐色,头部鳞片灰黄色,复眼褐色,唇须背面灰白色,其余部分灰褐色而杂有许多白点,向上举。前翅长方形,烟灰色,没有明显斑纹,前缘有18组不很明显的白色钩状纹;后翅梯形,淡烟灰色。本种与梨小食心虫很近似,其主要区别在于:本种前翅较狭长,前翅颜色淡,为烟灰色;前缘白色钩状纹不明显,有18组,而梨小食心虫则明显,有10组;梨小食心虫前翅中室端部附近有一明显斑点,本种则无。卵扁椭圆形,长径0.6~0.72 mm。初产卵为乳白色、半透明,后变为淡黄色。老熟幼虫体长约12 mm,头宽约0.9 mm,玫瑰红或桃红色,腹面体色较浅。头部黄褐色。前胸背板浅黄或黄褐色;臀板淡黄褐或玫瑰红色,上有20多个深褐色小斑点;腹足趾钩粗短,为不规则双序,而梨小食心虫细长且为单序。臀栉5~7齿;蛹体长6~8 mm,初为淡黄褐色,后变褐色,其外被污白色茧,长约11 mm,纺锤形等。

李小食心虫的防治

1.果实生长期防治

4~6月,在生长期及时人工摘除虫果,摘除虫果后一定要集中深埋进行处理,灭杀虫源,减少当年第二代幼虫发生危害或越冬基数。

2.生物防治

采用野生芫花植物浸泡液喷雾防治,即用野生芫花植物5 kg放入10 kg清水中浸泡48~72小时,取出芫花植物,使用清液进行喷雾防治。在5~7月中旬越冬代幼虫出现期,7~8天喷1次,连喷2次,杀灭幼虫,减轻危害。同时也可把幼虫杀死后放在透明玻璃瓶中,在阳光下晒5~7天,致使虫体发臭后取出,把发臭的幼虫取出捣烂,用水浸泡24小时,2条幼虫配1 kg水喷施李树树冠,当成虫飞至叶片嗅到幼虫气味时,就不在叶片产卵,减少第二代的发生危害,从而达到以虫治虫的目的。

3.清理林区防治

11~12月,越冬休眠期进行清园,3月中旬果树萌芽前喷一次45%晶体石硫合剂30~50倍液或3~5波美度石硫合剂,或1∶1∶100波尔多液。

4.树干涂药防治

5月中旬,在距地面30~50 cm处刮去树干5 cm宽的一圈老皮,露出绿色皮部,用10%吡虫啉100倍液涂环,用纸包扎好后再用药液将纸涂湿,最后拿塑料布包好。

5.喷布药物防治

5月中旬应抓住此期成虫分布空间小、虫口密度大且幼虫体内营养水平低、耐药性差的最佳防治期进行防治,每隔7~8天防治一次。即20%的速灭杀丁6 000倍液,35%杀虫鳞乳油1 000倍液,20%的菊马乳油4 000倍液,苯氧威1 000倍液,或10%吡虫啉可湿性粉剂1 000倍液喷施;或用高效氯氰菊酯4.5%乳油2 500~3 000倍液喷雾。

6.越冬期防治

10月下旬至翌年2月人工深翻树盘防治越冬虫茧。主要是深翻树盘下的土壤,翻深土壤深度为20~30 cm。这样可以消灭在土壤中越冬的虫茧,通过翻动土壤可破坏越冬虫茧的生活环境,致其在冬季冻死,为此可减轻来年危害,确保第二年果树丰产丰收。

067 蝉

蝉,又名蚱蝉,俗称知了、蛭蟟、结蟟等。蝉若虫俗称蝉猴、知了猴、结蟟龟等。雄蝉腹部有发音器,能连续不断发出尖锐的声音。雌蝉不发声,但腹部有发音器。蝉属不完全变态类昆虫,由卵、幼虫(若虫),经过一次蜕皮,不经过蛹的时期而变为成虫。蝉的幼虫生活在土中,有一对强壮的开掘前足。利用刺吸式口器刺吸植物汁液,削弱树势,使枝梢枯死,影响树木生长。主要危害苹果、梨、桃、李、杏、杨等多种林木果树枝梢。主要分布在河南、山东、山西、河北、安徽等地。

蝉的发生与危害

1.蝉的危害

蝉利用刺吸式口器刺吸根系、枝梢,是枝干害虫。幼虫生活在地下吸食植物的根,成虫吃林木的汁液。蝉在夏秋,湿润的河道旁、林间果园危害较重。蝉危害树木的方式,一是把吸管状嘴插进树皮里吸食汁液;二是秋季产卵时,把产卵管插进枝梢,造成许多小洞,使枝条枯死。蝉卵在枝条里当年不孵化,要经过一个冬天,到第二年夏天才孵出幼虫,然后掉在树下,钻进松土里,吸食根里的汁液。一般经 2~3 年,长 5~6 年,才能再钻出地面,脱皮后上树危害。有一种美洲蝉,甚至可在土里生活长达 17 年,才从地下土壤中爬出地面,脱皮羽化上树危害。

2.蝉的发生

6~8 月,夏季,早年产下的受精卵会孵化成幼虫,它们会钻入土壤中,以植物根茎的汁液为食。幼虫成熟后,爬到地面,脱去自己金灿灿的外骨骼,羽化为我们常见的长有双翼的成虫。虽然成年的蝉仅能存活几个月,但是幼虫阶段能够在土壤中存活好多年。蝉类种类繁多,主要有蚱蝉、蟪蛄、鸣鸣蝉、云南秃角蝉、草蝉、斑蝉、薄翅蝉、高砂熊蝉、台湾骚蝉、黑翅蝉、红眼蝉、台湾端黑蝉、山西姬蝉、龟纹、秋蝉等。十七年蝉:北美洲一种穴居 17 年才能羽化而出的蝉,属于半翅目。它们在地底蛰伏 17 年始出,尔后附上树枝蜕皮,然后交配。雄蝉交配后即死去,母蝉亦于产卵后死去。科学家解释,十七年蝉的这种奇特的生活方式,为的是避免天敌的侵害并安全延续种群,因而演化出一个漫长而隐秘的生命周期。还有一种十三年蝉。这种蝉在地下生活的时间有 13 年,仅次于十七年蝉。大部分蝉 6 月下旬,幼虫开始羽化为成虫,刚羽化的蝉呈绿色,最长寿命长 60~70 天。7 月下旬,雌成虫开始产卵,8 月上、中旬为产卵盛期,卵多产在 4~5 mm 粗的枝梢上。夏天在树上叫声响亮,用针刺口器吸取树汁,幼虫栖息土中,吸取树根汁液,对树木有害。每当蝉口渴、饥饿之际,总会用自己坚硬的口器插入树干,一天到晚地吮吸汁液,把大量的营养与水分吸入自己的身体中,用来延长自己的寿命。蝉在未成熟之前在土里成长,后慢慢掏洞爬于树干上。在地下土壤中,如发现有稀泥或土壤松动的痕迹,随后出现 2~3 cm 的洞穴,洞里必有幼蝉,蝉是在夜间趴在树干上脱壳,脱完壳就有了翅膀。

蝉的形态与特征

蝉有两对膜翅,形状基本相同,头部宽而短,具有明显突出的额唇基;视力相当好,复眼不大,位于头部两侧且分得很开,有 3 个单眼。触角短,呈须状。口器细长,口器内有食管与唾液管,属于刺吸式。胸部则包括前胸、中胸及后胸,其中前胸和中胸较长。3 个胸部都具有一对足,腿节粗壮发达(若虫前脚用来挖掘,腿节膨大、带刺)。蝉的腹部呈长锥形,总共有 10 个腹节,第 9 腹节成为尾节。雄蝉第 1、第 2 腹节具发音器,第 10 腹节形成肛门;雌蝉第 10 腹节形成产卵管,且较为膨大。幼虫生活在土中,末龄幼虫多为棕色,与成虫相似。蝉也有不同的种类,它们的形状相似而颜色各异。

蝉的防治

蝉的飞翔能力强，一般无法用药剂防治，只有采取人工防治方法消灭。一是其卵易产在林果一年生枝梢上，结合冬剪，剪去产卵枝烧毁，减少来年的危害基数。二是在夏天傍晚或雨后，幼蝉出土时，用透明胶带缠在树离地 50 cm 左右的地方，人工捕捉。三是蝉有趋光性，林间果园挂幼杀灯，每 3~5 亩挂幼杀灯 1~2 个，还可在夜晚利用堆火诱杀成虫。

068 桃蛀螟

桃蛀螟，又名桃蛀野螟，俗称蛀心虫、石榴钻心虫。属鳞翅目，草螟科，是农林重要蛀果性害虫。桃蛀螟食性杂，寄主广，主要危害桃、柿、核桃、板栗、李、山楂、石榴、无花果、松树、玉米、向日葵、桃等多种农林植物和果树。主要分布在河南、山东、河北、湖北等地。

桃蛀螟的发生与危害

1.桃蛀螟的危害

桃蛀螟主要危害果实，为蛀果害虫。桃蛀螟以幼虫危害为主，幼虫蛀食果实和种子，受害果蛀入孔外流出黄褐色透明胶质，并留有排出的虫粪。蛀孔处容易变褐腐烂。第 1 代幼虫主要危害李、杏和早熟桃果，第 2 代幼虫危害玉米、向日葵花盘、蓖麻籽花穗籽粒和中晚熟桃果，第 3 代幼虫主要危害栗果。危害玉米时，把卵产在雄穗、雌穗、叶鞘合缝处或叶耳正反面，百株卵量高达 1 500 粒。主要蛀食雌穗，取食玉米粒，并能引起严重穗腐，且可蛀茎，造成植株倒折。初孵幼虫从雌穗上部钻入后，蛀食或啃食籽粒和穗轴，造成直接经济损失。钻蛀穗柄常导致果穗瘦小，籽粒不饱满。蛀孔口堆积颗粒状粪渣，一个果穗上常有多头桃蛀螟危害，也有与玉米螟混合危害，严重时整个果穗被蛀食，产量绝收。

2.桃蛀螟的发生

桃蛀螟在河南、山东等地，1 年生 1~4 代，长江流域 4~5 代，均以老熟幼虫在玉米、向日葵、蓖麻等残株内结茧越冬。在河南，1 代幼虫于 5 月下旬至 6 月下旬先在桃树上危害，2~3 代幼虫在桃树和高粱上都能危害。第 4 代则在夏播高粱和向日葵上危害，以 4 代幼虫越冬，翌年越冬幼虫于 4 月初化蛹，4 月下旬进入化蛹盛期，4 月底至 5 月下旬羽化，越冬代成虫把卵产在桃树上。6 月中旬至 6 月下旬 1 代幼虫化蛹，1 代成虫于 6 月下旬开始出现，7 月上旬进入羽化盛期，2 代卵盛期跟着出现，这时春播高粱抽穗扬花，7 月中旬为 2 代幼虫危害盛期。2 代羽化盛期在 8 月上、中旬，这时春高粱近成熟，晚播春高粱和早播夏高粱正抽穗扬花，成虫集中在这些高粱上产卵，第 3 代卵于 7 月底 8 月初孵化，8 月中、下旬进入 3 代幼虫危害盛期。8 月底 3 代成虫出现，9 月上、中旬进入盛期，这时高粱和桃果已采收，成虫把卵产在晚夏高粱和晚熟向日葵上，9 月中旬至 10 月上旬进入 4 代幼虫发生危害期，10 月中、下旬气温下降则以 4 代幼虫越冬。

桃蛀螟的形态与特征

桃蛀螟成虫体长 11 mm 左右，鲜黄色，翅上散生许多不规则小黑斑；老熟幼虫体长 22~26 mm，头部暗黑色，胸腹部多为暗红色，有的为淡褐、浅灰、暗红色等。腹部各体节上有 6 个褐色斑。成虫体长 12 mm 左右，翅展 22~25 mm，黄至橙黄色，体、翅表面具许多黑斑点，似豹纹，胸背有 7 个；腹背第 1 和 3~6 节各有 3 个横列，第 7 节有时只有 1 个，第 2、8 节无黑点，前翅 24~27 个，后翅 14~15 个，雄虫第 9 节末端黑色，雌虫不明显；卵椭圆形，长 0.5 mm、宽 0.3 mm，表面粗糙布细微圆点，初乳白渐变橘黄、红褐色；幼虫体长 22 mm，体色多变，有淡褐、浅灰、浅灰蓝、暗红等色，腹面多为淡绿色。头暗褐，前胸盾片褐色，臀板灰褐，各体节毛片明显，灰褐至黑褐色，背面的毛片较大，第 1~8 腹节气门以上各具 6 个，成 2 横列，前 4 后 2。气门椭圆形，围气门片黑褐色突起。腹足趾钩不规则的 3 序环；蛹长 12 mm，初淡黄绿色，后变褐色，臀棘细长，末端有曲刺 6 根。茧长椭圆形，灰白色。

桃蛀螟的防治

1. 冬季防治

12 月，清除越冬幼虫。每年 4 月中旬越冬幼虫化蛹前，清除果园附近玉米、向日葵等秸秆，刮除树翘皮，减少虫源。捡拾受害落果和摘除虫害果，消灭果内幼虫。

2. 诱杀成虫防治

利用成虫的趋光性和趋食性，在桃园内挂黑光灯，每亩挂杀虫灯 1~2 个诱杀成虫；或用糖醋液诱杀成虫，每棵挂糖醋液瓶 1~2 个，目的是诱杀成虫，减少繁殖量。

3. 果实套袋或不套袋防治

对果套袋，预防成虫果上产卵。套袋前结合其他病虫防治，喷 1 次药。不套袋的果园，要掌握第 1、2 二代成虫产卵高峰期喷药。用 50% 杀螟松乳剂 1 000 倍液，或 Bt 乳剂 600 倍液，或 35% 赛丹乳油 2 500~3 000 倍液，或 2.5% 功夫乳油 3 000 倍液喷施。

4. 药剂防治

喷药时间选择第 1、2 代成虫产卵高峰期，药剂可选 50% 杀螟松乳剂 1 000 倍液，或 35% 赛丹乳油 2 500~3 000 倍液，或 2.5% 功夫乳油 3 000 倍液等。在产卵盛期喷洒 Bt 乳剂 500 倍液，或 50% 速灭杀丁 1 000 倍液，或 2.5% 高效氯氟氰菊酯或功夫（高效氯氟氰菊酯），或阿维菌素 6 000 倍液，或 25% 灭幼脲 1 500~2 500 倍液。或在玉米果穗顶部或花丝上喷布 50% 辛硫磷乳油等药剂 300 倍液 1~2 滴，对蛀穗害虫防治效果良好。

5. 桃蛀螟石榴树上的防治

桃蛀螟在石榴萼筒内产卵、脱皮、化蛹、羽化成虫。其防治方法是，在 6 月下旬至 7 月上旬，用蘸药棉球堵塞萼筒。喷药防治用 90% 敌百虫 1 000 倍液或 2.5% 粉剂，或 50% 杀螟松 1 000 倍液，或 80% 敌敌畏。同时，做好人工摘除虫果。

069 茶翅蝽

茶翅蝽，属半翅目，蝽科，是果树的主要蛀果害虫。以成虫和若虫危害，茶翅蝽食性较杂，主要危害梨、苹果、桃、李、杏、樱桃、山楂、石榴、柿、梅等果树。林木果树的叶和梢被害后，症状不明显；果实被害后，被害处木栓化，变硬，发育停止而下陷，果肉变褐成一硬核，受害处果肉微苦，严重时形成疙瘩梨或畸形果，失去经济价值。主要分布在河南、山东、河北、山西等地。

茶翅蝽的发生与危害

1. 茶翅蝽的危害

茶翅蝽主要危害果树叶片、花蕾、嫩梢、果实。该虫以成虫、若虫在树冠上吸食叶片、嫩梢和果实的汁液，使生长的叶片发黄、枯萎、脱落；枝梢失绿，逐渐干枯；果实被害后呈凹凸不平的畸形果，受害处变硬且味苦，近成熟的果实被害后受害处果实变空、木栓化，幼果受害常脱落。

2. 茶翅蝽的发生

茶翅蝽在华北地区一年发生 1～2 代，以受精的雌成虫在果园中或在果园外的室内、室外的屋檐下等处越冬。来年 4 月下旬至 5 月上旬，成虫陆续出蛰。在造成危害的越冬代成虫中，大多数为在果园中越冬的个体，少数为由果园外迁移到果园中的。越冬代成虫可一直危害至 6 月，然后多数成虫迁出果园，到其他植物上产卵，并发生 1 代若虫。在 6 月上旬以前所产的卵，可于 8 月以前羽化为第 1 代成虫。第 1 代成虫可很快产卵，并发生第 2 代若虫。而在 6 月上旬以后产的卵，只能发生 1 代。在 8 月中旬以后羽化的成虫均为越冬代成虫。越冬代成虫平均寿命为 320 天，最长可达 340 天。在果园内发生或由外面迁入果园的成虫，于 8 月中旬后出现在园中，危害后期的果实。10 月后成虫陆续潜藏杂草中越冬。

茶翅蝽的形态与特征

茶翅蝽成虫体长 15 mm 左右，宽约 8 mm，体扁平、茶褐色，前胸背板、小盾片和前翅革质部有黑色刻点，前胸背板前缘横列 4 个黄褐色小点，小盾片基部横列 5 个小黄点，两侧斑点明显；卵短圆筒形，直径 0.7 mm 左右，周缘环生短小刺毛，初产时乳白色，近孵化时变黑褐色；若虫分 5 龄，初孵若虫近圆形，体为白色，后变为黑褐色，腹部淡橙黄色，各腹节两侧节间有一长方形黑斑，共 8 对，老熟若虫与成虫相似，无翅。

茶翅蝽的防治

1. 人工防治

当年 10 月至翌年 2 月上、中旬，对盛果期果树或老果树翘皮进行刮除。刮除下的树皮等杂物要集中烧毁或深埋。8 月中、下旬,在果树主枝或主干上,围绕其一周,束绑干草一把,从而诱集成虫在草把上产卵,每隔 7 天检查 1 次,发现卵块时可将草把取下烧毁,并重新在原地方上束绑干草。在 7 ~9 月炎夏的中午前后,用鞋底或其他硬物擦压集中在枝干阴面处乘凉的虫只。或在成虫越冬前和出蛰期在墙面上爬行停留时,进行人工捕杀。在成虫越冬期,将果园附近空屋密封,用“敌敌畏”烟雾剂加 3 倍的锯末进行熏杀。成虫产卵期,查找卵块并摘除。

2. 化学防治

在 2 月下旬至 9 月上旬若虫群集在枝干阴面乘凉时,用 50% 敌敌畏乳剂 1 000 倍液或 40% 乐果乳剂 1 500 ~2 000 倍液等药剂进行喷洒杀灭,效果良好。

070 花椒凤蝶

花椒凤蝶,又名柑橘凤蝶,属鳞翅目,凤蝶科,别名橘黄凤蝶、凤蝶、燕凤蝶、凤子蝶、橘凤蝶。主要危害樗叶花椒、光叶花椒、吴茱萸、黄柏属、柑橘、枸桔等林木植物。主要分布在河南、山东、安徽、湖北、山西等地。

花椒凤蝶的发生与危害

1. 花椒凤蝶的危害

花椒凤蝶幼虫食芽、叶,初龄食叶片成缺刻与孔洞,稍大时常将叶片吃光,只残留叶柄。苗木和幼树受害较重。

2. 花椒凤蝶的发生

在花椒树上危害,名字为花椒凤蝶;在柑橘上危害,名字为柑橘凤蝶,别名黄凤蝶、橘凤蝶、黄菠萝凤蝶、黄聚凤蝶。河南 1 年发生 3 代,分成虫、卵、幼虫、蛹 4 个阶段。以蛹在枝上、叶背等隐蔽处越冬。成虫白天活动,善于飞翔,中午至黄昏前活动最盛,喜食花蜜。卵散产于嫩芽上和叶背,卵期约 7 天。幼虫孵化后先食卵壳,然后食害芽和嫩叶及成叶,共 5 龄,幼虫老熟后多在隐蔽处吐丝做垫,以臀足趾钩抓住丝垫,然后吐丝在胸腹间环绕成带,缠在枝干等物上化蛹(此蛹称缢蛹)越冬。越冬代成虫于 5、6 月出现,第 1 代 7、8 月出现,第 2 代 9、10 月出现,但羽化时不够整齐。成虫飞集花间,采蜜交尾。卵产在嫩芽、嫩叶背面,粒粒产出。孵化后幼虫即在芽叶上取食,被害叶呈锯齿状,有时也取食主脉。白天伏于主脉上,夜间取食危害,遇惊时从第 1 节前侧伸出臭丫腺,放出臭气,借以拒敌。成虫主要发生期为 3 ~11 月,卵期 6 ~8 天,幼虫期约 21 天,蛹期约 15 天,越冬蛹约 3 个月。成虫产卵在寄主植物的幼株上,老熟幼虫化蛹后,越冬蛹黄褐色,非越冬蛹为绿色。成虫常出现于空旷地或林木稀疏林中,经常在湿地吸水或花间采蜜生活。

花椒凤蝶的形态与特征

花椒凤蝶成虫翅展 90 ~110 mm。体侧有灰白色或黄白色毛。体、翅的颜色随季节不同而变化:春型色淡呈黑褐色,夏型色深呈黑色。翅上的花纹黄绿色或黄白色。排列春、夏型都是一致的，只是夏型雄蝶的后翅前缘多1个黑斑。前翅中室基半部有放射状斑纹4～5条，到端部断开几乎相连，端半部有2个横斑；臀角有1个环形或半环形红色斑纹。翅反面色稍淡，前、后翅亚外区斑纹明显，其余与正面相似。雄性外生殖器上钩突基部宽、端部窄，呈楔形；尾突末端尖锐；抱器瓣椭圆形，抱器腹及抱器背弧形，端部圆而倾斜；内突狭长，与抱器腹缘平行，端部增宽为棒状，边缘呈锯齿状。阳茎中长，除端部较膨大，其余等宽。雌性外生殖器产卵瓣半圆形，具强刺；交配孔圆而大；前阴片两侧各有双层，内层直，外层有突起，中间带状。在前阴片外侧有2个角状突，有的具齿突。囊导管长，膜质；交配囊小；囊突较小，骨化程度差，有横列刻点和1条中纵脊。卵扁圆形，高约1 mm，宽大于1 mm，光滑有光泽。初产时黄色，后变紫灰色。幼虫5龄。老熟幼虫体长约40 mm。蛹体长约30 mm。身体淡绿色，稍呈暗褐色，头部两侧各有1个显著的突起，胸背稍尖起。

花椒凤蝶的防治

1. 人工防治

6～8月人工捕杀幼虫和蛹。同时，保护和引放天敌。为保护天敌，可将蛹放在纱笼里置于园内，寄生蜂羽化后飞出再行寄生。

2. 药剂防治

幼虫发生期，施用90%敌百虫晶体800～1 000倍液，或80%敌敌畏或50%杀螟松1 000～1 500倍液，喷布树冠，防治幼虫。

071 银杏大蚕蛾

银杏大蚕蛾，属鳞翅目，大蚕蛾科，胡桃大蚕蛾属。主要危害银杏、苹果、梨、李、柿、核桃、栗、榛、樟树、枫香、喜树、枫杨、柿树、枫香等林木果树。幼虫取食银杏等寄主植物的叶片，造成伤害的叶片成缺刻或食光叶片，严重影响林木生长和产量。主要分布在河南，山东、河北、广西、云南等地。

银杏大蚕蛾的发生与危害

1. 银杏大蚕蛾的危害

银杏大蚕蛾主要危害部位是叶片。其幼虫取食银杏等寄主植物的叶片成缺刻或食光叶片，严重影响产量。幼虫危害核桃、银杏、漆树、杨、桦、栎、李、梨等植物。

2. 银杏大蚕蛾的发生

银杏大蚕蛾1年发生1～2代，以卵越冬。第二年5月上旬越冬卵开始孵化，初孵幼虫有群居习惯。1～2龄幼虫能从叶缘取食，但食量很小，4龄后分散损害，食量渐增，5龄后进入暴食期，可将叶片全部吃光。5～6月进入幼虫危害盛期，常把树上叶片食光，6月中旬至7月上旬于树冠下部枝叶间结茧化蛹，8月中、下旬羽化、交配和产卵。卵多产在树干下部1～3 m处及树杈处，数十粒至百余粒块产。

银杏大蚕蛾的形态与特征

银杏大蚕蛾成虫体长 25 ~ 60 mm，翅展 90 ~ 150 mm，体灰褐色或紫褐色。雌蛾触角栉齿状，雄蛾羽状。前翅内横线紫褐色，外横线暗褐色，两线近后缘外会合，中间呈三角形浅色区，中室端部具月牙形透明斑。后翅从基部到外横线间具较宽红色区，亚缘线区橙黄色，缘线灰黄色，中室端处生 1 大眼状斑，斑内侧具白纹。后翅臀角处有 1 白色月牙形斑；卵长 2.2 mm 左右，椭圆形，灰褐色，一端具黑斑；末龄幼虫体长 80 ~ 110 mm。体黄绿色或青蓝色。背线黄绿色，亚背线浅黄色，气门上线青白色，气门线乳白色，气门下线、腹线处深绿色，各体节上具青白色长毛及突起的毛瘤，其上生黑褐色硬长毛；蛹长 30 ~ 60 mm，污黄至深褐色。茧长 60 ~ 80 mm，黄褐色，呈网状。

银杏大蚕蛾的防治

1. 人工防治

冬季及时开展人工摘除卵块；在幼虫 3 龄前摘除群集损害的叶片。7 月中、下旬人工捕杀老熟幼虫或人工采茧，而后集中烧毁。

2. 灯光诱杀防治

银杏大蚕蛾成虫有较强趋光性，其飞翔能力强，进入 8 ~ 9 月，雌蛾成虫产卵前，用黑光灯诱杀成虫，每亩挂杀虫灯 2 个诱杀成虫，效果良好。

3. 生物防治

银杏大蚕蛾的天敌有赤眼蜂、平腹小蜂等，在 9 月雌蛾产卵期，释放赤眼蜂，对防治银杏大蚕蛾有一定效果，赤眼蜂在大蚕蛾上的寄生率可达 80% 以上。

4. 化学防治

银杏大蚕蛾 3 龄前抵抗力弱，并有群集特点，在 5 月上旬，在低龄幼虫期喷洒 2.5% 溴氰菊酯 2 500 倍液，或幼虫期喷洒 90% 敌百虫 1 500 ~ 2 000 倍液，或 25% 杀虫双 500 倍液，防治效果均好。发生严重时，卵孵化盛期可喷洒 40% 杀螟松 1 000 倍液，每隔 7 ~ 10 天喷一次，连续喷 2 次，杀灭卵孵幼虫即可。

072 枯叶夜蛾

枯叶夜蛾，属鳞翅目，夜蛾科。主要危害李、柑橘、苹果、葡萄、枇杷、芒果、梨、桃、杏、柿等植物的果实。主要分布于河南、江西、上海、台湾、湖北、云南、贵州、安徽、辽宁、内蒙古等地。

枯叶夜蛾的发生与危害

1. 枯叶夜蛾的危害

枯叶夜蛾主要危害部位是果实，成虫以锐利的虹吸式口器穿刺果皮。果面留有针头大的小孔，果肉失水呈海绵状，以手指按压有松软感觉，被害部变色凹陷、随后腐烂脱落。

常招致胡蜂等为害,将果实食成空壳。使其林木果实受害严重,影响果实质量和品质,造成巨大经济损失。

2. 枯叶夜蛾的发生

枯叶夜蛾1年发生2~3代,以成虫越冬。林间树木,在3~11月有成虫出现,7~9月较多发生。卵在野外发生较多的时间为6月上旬、8月和9月上旬,但由于卵孵化率低,幼虫死亡率高,幼虫的发生量并不多。成虫多将卵产在叶片背面,常数粒产在一起。初龄幼虫有吐丝习性,静止时常以3对腹足着地,全体呈"U"字形或"?"形。成虫略具假死习性,白天潜伏,天黑后飞入果园危害果实,喜选择健果危害。果实被害后,初为小针孔状,并有胶液流出,后扩展为木栓化、水渍状的椭圆形褐斑,最后全果腐烂,发出酒糟味,果实无经济价值。

枯叶夜蛾的形态与特征

枯叶夜蛾成虫体长35~38 mm,翅展96~106 mm,头胸部棕色,腹部杏黄色。触角丝状。前翅枯叶色深棕微绿;顶尖很尖,外缘弧形内斜,后缘中部内凹;从顶角至后缘凹陷处有1条黑褐色斜线;内线黑褐色;翅脉上有许多黑褐色小点;翅基部和中央有暗绿色圆纹。后翅杏黄色,中部有1肾形黑斑,有牛角形黑纹;卵扁球形1~1.1 mm,高0.85~0.9 mm,顶部与底部均较平,乳白色;幼虫体长57~71 mm,前端较尖,第1、2腹节常弯曲,第8腹节有隆起,把第7~10腹节连成1个峰状。头红褐色,无花纹。体黄褐或灰褐色,背腹线均暗褐色;背面各有1个眼形斑,中间黑色并具有月牙形白纹,其外围黄白色绕有黑色圈,各体节布有许多不规则的白纹,第6腹节亚背线与亚腹线间有1块不规则的方形白斑,上有许多黄褐色圆圈和斑点。胸足外侧黑褐色,基部较淡内侧有白斑;腹足黄褐色;蛹长31~32 mm,红褐至黑褐色。头顶中央略呈1尖突,头胸部背腹面有许多较粗而规则的皱褶;腹部背面较光滑,刻点浅而稀。

枯叶夜蛾的防治

1. 人工防治

在成虫产卵、幼虫孵化期,加以捕杀。灯光诱杀成虫,在成虫高发期,根据成虫具有趋光性,安装黑光灯或频振式杀虫灯诱杀成虫,每亩挂1~2个杀虫灯即可。

2. 喷药防治

在成虫产卵后、幼虫孵化后,及时喷施杀虫剂进行防治。常用药剂有90%晶体敌百虫800~1 000倍液,4.5%高效氯氰菊酯乳油1 500倍液,防治效果可达到95%以上。枯叶夜蛾以成虫吸食果实汁液,银杏果实受害3~10天内即脱落。5月初至6月中旬,喷洒50%敌百虫500倍液,10天后再喷药一次,下午5时左右喷布效果显著。

3. 生物防治

注意保护利用天敌。

073 核桃扁叶甲

核桃扁叶甲，又名核桃扁金花虫，属叶甲科，是一种发生普遍、危害严重，危害核桃楸、枫杨树叶片的害虫，发生危害严重时，树叶被食光的现象经常出现。造成连年危害时，致使核桃楸部分枝条或幼树死亡。分布在河南、甘肃、江苏、湖北、湖南、广西、四川、贵州、陕西、河南、浙江、福建、广东、黑龙江、吉林、辽宁、河北等地。

核桃扁叶甲的发生与危害

1. 核桃扁叶甲的危害

核桃扁叶甲主要危害部位是叶片，初孵幼虫有群集性，食量较小，仅食叶肉。幼虫进入3龄后食量大增并开始分散危害，此时不仅取食叶肉，当食料缺乏时也取食叶脉，甚至叶柄。危害严重时，可致使叶片残缺不全或叶片孔洞卷曲。残存的叶脉、叶柄呈黑色，进而枯死。幼虫老熟后多群集于叶背呈悬蛹状化蛹。

2. 核桃扁叶甲的发生

核桃扁叶甲1年发生1代，以成虫在枯枝落叶层、树皮缝内越冬。第二年4月下旬越冬成虫开始活动，5月上旬成虫开始产卵，5月中旬幼虫孵化，6月上旬老熟幼虫化蛹，6月中旬为新1代成虫羽化盛期，10月中旬成虫开始越冬。早春，越冬成虫开始活动后，以刚萌出的核桃楸叶片补充营养，并进行交尾产卵。雌雄成虫有多次交尾和产卵的习性。每雌产卵量为90～120粒，最高达167粒。卵呈块状，多产于叶背，也有产在枝条上。新羽化成虫多于早晚活动取食，活动一段时间后，于6月下旬开始越夏，至8月下旬才又上树取食。成虫不善飞翔，有假死性，无趋光性。成虫寿命年均320～350天。

核桃扁叶甲的形态与特征

核桃扁叶甲，成虫体长5～7 mm。体形长方，背面扁平。前胸背板淡棕黄，头鞘翅蓝黑，触角、足全部黑色。腹部暗棕，外铡缘和端缘棕黄，头小，中央凹陷，刻点粗密，触角短，端部粗，节长约与端宽相等，前胸背板宽约为中长的2.5倍，基部显较鞘翅为狭，侧缘基部直，中部之前略弧弯，盘区两侧高峰点粗密，中部明显细弱。鞘翅每侧有3条纵肋，爪节基部腹面呈齿状突出；卵长1.5～2.0 mm，长椭圆形，橙黄色，顶端稍尖；老熟幼虫体长8～10 mm，污白色，头和足黑色，胴部具暗斑和瘤起。蛹体长6～7.6 mm，浅黑色，体有瘤起。

核桃扁叶甲的防治

1. 人工防治

利用产卵、幼虫期的群集性人工摘除虫叶，集中烧毁；利用成虫的假死性，人工振落捕杀成虫。越冬成虫上树前或新羽化成虫越夏上树前，用毒笔、毒绳等涂、扎于树干基部，以阻杀爬经毒环、毒绳的成虫。

2. 喷药防治

成虫、幼虫在树上取食期，尤其越冬幼虫初上树活动取食期，喷洒 80% 敌敌畏乳油或 90% 敌百虫晶体 1 000 ~ 2 000 倍液；2.5% 溴氰菊酯乳油 800 ~ 1 000 倍液。在郁闭度较大的林分也可施放烟剂，第一次在 5 月中旬至 6 月下旬，使用灭幼脲 3 号 1 500 ~ 2 000 倍液喷布树冠叶片，预防虫害的发生。

3. 保护和利用天敌

注意保护和利用猎蝽、奇变瓢虫等天敌。

074 核桃缀叶螟

核桃缀叶螟，属鳞翅目，螟蛾科。以幼虫危害核桃、枫杨、木檫等树木的叶片，发生严重的年份，往往可把树叶吃光。造成树势衰弱，影响林木生长。主要分布在河南、辽宁、北京、河北、天津、山东、江苏、安徽、浙江、江西、福建、广东、广西、湖南、湖北、云南、贵州、四川、陕西等地。

核桃缀叶螟的发生与危害

1. 核桃缀叶螟的危害

核桃缀叶螟主要危害部位是叶片，初龄幼虫常数十至数百头群居在叶面吐丝结网，舐食叶肉，先是缠卷 1 张叶片呈筒形；随虫体的增大，至 2 ~ 3 龄后开始分散活动，1 头幼虫缠卷 1 复叶上部的 3 ~ 4 片叶子为害。幼虫夜间取食，白天静伏于叶筒内。受害叶多位于树冠上部及外围，容易发现。从 8 月中旬开始，老熟幼虫便入土做茧越冬。

2. 核桃缀叶螟的发生

核桃缀叶螟在河南平顶山、漯河、驻马店等地区 1 年发生 1 代，以老熟幼虫在根的附近及距树干 1 m 范围内的土中结茧越冬，入土深度 4 ~ 9 cm。第二年，树木生长期，6 月上旬为越冬代幼虫的化蛹期，盛期在 6 月下旬至 8 月中旬，成虫产卵于叶面。7 月上旬至 8 月中旬为幼虫孵化期，盛期在 7 月底至 8 月初，开始危害新生枝叶。

核桃缀叶螟的形态与特征

核桃缀叶螟成虫体长 14 ~ 20 mm，翅展 35 ~ 50 mm，全体黄褐色。前翅色深，稍带淡红褐色，有明显的黑褐色内横线及曲折的外横线，横线两侧靠近前缘处各有黑褐色斑点 1 个。前翅前缘中部有一黄褐色斑点，后翅灰褐色，越接近外缘颜色越深。卵球形，密集排列成鱼鳞状，每块有卵 200 粒左右。老熟幼虫体长 20 ~ 30 mm。头部黑色有光泽。前胸背板黑色，前缘有 6 个黄白色斑。背中线宽、杏黄色，亚背线、气门上线黑色，体侧各节有黄白色斑，腹部腹面黄褐色疏生短毛。蛹长约 16 mm，深褐色至黑色。茧深褐色，扁椭圆形，长约 20 mm、宽约 10 mm，硬似牛皮纸。

核桃缀叶螟的防治

1. 人工防治

幼虫群居为害时，摘除虫包，集中烧毁。虫茧在树根旁边及松软的土里比较集中，可在秋季封冻前或春季解冻后挖除虫茧。

2. 喷药防治

7 月中、下旬幼虫进入危害初期，喷洒 40% 灭幼脲 3 号 2 000 倍液，或 25% 西维因可湿性粉剂 500 ~ 800 倍液。

075 槐蚜

槐蚜，又名蚜虫，俗称腻虫，是中国槐树的主要害虫；同时，槐蚜还危害刺槐、国槐树、紫穗槐等多种豆科植物。主要分布在河南、河北、山东、安徽、山西等地。

槐蚜的发生与危害

1. 槐蚜的危害

槐蚜主要危害部位是新生枝梢、叶片。以成虫和若虫群集在枝条嫩梢、花序及荚果上，吸取汁液；新梢吸食汁液后，引起新梢弯曲，嫩叶卷缩，嫩梢呈萎缩下垂，影响枝条正常生长。国槐枝梢严重受害时，其叶片卷曲，花序停滞生长，不能正常开花，既能够诱发煤污病，更影响国槐树木生长和开花结果。

2. 槐蚜的发生

槐蚜在河南平顶山地区 1 年发生 2 ~ 3 代，4 月下旬或 5 月中旬越冬成虫开始大量繁殖，4 月产生有翅蚜，5 月初迁飞至槐树上危害，5 ~ 6 月在槐树上危害最严重，6 月初迁飞至杂草丛中生活，8 月迁回槐树上危害一段时间后，以无翅胎生雌蚜在树下杂草中越冬。

槐蚜的发生原因与 7 ~ 8 月夏季天气有关，夏季雨水多、气温高，高温高湿，种群数量明显下降；分布在国槐、刺槐和紫穗槐树上的蚜虫，尤其是在阴凉处的蚜虫继续繁殖危害。一直到 9 月下旬或 10 月，在紫穗槐秋季新生萌芽条或其他秋季发生的植物幼苗上繁殖危害并越冬。

槐蚜的形态与特征

槐蚜成虫分为无翅成蚜、有翅成蚜。无翅孤雌成蚜，体长 2.2 mm 左右，卵圆形，体漆黑色，有光泽，头、胸及腹部第 1 ~ 6 节背面有明显六角形网纹；腹部第 7、8 节有横纹；有翅孤雌蚜体黑色，长卵圆形，长 2.1 mm、宽 0.95 mm。触角与足灰白色间黑色。腹部淡色，斑纹黑色。

槐蚜的防治

1. 清理林下杂草防治

10～12月树木落叶前后，及时清理林下杂草，减少害虫越冬场所或把害虫越冬场所破坏销毁，灭杀在杂草的根际等处越冬的成蚜；对树干、树冠喷布石硫合剂，消灭越冬卵，减少来年的危害基数。或结合林木抚育管理，冬季剪除卵枝和叶或刮除枝干上的越冬卵，以消灭虫源。

2. 喷布药物防治

3月下旬或4月上、中旬，蚜虫发生量大时，可喷施40%灭蚜威、50%粉锈宁或40%氯氰菊酯1 000～1 300倍液，或10%蚜虱净可湿性粉剂2 500～3 500倍液，或2.5%溴氰菊酯乳油2 800～3 000倍液，或20%氰戊菊酯乳油3 000倍液。

3. 国槐苗木的苗圃幼苗防治

在苗木发芽前喷石硫合剂，消灭越冬卵。5～9月，蚜虫发生量大时，可喷吡虫啉900～1 000倍液，或5%蚜虱净可湿性粉剂800～1 000倍液，或2.5%溴氰菊酯乳油2 500～3 000倍液。

4. 人工防治

3月下旬或4月中旬，在蚜虫发生初期或越冬卵大量孵化后、卷叶前，用粘虫板粘杀成虫。

076 槐尺蠖

槐尺蠖，又名国槐尺蛾，属鳞翅目，尺蛾科，是国槐树主要害虫。国槐树危害严重时，影响市容和生态环境，更加影响树木健壮生长和树势。主要分布在河南、山东、河北、北京等地。

槐尺蠖的发生与危害

1. 槐尺蠖的危害

槐尺蠖主要危害部位是国槐树叶片。以幼虫危害，常常吐丝悬垂自身转移危害而得名，其幼虫俗称“吊死鬼”。当幼虫危害国槐树严重时，常将叶片食尽。食料不足时，也少量取食刺槐。

2. 槐尺蠖的发生

槐尺蠖在河南、山东等地1年发生3～4代，第1代幼虫发生危害集中在5月上旬，各代幼虫危害盛期分别为5月下旬、7月中旬及8月下旬至9月上旬。以蛹在国槐树木周围松土中越冬，幼虫及成虫蚕食树木叶片，使叶片造成缺刻，严重时，整棵树叶片几乎全被吃光。9～10月上旬幼虫入土化蛹越冬。

槐尺蠖的形态与特征

槐尺蠖，成虫翅长17～21 mm。体翅灰白至灰褐色，布小褐点。前后翅中、外线间色较淡，外线外侧至外缘色较深。前翅内、中线为褐色细线，在前缘折成黑条斑，外线在前缘形成三角形褐斑，内有2～3个黑纹，自中部至后缘有1列黑斑，并有细线割开，顶角灰褐色，其下方有1褐色三角形斑纹，中室端具新月形褐色纹。后翅内线较直，中、外线均波状褐色，展翅时与前翅的中、外线相接，构成一完整的弧状曲线，中室端为小黑点等；卵散产于叶片、叶柄和小枝上，以树冠南面最多。成虫产卵活动多在每日的傍晚；幼虫孵化在傍晚为盛，同一雌蛾所产的卵孵化整齐，孵化率在90%以上；幼虫孵化后，立即开始取食，幼龄时食叶呈网状，3龄后取食叶肉，仅留中脉。幼虫能吐丝下垂转移危害，随风扩散，或借助胸足和对腹足做弓形运动。老熟幼虫已经完全丧失吐丝能力，能沿树干向下爬行，或直接掉落地面。幼虫体背出现紫红色，幼虫即已经老熟，老熟幼虫大多于白天离树入土化蛹。化蛹场所通常在树冠投影范围内，在树冠下入土。幼虫入土深度一般为3～5 cm，少数可深达8～10 cm。

槐尺蠖的防治

1.人工防治

10～12月，落叶后气温低，土壤结冰受冻，人工或机器深翻国槐林下化蛹场所，重点深翻在树冠投影范围内土壤。冻死越冬蛹或被鸟类食杀越冬蛹，减少来年的危害基数。

2.喷药防治

5月下旬、7月中旬及8月下旬至9月上旬。幼虫危害期，喷洒40%灭幼脲3号2 000倍液，或25%西维因可湿性粉剂500～800倍液，或喷布苦参碱1 200倍液，灭杀幼虫。

077 锈色粒肩天牛

锈色粒肩天牛，又名锈色天牛，俗称老水牛，是一种破坏性极强的钻蛀性枝干害虫。锈色粒肩天牛，主要危害国槐树、柳、黄檀等林木树种。受害的国槐树等林木，表现出生长势衰弱，树干老化、枝条干枯，严重时甚至整株死亡。影响树木生长发育。其传播途径是以幼虫为主，随寄主林木植物靠人为调运做远距离传播。据观察，蚂蚁、花绒坚甲是锈色粒肩天牛的主要天敌。该虫1995年被原国家林业部确定为国内森林植物检疫对象。主要分布在河南、山东、江苏、安徽、福建、四川、贵州、云南等地。

锈色粒肩天牛的发生与危害

1.锈色粒肩天牛的危害

锈色粒肩天牛主要危害部位是林木枝干或枝杈，以幼虫钻蛀危害，3月下旬或4月上旬幼虫开始活动频繁，蛀蚀枝干，在蛀孔处具有明显的呈悬吊状幼虫粪便及破坏的木屑，受害的国槐树等林木长势衰弱，树干老化、树叶发黄、枝条干枯，严重时甚至整株死亡。

2. 锈色粒肩天牛的发生

锈色粒肩天牛在河南、山东2年1代，以幼虫在枝干蛀道内越冬。4月上旬开始蛀食危害；5月上旬开始化蛹，5月中旬为化蛹盛期，5月下旬为化蛹末期。成虫出现期始于6月上旬至7月，6月中、下旬大量出现。成虫寿命较长，达65～80天，因此一直到9月中旬，在寄主树冠枝叶丛间仍可见到成虫。老熟幼虫化蛹时，头部朝上。蛹期21天。成虫羽化后，咬破堵塞羽化孔处的愈伤组织，钻出羽化孔，爬至树冠，取食新梢嫩皮进行补充营养。此虫不善飞翔，受到震动极易落地。雌虫喜欢在径粗5～8 cm的新生枝干上产卵。产卵前，雌虫在树干下部爬行，寻找适宜树皮缝隙，先用口器将缝隙底部咬平，把臀部插入，排出草绿色糊状分泌物，做成"产卵槽"，然后将卵产于槽内，再用草绿色分泌物覆盖于卵上。卵期为13～15天。此虫一生可进行数次交尾，多次产卵。单雌产卵量为44～135粒。

初孵幼虫自韧皮部垂直蛀入林木枝干，并将粪便排出，悬吊于皮部排粪孔处，在初孵幼虫蛀入4～5 cm深时，即沿枝干最外年轮的春材部分横向蛀食，3～8天向林木枝干内蛀食。第一年蛀入木质部深可达0.4～5.7 cm，蛀食木质逐渐加深危害林木枝干。幼虫危害的虫粪全填塞在树皮下的蛀道内。幼虫在蛀道内来回活动，用粪便将蛀道上端堵塞，下端咬些长木丝填实，做成长4.9～7 cm、宽1.8～2.45 cm的蛹室，在蛹室内化蛹。幼虫历期22～23个月，蛀食危害期长达13～14个月。

锈色粒肩天牛的形态与特征

锈色粒肩天牛成虫雄虫体长29～34 mm、宽8～10 mm；雌虫体长34～38 mm、宽10～12 mm。黑褐色，全体密被锈色短绒毛，头、胸及鞘翅基部颜色较深暗。头部额高大于宽，明显。雌虫触角较体稍短，雄虫触角较体稍长；触角基瘤突出，各节生有稀疏的细短毛，鞘翅基1/4部分密布黑色光滑小颗粒，翅表散布许多不规则的白色细毛斑和排列不规则的细刻点。前足基节外侧具有不明显的白色毛斑；中胸侧板、腹板和腹部各节腹面两侧各有明显的白色细毛斑；翅端平切，缝角和缘角均具有小刺，缘角小刺短而较钝；卵长椭圆形，长径2.1～2.2 mm、短径0.4～0.5 mm，黄白色；老熟幼虫扁圆筒形，黄白色。体长43～59 mm、宽11～14 mm。触角3节。前胸背板黄褐色，略呈长方形，其上密布棕色颗粒突起，中部两侧各有1斜向凹纹。幼虫胸、腹部两侧各有9个黄棕色椭圆形气门；蛹纺锤形，体长34～41 mm，黄褐色。

锈色粒肩天牛的防治

1. 人工防治

5～6月成虫羽化期，人工捕杀成虫。锈色粒肩天牛成虫飞翔力不强，人工振树让成虫受震动易落地，捕杀成虫。或在6月中旬至7月下旬于夜间在树干上捕杀产卵雌虫。或人工杀卵，在7～8月成虫产卵期，在树干上查找卵块，用铁器击破卵块。

2. 化学防治

在6月中旬至7月中旬成虫发生盛期，对树冠喷洒杀灭菊酯1 800～2 000倍液，间隔10～15天喷布一次，连续喷洒2次，防治效果显著。3～10月为幼虫活动期，可向蛀孔内注射80%敌敌畏5~10倍液，然后用泥巴封口，可毒杀幼虫。或5~8月，国槐等林木进入快速生长期，叶面喷布50%杀螟松乳油或80%敌敌畏乳油1 100~1 400倍液，或20%灭扫利乳油1 800~2 000倍液，或灭幼脲1 200倍液进行喷雾防治，防治成虫取食叶片。

078 梧桐木虱

梧桐木虱，又名青桐木虱、梧桐裂头木虱，俗名树虱，属同翅目，木虱科。其主要危害梧桐、楸树、梓树等树种。主要分布在河南、山东、湖北等地。

梧桐木虱的发生与危害

1. 梧桐木虱的危害

梧桐木虱为单食性害虫，主要危害部位是新生枝梢、叶片。以若虫及成虫在梧桐叶背或幼枝嫩干上吸食树液，破坏输导组织，尤其喜欢危害幼树叶片。若虫分泌的白色棉絮状蜡质物，将叶面气孔堵塞，影响叶的正常光合作用和呼吸作用，使叶面呈现苍白萎缩症状；分泌物中含有糖分，常招致霉菌寄生，人不小心碰到会有黏糊糊的感觉，还有一股臭味，且很难清洗。受害轻时，叶片发黄、失去绿色；受害严重时，树叶早落，枝梢干枯，表皮粗糙脆弱，遇风吹易折断枝梢。

2. 梧桐木虱的发生

梧桐木虱在河南1年发生2代，以卵越冬。第二年4~5月越冬卵陆续孵化。若虫6月上、中旬开始羽化为成虫，下旬为羽化盛期。第二代若虫发生期在7月中旬；8月上、中旬羽化，8月下旬开始产卵于枝上越冬。此虫发生极不整齐，重叠发生，在同一时期可发现各种不同的虫态。成虫和若虫均有群集性，10多只，或数十只成虫和若虫群集于嫩梢或枝叶上，而以嫩梢与叶背上特别多。若虫期潜居于自身所分泌的白色蜡质絮状物中，行动迅速，无跳跃能力。新羽化成虫暂时亦栖息于絮状分泌物中，1~2天后方离开而移至无分泌物处继续吸食汁液。其觅食求偶，总是爬行，很少飞翔，如受惊扰，即跳跃以助飞翔，其跳跃能力很强，可跃出25~35 cm。飞翔力不强，一般一次飞1.5~1.8 m远，但遇大风时，也可借风力而远处传播发生危害。成虫羽化后，经历9~12天补充营养，待性成熟后，才能进行交尾产卵。交尾后2~3天开始产卵。卵产于主枝阴面或靠近主干处，或于侧枝下方接近主枝处，或主侧枝表皮粗糙处，也有产在主干的阴面，或叶背及叶柄着生处的。第一代和第二代成虫在寄主上产卵的位置有所不同。第一代主要产在叶背上，以便若虫孵化后取食；第二代则产于枝干上，以备越冬。卵产出后由性腺所分泌的黏液黏附于枝叶上而不脱落。卵散产，卵期10~12天，每头雌虫一生可产卵46~57粒；成虫寿命40~50天。

梧桐木虱的形态与特征

梧桐木虱成虫体长3~4 mm，黄绿色，具褐斑，复眼赤褐色，平眼橙黄色，复眼半球状突起，红褐色。单眼3个，呈倒“品”字形排列。前翅无色透明，雄虫背板第三节及腹端黄色;雌虫腹面及腹端黄色,背瓣很大。雌成虫体长 4 mm,腹部背板可见 8 节,腹板可见 7 节。卵略呈纺锤形,一端稍长,长约 0.6 mm。初产时淡黄色或黄褐色,孵化前便呈淡红褐色。若虫共 3 龄,1 龄体较扁,略呈长方形,淡茶褐色,半透明,薄被蜡质;触角 6 节,末 2 节色较深,体长 0.5 ~ 0.7 mm。2 龄虫体较前者色深;触角 8 节,前翅芽色深,体长 2.7 ~ 2.8 mm。3 龄体呈长圆筒形,色泽加深,体上附有较厚的白色蜡质物,呈灰白色,略带绿色;触角 10 节,翅蚜发达,透明,淡褐色。

梧桐木虱的防治

1. 人工防治

9 月一直到第二年 3 月,气温低,用 65% 肥皂矿物油乳稀释至 8 倍液,喷布树干、枝条,这样消灭越冬成虫的卵。在 4 月若虫出现时,喷布 14 ~ 15 倍液防治效果显著。11 ~ 12月结合冬季修剪,除去树木多余侧枝,改善通风透光条件,减少第二年的发生危害。同时,选用石灰 15 kg、石硫合剂 1.5 kg、食盐 1 ~ 2 kg,配成白涂剂,涂抹树干,消灭越冬卵。

2. 喷布药物防治

3 ~ 8 月,树木进入生长期,梧桐木虱进入危害期,在大发生时可采取 10% 蚜虱净粉 2 000 ~ 2 500 倍液,或 2.5% 吡虫啉 1 000 倍液,或 1.8% 阿维菌素 2 500 ~ 3 000 倍液。或用 25% 敌百虫、马拉松 800 倍液喷射,或 80% 敌敌畏乳油 1 000 ~ 1 500 倍液喷雾。另外,可在危害期喷清水冲掉絮状物,可消灭许多若虫和成虫。

3. 保护天敌

在生产中,注意保护和利用寄生蜂,保护瓢虫、草蛉、食虫虻等天敌。

079 黄连木种子小蜂

黄连木种子小蜂,属纲膜翅目,广肩小蜂科,其幼虫危害果实,受害的黄连木果实,幼小时遇到不良天气容易变黑干枯脱落,造成黄连木种子减产或绝收。

黄连木种子小蜂的发生与危害

1. 黄连木种子小蜂的危害

黄连木种子小蜂主要危害部位是果实。成虫产卵于果实的内壁上,初孵幼虫取食果皮内壁和胚外海绵组织,稍大时咬破种皮,钻入胚内,取食胚乳和发育中的子叶,到幼虫老熟,可将子叶全部吃光。受害的黄连木果实,幼小时遇到不良天气容易变黑干枯脱落。

2. 黄连木种子小蜂的发生

黄连木种子小蜂在河南、河北等地 1 年发生 1 代,少数 2 年 1 代,以老熟幼虫在果实内越冬。第二年 4 月中旬开始化蛹;4 月下旬至 5 月初成虫开始羽化,5 月中、下旬为羽化盛期。成虫羽化后咬破果皮钻出果外,几秒之内便飞走,很少在果面上爬行。成虫白天在树冠外围飞舞活动、交尾、产卵,夜间在黄连木叶背面着落不动。当次日气温升至18 ℃时开始爬行,20 ℃时开始飞翔,大风、阴雨、低温很少活动。在产卵盛期如果阴雨连绵,对该虫发生不利。成虫交尾多在下午。交尾前雄虫用触角敲打雌虫触角,接触数次后开始交尾。成虫寿命7~12天,最长的达18天。成虫产卵初期一般在5月上旬,盛期在5月中、下旬,末期在6月中旬。群体产卵期一般在60天左右。产卵前期视温度而异,成虫发生早,此时温度低,则产卵前期长些;成虫发生晚的,此时温度较高,则产卵前期短些,最短也在1天以上。雌蜂产卵前先在果面上爬行,用触角敲打果面,选择产卵部位,85%~90%选在幼果缝线及其两侧,其余在心皮上。然后用产卵器将果壁刺穿,把卵产入果内。一般1果只产1粒卵,特殊情况下,1果多卵或最多的1果内达14粒卵。发生严重年份落卵的果达100%。单雌一生产卵1 032粒,卵期一般3~5天。幼虫孵出后,如果是多卵果,则先孵出的幼虫不是取食卵,就是互相残杀,直至1果内只剩下1个幼虫。幼虫分为5龄,在果内发育明显地分为3个阶段:缓慢生长阶段、迅速发育阶段和休眠阶段。在黄连木果实种胚膨大前,幼虫无论孵出早晚,均在内果皮与胚之间活动,取食果皮内壁和胚外海绵状组织,食量甚微,生长缓慢,一直处于1龄阶段,故称缓慢生长阶段。在这一阶段中,从产卵末期到幼虫蛀胚长达一两天。此阶段取食毫无危害。7月中旬开始当种胚膨大、子叶开始发育时,幼虫便咬破种皮,钻入胚内,取食胚乳和发育中的子叶,幼虫很快进入2龄,半个月左右,幼虫将子叶食光发育到5龄。此阶段称为迅速发育阶段。此期子叶被害即造成减产或绝收。子叶被取食一空之后,幼虫发育老熟,进入休眠阶段。9月以后虫果绝大部分落到地面,幼虫开始过冬。

黄连木种子小蜂的形态与特征

黄连木种子小蜂成虫雌虫体长2.9~4.6 mm,胸腹节及后腹部第一节黑色,后腹部两侧有黑斑,其余红褐色。足、触角柄节及梗节暗黄色,棒节色较浅;翅脉黄色;足关节末端及附节黄色,附节末端、爪及整基部褐色,垫端部黄色。头略宽于胸。触角长1.1~1.3 mm;梗节长大于宽,头、胸的刻点不深,覆盖有白毛。前胸横长方形,中胸纵沟明显,小盾片前窄后宽,长宽大致相等。腹短于胸,光滑,略侧扁,呈卵圆形;腹柄短小横形,两侧各有一刺状突起;第四腹节背板最长,略长于第三节,腹末仅微呈梨状;产卵器微突出。雄虫体长2.5~3.2 mm,体黑色。足黄色,后足腿节稍暗。卵乳白色。长椭圆形,长0.2 mm、宽0.1 mm,具丝状白色卵柄,柄与卵约等长。老熟幼虫两头尖、中间宽,体长4.2~4.9 mm。初孵时乳白色,老熟后黄白色。头极小,骨化;上颚发达,镰刀状,黄褐色。蛹长3.1~3.9 mm,胸宽1.1~1.5 mm,初期白至米黄色,羽化前眼由橘红变为红色,体为黄褐色。

黄连木种子小蜂的防治

1. 科学造林

黄连木生长期,由于天旱少雨,以及生长在土壤瘠薄的浅山、丘陵区,立地条件恶劣,生长较弱;造成林木生长不良,抗性降低,导致黄连种子小蜂发生猖獗。为此,加强树木的施肥、浇水管理。每年施肥2~3次,每次每棵施2.5~3.5 kg复合肥;浇水2~3次。提高黄连木抗病能力,减少病虫害的发生危害。

2. 林下清理虫源

暖冬气候有利于害虫的越冬，导致虫口密度居高；另外，黄连木多生长在立地条件差的丘陵山地，人工清理病虫果实难度很大，为黄连木积累了大量的虫源。所以，在冬季暖冬气候条件下，人工尽量清理林下杂草、果实，把清理的杂物集中烧毁；同时，12 月，对林下树盘进行深翻，对一些在树下土壤内越冬的害虫、蛹的环境进行破坏，减少存活量。

3. 保护天敌

近年来，随着化学农药的大量使用，在控制害虫的同时，大量的天敌被毒杀，致使天敌数量急剧减少。失去了天敌对害虫的有效控制，也是害虫发生严重的原因。天敌是杀死害虫的无影刀，一定要尽量保护天敌数量，减少化学农药的应用。

4. 科学采种

黄连木种子小蜂幼虫在果实中越冬。在种子成熟期，积极采收种子，尽可能采尽种子，杜绝越冬虫源。虫害严重的林地，入秋后或冬季深翻土地。在黄连木结果小年，将花序摘净，使黄连木种子小蜂失去寄主。果实采摘期应及时摘除黄连木虫果并碾碎，减少越冬量。

5. 喷布药物防治成虫

3 月中旬喷药，即黄连木萌芽前，用 5 波美度石硫合剂均匀喷布树体及周围的禾本科植物；同时消灭越冬炭疽病病菌和其他害虫。4 ~ 5 月初成虫开始羽化，在羽化期可施放敌敌畏烟剂，每亩用量 1.0 ~ 1.5 kg，连续放烟 2 ~ 3 次，间隔 7 ~ 10 天；也可用敌敌畏原液或稀释 5 倍的杀虫灵超低容量喷雾，每亩用药 1.5 ~ 2.3 kg，或用 80% 敌敌畏乳油 1 200 ~ 1 500 倍液或 20% 灭扫利乳油 3 500 ~ 5 000 倍液常规喷雾。在黄连木种子小蜂产卵末期至幼虫蛀胚前，可用 50% 久效磷乳油 100 倍液喷洒黄连木果穗；或 5 月上、中旬至 6 月上旬，对树冠喷雾，此时是黄连木种子小蜂成虫羽化的初盛期，每隔 10 天喷溴氰菊酯 1 000 ~ 1 200 倍液一次，连续喷 1 ~ 2 次；在幼虫 3 龄前喷苦参碱 1 000 倍液防治幼虫。黄连木种子小蜂的卵一般产在种皮内，孵化后直接侵入果实内部，一般喷药防治效果较差。只有抓住防治的关键时期，使用内吸性农药才有一定效果。

080 樟巢螟

樟巢螟，又名樟叶瘤丛螟，属鳞翅目，螟蛾科，其主要危害樟树、小胡椒树、枫杨树等，是樟树上的重要害虫之一，以幼虫取食樟树叶片，老熟幼虫具有吐丝缀合小枝与叶片，形成鸟巢样的虫巢的特性，所以叫樟巢螟。樟巢螟的危害，严重影响樟树生长和风景绿化效果。主要分布在河南、湖北、湖南等地。

樟巢螟的发生与危害

1. 樟巢螟的危害

樟巢螟主要危害部位是香樟树的叶片，以幼虫取食樟树叶片。受害轻时，香樟叶片残缺不全；受害严重时，整株叶片被吃光。樟巢螟 1 ~ 2 龄幼虫取食叶片，3 ~ 5 龄幼虫吐丝缀合小枝与叶片,形成鸟巢样的虫巢。特别注意的是,幼虫的危害状很特殊,常将新梢枝叶缀结在一起,连同丝、粪黏成一团,取食叶片危害,远看似鸟巢状。初孵幼虫取食卵壳,后群集危害啃食叶肉。1~2 龄时一边食叶,一边吐丝卷叶结成 10~20 cm 大小不一的虫巢。每巢用叶 3~10 片不等,幼虫深居巢内,巢由丝、虫粪、枝、叶合成,有丝结成的虫道,幼虫在虫道内栖息。受震时,纷纷吐丝离巢,悬空荡漾,或坠地逃逸。白天不动,傍晚取食,当巢边叶片食完后,则另找新叶建巢。9~10 月,幼虫落地入土结茧越冬。

2. 樟巢螟的发生

樟巢螟在河南平顶山、漯河地区 1 年发生 1~2 代,樟巢螟经历卵期、幼虫期、蛹期、成虫期,属全变态昆虫。幼虫表现有滞育现象,有趋光性。幼虫主要以 3、4 龄危害较重,且爬行相当灵活。樟巢螟以老熟幼虫入土结茧越冬,次年 4 月中、下旬化蛹,5 月中、下旬羽化。第 1 代从 5 月下旬到 7 月下旬,7 月上、中旬是危害盛期,8 月上旬幼虫老熟入土越冬。成虫夜间羽化,无趋光性,卵产于两叶相叠的叶片之间,幼虫 5 龄,初孵幼虫群集危害,取食叶片,仅剩表皮,肉眼极易识别。随虫体长大而分巢为害,每巢有虫 5~19 头,5 龄期巢内有长条状茧袋,每袋 1 条幼虫,昼伏夜出,行动敏捷,受害严重的树木满是虫巢。

樟巢螟的形态与特征

樟巢螟成虫体长 7~11 mm,翅展 21~29 mm,头部淡黄褐色,触角黑褐色,雄蛾微毛状基节后方混合淡白的黑褐色鳞片,下唇须外侧黑褐色,内侧白色,向上举弯曲超过头顶,末端尖锐。雄蛾胸腹部背面淡褐色,雌蛾黑褐色,腹面淡褐色。前翅基部暗黑褐色,内横线黑褐色,前翅前缘中部有一黑点,外横线曲折波浪形,沿中脉向外突出,尖形向后收缩,翅前缘 2/3 处有 1 乳头状肿瘤,外缘黑褐色,缘毛褐色,基部有一排黑点。后翅除外缘形成褐色带外,其余灰黄色。卵呈扁平圆形,直径 0.5~0.7 mm,中央有不规则的红斑,卵壳有点状纹。卵粒不规则堆叠一起成卵块。初孵幼虫灰黑色,2 龄后渐变棕色。老熟幼虫体长 21~39 mm,褐色,头部及前胸背板红褐色,体背有 1 条褐色宽带,其两侧各有 2 条黄褐色线,每节背面有细毛 6 根。茧长 11~13 mm,黄褐色,椭圆形。蛹体长 8~11 mm,红褐色或深棕色,腹节有刻点,腹末有钩刺 6 根。

樟巢螟的防治

1. 树冠喷药防治

7 月上旬至 9 月上、中旬,幼虫进入活动期,傍晚前后喷布 90% 的敌百虫 1 000~1 200 倍液,或 50% 的马拉硫磷或 80% 敌敌畏 1 000 倍液进行防治;幼虫发生初期喷洒 Bt 500~800 倍液,灭杀幼虫。

2. 树干注药防治

树干用药,2.5% 溴氰菊酯或 90% 的敌百虫水液,1∶1即可。

(1)打孔注药防治。在树体高大,缺水地方,采取打孔注药防治效果好。采用输液方法,只需在树体上打一小孔,注药速度控制到最小量,这样工效高,对树体影响小。孔的直径大注药速度快,工效高,但孔口难愈合;孔的直径小,注药速度慢,工效低,但孔口愈合快,对树体影响小。所以,注意打孔的直径不宜超过 0.7 cm,以多打几个 0.5 cm 的小孔为宜,这对树体影响小,且药液分布均匀。

(2)树干涂药防治。树干涂药防治工效比打孔注药快。涂药的用量可为打孔注药的1.5倍,施药后用薄膜包扎保湿。实施中发现,少数施药部位的树皮有增生现象,但对树体生长无影响。

3. 人工防治

4~7月树木进入生长期,同时也是樟巢螟的发生期。4~5龄期虫巢已形成,可用80%"敌敌畏"1 000倍液,用高压喷头专喷虫巢防治附近的叶片;虫巢不多时可用高枝剪人工剪除虫巢。11~12月,在入冬后,结合施肥深翻树冠下土壤,冻死土中越冬结茧的幼虫或蛹;人工摘除幼虫是综合防治的重要环节,幼虫在1~2龄期,受害小树及大树的下部,可以采用人工摘除虫叶灭杀幼虫;或人工及时摘除树干上的虫巢,集中烧毁老熟幼虫。

4. 黑光灯诱杀防治

利用樟巢螟成虫具有趋光性的特性,用黑光灯诱杀成虫效果显著,每亩挂1~2个黑光灯诱杀即可。

5. 保护天敌

利用和保护天敌甲腹茧蜂等,在5~6月上、中旬,不喷药,利用冬春挖出的虫茧放沙笼内收集甲腹茧蜂,并适时放回树上,消灭樟巢螟,减少来年发生量,防治效果良好。

081 霜天蛾

霜天蛾,又名泡桐灰天蛾,俗称梧桐天蛾、灰翅天蛾等,属鳞翅目,天蛾科。主要危害白蜡、金叶女贞和泡桐;同时危害丁香、悬铃木、柳、梧桐、杨树、泡桐等多种林木。霜天蛾,主要集中在6~9月林木生长期危害,呈交替、重叠发生,危害叶片和枝干。幼虫危害植物叶片表皮,使受害叶片出现缺刻、孔洞,危害严重时将全叶吃光。主要分布在河南、湖南、河北、湖北、山东、山西等地。

霜天蛾的发生与危害

1. 霜天蛾的危害

霜天蛾主要危害部位是叶片和枝干。其以幼虫孵出后,多在清晨取食危害叶片,白天潜伏在阴处;幼虫先啃食叶表皮,随后蚕食叶片,咬成大的缺刻和孔洞,甚至将全叶吃光。夏季,以6~7月危害严重,受害严重的树木下的地面和叶片可见大量虫粪,虫粪呈多棱形。

2. 霜天蛾的发生

霜天蛾在河南、河北等地区1年发生1~3代,以蛹在土室过冬;成虫散产卵于寄主叶部,每处一粒。成虫6~7月间出现,白天隐藏于树干、树丛、枝叶、杂草、房屋等暗处,黄昏飞出活动,交尾、产卵在夜间进行。成虫的飞翔能力强,并具有较强的趋光性。卵多散产于叶背面,卵期10天。幼虫孵出后,多在清晨取食,白天潜伏在阴处,先啃食叶表皮,随后蚕食叶片,咬成大的缺刻和孔洞,甚至将全叶吃光,以6~7月间危害严重,地面和叶片可见大量虫粪。10月后,老熟幼虫入土化蛹越冬。

霜天蛾的形态与特征

霜天蛾成虫翅长 44 ~ 67 mm；胸部背板两侧及后缘有黑色纵条及黑斑一对；腹部背线棕黑色，其两侧有棕色纵带；前翅灰褐色，中线棕黑色，呈双行波状；后翅棕色。老熟幼虫体长 74 ~ 97 mm，头部椭圆形，淡绿色；身体黄绿色，前胸背板上有 7 ~ 8 排横列的白色颗粒。蛹长 49 ~ 52 mm，为红褐色。幼虫绿色，体长 74 ~ 97 mm，头部淡绿，胸部绿色，背有横排列的白色颗粒 8 ~ 9 排；腹部黄绿色，体侧有白色斜带 7 条；尾角褐绿，上面有紫褐色颗粒，长 12 ~ 13 mm，气门黑色，胸足黄褐色，腹足绿色。卵灰白色，多散产于叶背面，卵期 10 天。

霜天蛾的防治

1. 人工防治

11 ~ 12 月，进入冬季，树木落叶，做好冬季翻土，杀死越冬虫蛹。6 ~ 8 月，在树木生长期根据地面和叶片的虫粪、碎片，人工捕杀幼虫。

2. 杀虫灯诱杀成虫防治

霜天蛾成虫具有趋光性的特性，用黑光灯诱杀成虫效果显著，每亩挂 1 ~ 2 个黑光灯诱杀即可。

3. 树冠喷药防治

6 ~ 8 月林木进入生长期，可用 80% 敌敌畏乳油 800 倍液或 50% 杀螟松乳油 800 倍液杀灭成虫；用 Bt 乳剂 800 倍液或 50% 杀螟松乳油 800 倍液杀灭霜天蛾成虫；可使用 Bt 可湿性粉剂 1 000 倍液，或 25% 灭幼脲 2 000 ~ 2 500 倍液，或 2.5% 溴氰菊酯 2 000 ~ 3 000 倍液等灭杀幼虫，防治效果显著。

4. 保护天敌

在林间尽量保护螳螂、胡蜂、茧蜂、益鸟等天敌。

082 蝼蛄

蝼蛄，俗称拉拉蛄、土狗子等，又名耕狗、拉拉蛄、扒扒狗、土狗崽、蠹蚍、地拉蛄，属直翅目，蝼蛄科，为地下昆虫，严重影响林木生长。主要分布在河南、河北、山东、山西、四川等大部分地区。

蝼蛄的发生与危害

1. 蝼蛄的危害

蝼蛄若虫危害植物地下根部；同时，成虫危害银杏树、桑树等幼树枝干，受害轻时枝干树皮残缺不全，树势衰弱；受害严重时，树皮呈光棍，树木逐渐干枯死亡，严重影响林木生长。

2. 蝼蛄的发生

蝼蛄在河南、山东等地3年一代。蝼蛄为不完全变态，完成一世代需要3年左右。以成虫或较大的若虫在土穴内越冬，第二年4～5月开始活动，并危害玉米和其他作物的幼苗。若虫逐渐长大变为成虫，继续危害玉米。越冬成虫从6月中旬开始产卵。7月初孵化，初孵化幼虫有聚集性，3龄分散危害，到秋季达8～9龄，深入土中越冬。第二年春越冬若虫恢复活动继续危害，到秋季达12～13龄后入土越冬。第三年春又活动危害。夏季若虫发育为成虫，以成虫越冬。

蝼蛄的形态与特征

蝼蛄的触角短于体长，前足宽阔粗壮，适于挖掘。为地下昆虫，体小型至大型，其中以短腹蝼蛄此类昆虫身体梭形，前足为特殊的开掘足，雌性缺产卵器，雄性外生殖器结构简单，雌雄可通过翅脉识别，雄性覆翅具发声结构。蝼蛄前足胫节末端形同掌状，具4齿，跄节3节。前足胫节基部内侧有裂缝状的听器。中足无变化，为一般的步行式后足，脚节不发达。覆翅短小，后翅膜质，扇形，广而柔。尾须长。雌虫产卵器不外露，在土中挖穴产卵，卵数可达200～400粒，产卵后雌虫有保护卵的习性。刚孵出的若虫，由母虫抚育，至1龄后始离母虫远去。下面介绍几种蝼蛄。

1. 华北蝼蛄

成虫体长35～54 mm，黄褐色（雌大雄小），腹部色较浅，全身被褐色细毛，头暗褐色，前胸背板中央有一暗红斑点，前翅长13～15 mm，覆盖腹部不到一半；后翅长39～34 mm，附于前翅之下。前足为开掘足，后足胫节背面内侧有0～2个刺，多为1个。华北蝼蛄的卵呈椭圆形，比非洲蝼蛄的小，初产下时长1.5～1.7 mm、宽1.1～1.3 mm，以后逐渐肥大，孵化前长2.0～2.8 mm、宽1.5～1.7 mm。卵色较浅，初产下时乳白色、有光泽，以后变为黄褐色，孵化前呈暗灰色；若虫初孵化出来时，头胸特别细，腹部很肥大，行动迟缓；全身乳白色，复眼淡红色，约半小时后腹部颜色由乳白变浅黄，再变土黄逐渐加深，脱一次皮后，变为浅黄褐色，以后每脱一次皮，颜色加深一些，5～6龄以后就接近成虫颜色。初龄若虫体长3.5～4.0 mm，末龄若虫体长36～40 mm。

2. 东方蝼蛄

成虫体型较华北蝼蛄小30～35 mm（雌大雄小），灰褐色，全身生有细毛，头暗褐色，前翅灰褐色，长约12 mm覆盖腹部达一半；后翅长25～28 mm，超过腹部末端。前足为开掘足，后足胫节背后内侧有3～4个刺。

3. 非洲蝼蛄

成虫非洲蝼蛄的成虫，身体比较细瘦短小，体长30～35 mm，前胸阔6～8 mm。体色较深，呈灰褐色，腹部颜色也较其他部位浅，全身同样密生细毛。头圆锥形，触角丝状。从背面看，前胸背板呈卵圆形，中央的暗红色长心脏形斑凹陷明显，长4～5 mm。前翅灰褐色，长12 mm左右，覆盖腹部达一半。前足也特化为开掘足，但比华北蝼蛄小。前足腿节内侧外缘缺刻不明显，后足胫节背面内侧有棘3～4个。腹部末端近纺锤形。卵同样呈椭圆形，但较大，初产下时长2.02～4 mm、宽1.4 ～1.6 mm；孵化前长3.0～3.2 mm、宽1.8～ 2.0 mm。卵色较深，初产下时为黄白色有光泽，以后变为黄褐色，孵化前呈暗紫色。

若虫初孵化出来时，同样是头胸特别细，腹部很肥大，行动迟缓；全身乳白色，腹部淡红色，多半天以后，从腹部到胸、头、足逐渐变成浅灰褐色，2、3 龄以后，接近成虫颜色。初龄若虫体长 2～3mm 左右，末龄若虫体长 24～28 mm。

蝼蛄的防治

1. 药物防治

拌种可用 50% 辛硫磷，或 50% 对硫磷乳油，药剂量为种子量的 0.1%～0.2%，并用种子重量 10%～20% 的水均匀地喷拌在种子上，闷种 5～12 分钟再播种。

2. 毒土、毒饵毒杀法

每 6 亩用上述拌种药剂 250～300 mL，对水稀释 1 000 倍左右，拌细土 25～30 kg 制成毒土，或用辛硫磷颗粒剂拌土，每隔数米挖一坑，坑内放入毒土再覆盖好。也可用炒好的谷子、麦麸、谷糠等，制成毒饵，于苗期撒施田间进行诱杀，并要及时清理死虫。

3. 灯光诱杀防治

蝼蛄有趋光性，在 5～6 月，每亩林木林地可设黑光灯诱杀 1～2 个，诱杀成虫。每晚可捕杀蝼蛄 5～230 头，在天气闷热、无月光、无风的夜晚诱杀效果更好。

4. 土壤处理防治

整地前用 5% 森得宝颗粒均匀撒施地面，随即翻耙使药剂均匀分散于耕作层，既能触杀地下害虫，又能兼治其他潜伏在土中的害虫。毒土法：20% 的涕灭威颗粒剂每平方米 30 g，拌入 100 倍的细土中，或用 5% 的辛硫磷颗粒剂每平方米 2～5 g，拌细土 100 倍，搅拌均匀，于播种时撒于播种沟，具有杀灭蝼蛄和保护种子的双重作用。药剂灌施：可用 90% 晶体敌百虫 800 倍液 8～10 天浇灌 1 次，连续灌 2～3 次。由于灌施用药量大，对土壤污染严重，仅限于在危害特别严重的地块施用。

5. 喷药防治

对幼虫进行喷雾防治，最好于低龄期进行，药剂应选择高效、低毒、对环境友好的品种，同时避免单一药剂的长期使用，以延缓害虫的抗药性。蝼蛄成虫盛发期，喷洒 50% 辛硫磷乳油 400 倍液、25% 敌杀死乳油 1 000 倍液、40.7% 乐斯本乳油 1 000 倍液，有明显的防治效果。可用森得宝 1 kg 兑水 2 kg，拌沙或细土 20～25 kg，制成毒土，傍晚撒在银杏树、桑树根附近，效果较好。

083 苹掌舟蛾

苹掌舟蛾，又名舟形毛虫、苹果天社蛾、黑纹天社蛾、举尾毛虫、举肢毛虫等，属鳞翅目，舟蛾科。老熟幼虫受到惊吓后，其头部与尾部同时翘起，像一条龙舟一样。是苹果树的重要食叶害虫之一，同时危害苹果、梨、杏、桃、李、梅、樱桃、山楂、海棠、沙果等树种。受害果树表现为叶片残缺不全，或仅剩叶脉，严重发生时可将全树叶片食光，造成当年二次开花，二次开花是无效花，不能结果，不但造成当年树势衰弱，更影响第二年产量和树势健康生长。主要分布在河南、北京、黑龙江、吉林、辽宁、河北、山东、山西、陕西、四川、广东、云南、湖南、湖北、安徽、江苏、浙江、福建等地。

苹掌舟蛾的发生与危害

1. 苹掌舟蛾的危害

苹掌舟蛾主要危害果树的叶片。幼龄幼虫群集叶面啃食叶肉,受害后的叶片仅剩表皮和叶脉,或呈网状,幼虫稍大即能咬食全叶,致使叶片仅留下叶柄;严重时,幼虫常把整株树叶片全部吃光,呈夏树冬景状。幼虫危害特点是早晚及夜间取食,白天不活动。白天静止时,群集一起的幼虫沿叶缘整齐排列,当受到惊吓后,头、尾上翘形似小舟,当受惊动大时即吐丝下垂。7 月下旬至 9 月上旬为其危害期,9 月下旬化蛹入土越冬。

2. 苹掌舟蛾的发生

苹掌舟蛾在河南平顶山市、漯河市 1 年发生 1 代,以蛹在寄主根部或附近土中越冬。在树干周围半径0.5 ~1.2 m、深度4 ~8 cm 处数量最多。成虫最早在第二年6 月中、下旬出现,7 月中、下旬羽化最多,一直可延续至 8 月上、中旬。成虫多在夜间羽化,以雨后的黎明羽化最多。白天隐藏在树冠内或杂草丛中,夜间活动,趋光性强。羽化后数小时至数日后交尾,交尾后 1 ~3 天产卵。卵产在叶背面,常数十粒或百余粒集成卵块,排列整齐。卵期 6 ~13 天。幼虫孵化后先群居叶片背面,头向叶缘排列成行,由叶缘向内蚕食叶肉,仅剩叶脉和下表皮。初龄幼虫受惊后成群吐丝下垂。幼虫的群集、分散、转移常因寄主叶片的大小而异。危害梅叶时转移频繁,在 3 龄时即开始分散;危害苹果、杏叶时,幼虫在 4 龄或 5 龄时才开始分散。幼虫白天停息在叶柄或小枝上,早晚取食。幼虫的食量随龄期的增大而增加,达 4 龄以后,食量剧增。幼虫期平均为 31 天左右,8 月中、下旬为发生危害盛期,9 月上、中旬老熟幼虫沿树干下爬,入土化蛹。

苹掌舟蛾的形态与特征

苹掌舟蛾成虫体长 22 ~25 mm,翅展 49 ~52 mm,头胸部淡黄白色,腹背雄虫残黄褐色,雌蛾土黄色,末端均淡黄色,复眼黑色球形。触角黄褐色,丝状,雌触角背面白色,雄各节两侧均有微黄色绒毛。前翅银白色,在近基部生 1 长圆形斑,外缘有 6 个椭圆形斑,横列成带状,各斑内端灰黑色,外端茶褐色,中间有黄色弧线隔开;翅中部有淡黄色波浪状线 4 条;顶角上具两个不明显的小黑点。后翅浅黄白色,近外缘处生 1 褐色横带,有些雌虫消失或不明显。卵球形,直径0.9 ~1.0 mm,初淡绿,后变灰色。幼虫 5 龄,末龄幼虫体长 49 ~54 mm,被灰黄长毛。头、前胸盾、臀板均黑色。胴部紫黑色,背线和气门线及胸足黑色,亚背线与气门上、下线紫红色。体侧气门线上下生有多个淡黄色的长毛簇。蛹长 20 ~23 m,暗红褐色至黑紫色。中胸背板后缘具 9 个缺刻,腹部末节背板光滑,前缘具 7 个缺刻,腹末有臀棘 6 根,中间 2 根较大,外侧 2 个常消失。

苹掌舟蛾的防治

1. 人工防治

冬季清扫果园防治。在 11 月上旬至第二年 2 月下旬,对果园及时进行冬季清扫,把果园内的杂草、落叶、落果、枯枝集中运出果园烧毁或深埋;结合修剪清除粘叶为害、结茧的幼虫,集中销毁等;可杀灭多种在杂物中越冬的病虫害卵、虫等,会减少来年的病虫害发生。同时,苹掌舟蛾越冬的蛹较为集中,春季结合果园耕作,刨树盘将蛹翻出;在7月中、下旬至8月上旬,幼虫尚未分散之前,巡回检查,及时剪除群居幼虫的枝和叶;幼虫扩散后,利用其受惊吐丝下垂的习性,振动有虫树枝,收集消灭落地幼虫。

2. 生物防治

7月中、下旬,在卵发生期,即7月中、下旬释放松毛虫、赤眼蜂灭卵,效果好。卵被寄生率可达95%以上,单卵蜂是5~9头,平均为5.9头。此外,也可在幼虫期喷洒每克含300亿孢子的青虫菌粉剂1 000倍液。

3. 黑光杀虫灯诱杀防治

在成虫发生期,用黑光灯诱杀,集中销毁。苹掌舟蛾成虫具有趋光性,利用成虫具较强的趋光性,挂黑光杀虫灯诱杀成虫,每亩挂诱杀灯1~2个即可,减少成虫和幼虫危害。

4. 药剂防治

喷布药剂,主要喷布48%乐斯本乳油1 500倍液,或40%乙酰甲胺磷乳油1 000倍液,或90%敌百虫晶体800倍液,或50%杀螟松乳油1 000倍液。发生严重的果园,在幼虫分散为害之前喷洒青虫菌悬浮液1 000~1 500倍液,防治效果可达94%~100%;在低龄幼虫发生期喷布使用25%灭幼脲3号悬浮剂1 000~2 000倍液,防治效果达86.1%~93.3%,但作用效果缓慢,到蜕皮时才表现出较高的死亡率。或用50%敌敌畏1 000倍液或25%灭幼脲悬浮剂1 500~2 500倍液灭杀;或用1.2%烟参碱乳油1 000倍液,或1.8%阿维菌素2 000~3 000倍液,每隔10天喷1次,连续喷3次即可。

5. 树干涂白防治

1~2月,用水10份、生石灰3份、石硫合剂原液0.5份、食盐0.5份、油脂(动植物油均可)0.5份放入大容器中搅拌均匀,制成石灰液对树干涂白,涂白时可用刷子均匀地把药剂刷在主干和主枝的基部,这样可杀死在树干皮缝内越冬的虫、卵、蛹及病菌等,以减少对来年的危害。

6. 施基肥,提高对虫害抵抗力

8~9月下旬,及时给果树施入基肥,可增加树体冬季养分的储备量、提高坐果率,防止第二年秋季“二次开花”。果树第二年的开花、结果、生长全靠上一年的养分积累,而上一年的养分积累在基肥。4年生以上果树每棵应施80~100 kg的农家腐熟肥料,施肥应在树冠投影下,环绕树冠一周开挖深30~40 cm、宽20~25 cm的施肥沟,肥料施入后覆土填平即可。秋季施基肥的好处:因秋季土温高、墒情好,施入土壤中的肥料分解快,根系易吸收,树体在冬季储备大量养分,不但提高果树越冬抗寒的能力,还为第二年的开花结果生长提供了足够的养分保证,提高对病虫害的抵抗力。试验证明,在同等管理条件下,秋季施入基肥比春季施入基肥,果树产量可提高10%以上,减少虫害发生率39%。

084 黄褐天幕毛虫

黄褐天幕,属鳞翅目,枯叶蛾科。因卵椭圆形,灰白色,高约1.3 mm,顶部中央凹下,卵壳非常坚硬，常数百粒卵围绕枝条排成圆桶状，非常整齐，形似顶针状或指环状。正因为这个特征，黄褐天幕毛虫又名“顶针虫”，是林木果树的主要害虫之一。其主要危害李树、杏树、梅树、梨树、核桃、杨、榆、栎类等林木果树，严重影响林木果树的生长和产量。主要分布在河南、山东、河北、黑龙江、内蒙古，福建、江西、湖南、贵州、云南、青海、甘肃、四川等地。

黄褐天幕毛虫的发生与危害

1. 黄褐天幕毛虫的危害

黄褐天幕毛虫主要危害部位是林木果树的叶片。以幼龄幼虫群集在卵块附近小枝上取食嫩叶，吐丝结网，网呈天幕状。发生危害轻时，树木枝叶残缺不全；发生危害严重时，可将被害树木叶片全部吃光，幼树枯死。

2. 黄褐天幕毛虫的发生

黄褐天幕毛虫在河南、山东、内蒙古等地 1 年发生 1 代，以卵越冬，卵内已经是没有出壳的小幼虫。第二年 5 月上旬当树木发叶时便开始钻出卵壳，危害新生嫩叶，以后又转移到枝杈处吐丝张网。1 ~4 龄幼虫白天群集在网幕中，晚间出来取食叶片。幼虫近老熟时分散活动，此时幼虫食量大增，容易暴发成灾。即在 5 月下旬 6 月上旬是危害盛期，同期开始陆续老熟后于叶间杂草丛中结茧化蛹。7 月为成虫盛发期，羽化成虫晚间活动，成虫羽化后即可交尾产卵，产卵于当年生小枝上。每一雌蛾一般产一个卵块，每个卵块量为 145 ~519 粒，也有部分雌蛾产 2 个卵块。在内蒙古大兴安岭林区主要集中产卵于柳树枝条上，每一丛柳树上卵块数高达 72 ~75 块。幼虫胚胎发育完成后不出卵壳即越冬。

黄褐天幕毛虫的形态与特征

黄褐天幕毛虫成虫雄虫体长 14 ~15 mm，翅展 23 ~31 mm，全体淡黄色，前翅中央有两条深褐色的细横线，两线间的部分色较深，呈褐色宽带，缘毛褐灰色相间；雌成虫体长约 20 mm，翅展 28 ~37 mm，体翅褐黄色，腹部色较深，前翅中央有一条镶有米黄色细边的赤褐色宽横带。卵椭圆形，灰白色，高约 1.3 mm，顶部中央凹下，卵壳非常坚硬，常数百粒卵围绕枝条排成圆桶状，非常整齐，形似顶针状或指环状。幼虫共 5 龄，老熟幼虫体长 49 ~54 mm，头部灰蓝色，顶部有两个黑色的圆斑。体侧有鲜艳的蓝灰色、黄色和黑色的横带，体背线为白色，亚背线橙黄色，气门黑色。体背生黑色的长毛，侧面生淡褐色长毛。蛹体长 14 ~24 mm，黄褐色或黑褐色，体表有金黄色细毛。茧黄白色，呈棱形，双层，一般结于阔叶树的叶片正面、草叶正面或杂草簇中。

黄褐天幕毛虫的防治

1. 灯光诱杀防治

7 月上旬到中旬为黄褐天幕毛虫化蛹时期，成虫出现后，每亩可以挂黑光灯或频振灯 1 ~2 个，诱杀黄褐天幕毛虫成虫。

2. 人工采卵法

8 ~9 月人工剪除卵环，或在卵期可以发动人员采集黄褐天幕毛虫的卵，因为黄褐天幕毛虫是一种喜阳的昆虫,一般林缘的阔叶林、灌木林虫口密度高于针叶林或针阔混交林,在阔叶林也是林缘虫口密度高于林内。且卵块在树枝的枝头上非常明显,采集起来也较容易。

3. 喷布药物防治

天幕毛虫 1 ~ 3 龄幼虫具有群居的习性,5 月中旬至 6 月上旬为黄褐天幕毛虫幼虫期,可以利用生物农药或仿生农药喷布防治,采用 1.2% 苦 · 烟乳油稀释 800 ~ 1 000 倍液进行喷雾防治,或用 Bt 可湿性粉剂 300 ~ 500 倍液、灭幼脲 3 号 2 000 倍液和阿维菌素 6 000 ~ 8 000 倍液等喷雾进行防治,可以控制虫口密度,降低种群数量,减轻危害程度。

085 美国白蛾

美国白蛾,又名美国灯蛾、秋幕毛虫、秋幕蛾,属鳞翅目,灯蛾科,白蛾属。主要危害果树、行道树和观赏树木,尤其以阔叶树为重。对园林树木、经济林、农田防护林等造成严重的危害,主要危害林木植物白蜡树、杨树、法桐、复叶槭树等 300 余种;是一种举世瞩目的世界检疫性害虫,中国政府公布的第 2 号林业检疫性有害生物,被列入我国首批外来入侵物种。主要分布在河南、山东、辽宁、河北、北京、天津、陕西、吉林等地。

美国白蛾的发生与危害

1. 美国白蛾的危害

美国白蛾主要危害林木的叶片,以幼虫群居取食,吐丝结网形成网幕危害,此后破网分散危害。危害轻时,林木叶片残缺不全;危害严重时,林木叶片仅剩叶脉。

2. 美国白蛾的发生

美国白蛾在河南、山东、河北 1 年发生 3 代,食性杂,食量大,繁殖力强,适应性广,传播途径多,难防控,易暴发,危害森林植物 300 余种,一对成虫的繁殖量为 3 万 ~ 2 亿头。

美国白蛾的形态与特征

美国白蛾成虫白色,雄蛾触角双栉状,前翅上有褐色斑点;雌蛾触角锯齿状,前翅纯白色。成虫前足基节及腿节端部为橘黄色,颈节及跗节大部分为黑色。老熟幼虫头黑色、具光泽,体色为黄绿至灰黑色,背部有 1 条黑色或深褐色宽纵带,混杂有黑色或棕色长毛。卵球形,根据头部色泽分为红头型和黑头型两类。蛹长纺锥形,呈褐色,由稀疏的丝混杂幼虫体毛组成。

美国白蛾的防治

1. 人工防治

5 ~ 8 月,在美国白蛾幼虫期,人工及早剪除网幕,然后集中杀死。发现网幕用高枝剪将网幕连同小枝一起剪下。剪下的网幕必须立即集中烧毁或深埋,散落在地上的幼虫应立即杀死。

2. 喷药防治

在美国白蛾各代幼虫期，对不宜进行飞机防治的区域开展人工地面喷雾防治。使用阿维·灭幼脲、除虫脲、苦参碱、苯氧威等进行喷雾防治。防治时间为龄前幼虫期，用 Bt 喷施，或用 1.2% 烟参碱乳油 1 000 ~ 2 000 倍液、25% 灭幼脲 3 号胶悬剂 4 000 ~ 5 000 倍液喷雾。

3. 喷烟防治

5 ~ 8 月，在美国白蛾幼虫期，对郁闭度较好的片林，在幼虫未破网前喷烟防治。时间应选在早晨或傍晚无风的天气进行，最好在早 6 时至 8 时或晚 17 时至 19 时实施烟雾机喷烟防治。

4. 挂杀虫灯诱杀防治

4 ~ 8 月，在美国白蛾羽化成虫期，林地悬挂杀虫灯诱杀。每亩挂 1 ~ 2 个杀虫灯，悬挂间隔一般以 50 ~ 100 m 为宜，挂灯处要求无高大障碍物，每天晚 17 时至次日早 5 时开灯诱杀。

5. 生物防治

6 ~ 8 月，在老熟幼虫期，林间释放周氏啮小蜂进行防治。按 1 头白蛾幼虫释放 3 ~ 5 头周氏啮小蜂的放虫量，选择无风或微风天气于上午 10 时至下午 5 时之间放蜂进行生物防治。放蜂时，将茧悬挂在离地面 2 ~ 3 m 处的枝干上。

086 杨二尾舟蛾

杨二尾舟蛾，又名杨双尾天社蛾、杨双尾舟蛾，属舟蛾科，二尾舟蛾属，为杨树食叶害虫。主要以幼虫危害杨树、柳树等林木叶片，幼虫密度高时，林木叶片被食光，呈夏树冬景。主要分布在河南、河北、山西、山东、辽宁、安徽等地。

杨二尾舟蛾的发生与危害

1. 杨二尾舟蛾的危害

杨二尾舟蛾主要危害杨树的叶片。6 ~ 9 月，杨二尾舟蛾的初孵幼虫危害其孵化前产卵附近的新生叶片。4 龄幼虫以后新生幼虫开始分散危害取食叶片，幼虫密度高，受害轻时，叶片残缺不全；受害严重时，叶片被食光。

2. 杨二尾舟蛾的发生

杨二尾舟蛾在河南、山东等地 1 年 2 代。以幼虫吐丝结茧化蛹越冬。第 1 代成虫 5 月中、下旬出现，幼虫 6 月上旬危害；第 2 代成虫 7 月上、中旬，幼虫 7 月下旬至 8 月初发生。每雌产卵在 130 ~ 400 粒。卵散产于叶面上，每叶 1 ~ 3 粒。初产时暗绿色，渐变为赤褐色。初孵幼虫体黑色，老熟后成紫褐色或绿褐色，体较透明。幼虫活泼，受惊时尾突翻出红色管状物，并左右摆动。老熟幼虫爬至树干基部，咬破树皮和木质部吐丝结成坚实硬茧，紧贴树干，其颜色与树皮相近。成虫有趋光性。

杨二尾舟蛾的形态与特征

杨二尾舟蛾成虫体长 28～30 mm，翅展 75～80 mm，全体灰白色。前、后翅脉纹黑色或褐色，上有整齐的黑点和黑波纹，纹内有 8 个黑点。后翅白色，外缘有 7 个黑点。卵赤褐色，馒头形，直径 2～3 mm，幼虫体长 49～51 mm，前胸背板大而坚硬，后胸背面有角形肉瘤；老熟幼虫头部呈褐色，两颊具黑斑，体部呈叶绿色。蛹赤褐色，长 24～26 mm，体有颗粒状突起，尾端钝圆。茧灰黑色，椭圆形，坚实，上端有 1 胶质密封羽化孔。

杨二尾舟蛾的防治

1. 人工防治

11～12 月，在越冬期，人工破坏蛹的越冬场所或直接杀死蛹。同时，加强林木林下管理，人工翻耕土壤灭蛹，清理林下落叶、杂草等，集中烧毁。另外，在 6～9 月，杨树生长期，大部分舟蛾幼虫初龄阶段有群集性，可将虫枝剪下或震落消灭，或幼虫 3 龄前人工摘除虫苞。

2. 喷药防治

6～9 月，杨树生长期，在低龄幼虫期，尤其是幼虫 3 龄期前喷施生物农药和病毒防治。用 1 亿～2 亿孢子/mL 的青虫菌、灭幼脲 3 号 1 500 倍液、除虫脲 6 000～8 000 倍液、5% 卡死克乳油 1 500～2 000 倍液、3% 苯氧威乳油 6 000 倍液、1.8% 阿维菌素 6 000～7 000倍液或者 40% 乐斯本 1 000～1 500 倍液喷洒；或用 20% 氰戊菊酯 1 500 倍液、5.7% 甲维盐 2 000 倍液组合喷杀幼虫，可连用 1～2 次，间隔 7～10 天，地面喷雾。

3. 保护和利用天敌

幼虫期天敌有绒茧峰，预蛹期天敌有啄木鸟，蛹期天敌有金小蜂。

4. 黑光灯诱杀防治

6～9 月，利用成虫的趋光性，可在成虫盛发期每亩设置 1～2 个黑光灯诱杀成虫。

5. 树干打孔注药防治

发生严重时，对于喷药困难的高大树体，利用打孔注药机在树胸径处不同方向打 3～4 个孔，注入 20% 速灭杀丁或 5% 高效氯氰菊酯 200～300 倍液，用药量为 2～4 mL/10 cm 胸径，原药或 1 倍稀释液，注药后注意用黄泥封好注药口。

087 杨毒蛾

杨毒蛾，又名杨雪毒蛾，属鳞翅目，毒蛾科，是杨树、柳白桦、榛子树等主要食叶害虫之一。主要以幼虫食害叶片，发生严重时可将树叶吃光。影响树木生长，甚至导致幼树死亡。主要分布在河南、山东、北京、河北、山西、内蒙古、东北、江苏、湖南、陕西、青海、新疆等地。

杨毒蛾的发生与危害

1. 杨毒蛾的危害

杨毒蛾主要危害部位是林木叶片。主要危害杨树,也危害白桦及棒子。危害状:小幼虫多于嫩梢取食叶肉,留下叶脉;4 龄以后取食整个叶片,发生危害轻时,叶片呈孔洞,严重时将全株叶片食光,形如火烧状。杨树叶片被吃光后,造成当年二次发芽,严重影响了杨树的生长发育。

2. 杨毒蛾的发生

在河南、山东、华北、华东、西北等地 1 年发生 1 ~2 代,以 2 ~4 龄幼虫在枯枝落叶下、树皮裂逢内、树干裂缝、树洞和枯枝落叶层中越冬;第二年 4 ~5 月上旬,杨树、柳树展叶时上树危害。杨毒蛾幼虫在夜间活动,但当早春夜间过于寒冷时,白天也外出取食。幼虫危害时常常吐丝拉网隐蔽。幼虫 5 龄,6 月上旬开始老熟。杨毒蛾幼虫在树洞或土内化蛹,6 月中旬开始羽化。卵产在树叶或枝干上,成块,上被一层雌蛾性腺分泌物。初孵幼虫发育慢,并能吐丝悬垂被风吹动。8 月下旬至 9 月上旬,幼虫开始下树,导找隐蔽处越冬。成虫有趋光性。杨柳干基萌芽条及覆盖物多,杨毒蛾发生重。或 10 月上旬进入越冬场所。7 月上旬至 8 月上旬为一代幼虫期,也是发生危害最严重的时期。晚上上树取食,白天下树隐蔽是该虫的显著习性。

杨毒蛾的形态与特征

杨毒蛾成虫雄虫翅展 35 ~42 mm,雌虫 48 ~53 mm,体翅均白色。翅有光泽,不透明。触角干黑色,有白色或灰白色环节;下唇须黑色。足黑色,胫节和跗节有白环。卵馒头形,灰褐色至黑褐色,卵块上被灰色泡沫状物。老熟幼虫体长 30 ~51 mm;头棕色,有 2 个黑斑,刚毛棕色;体黑褐色,亚背线橙棕色,其上密布黑点;第 1、2、6、7 腹节上有黑色横带,将亚背线隔断,气门上线和下线黄棕色有黑斑;腹面暗棕色;瘤蓝黑色有棕色刚毛;足均为棕色;翻缩腺浅红棕色。蛹长 20 ~24 mm,棕黑色有棕黄色刚毛,表面粗糙。

杨毒蛾的防治

1. 冬季防治

8 ~9 月,越冬幼虫下树越冬前,用茅草或麦草或杂草,在树干基部捆扎 20 ~30 cm 宽的草把,第二年 2 ~3 月轻轻取下草把,并检查幼虫量后和在其中越冬的幼虫一并烧毁。若幼虫密度超过 100 ~120 头/株,就要计划做好新年管理药剂防治,另外在杨毒蛾群集时期及时清除。

2. 喷布药物防治

3 ~4 月上旬,在树干上喷施 2.5% 敌杀死、20% 速灭杀丁或 5% 高效氯氰菊酯 2 000 ~8 000 倍液,阻杀上树幼虫,防治效果可达 85% 以上。大面积杨树林地或杨树片林可在 4 月中、下旬用敌马烟剂或敌敌畏烟剂防治,每亩按照 12 kg 药量,在上午 9 时或下午 4 时采取林间防烟即可。4 ~5 月,低龄幼虫发生期,用青虫菌液或灭幼脲 3 号 1 500 ~2 000 倍液喷雾,或喷施 Bt 可湿性粉剂 300 ~500 倍液、灭幼脲 3 号 2 000 倍液或阿维菌素 6 000 ~

8 000 倍液防治。

088 舞毒蛾

舞毒蛾，又名秋千毛虫、苹果毒蛾、柿毛虫等，属鳞翅目，毒蛾科，毒蛾属，是林木主要食叶害虫之一。以幼虫发生危害叶片，严重时整个果林叶片被吃光，也啃食果实。主要危害经济林树种有苹果、柿、梨、桃、杏、樱桃、板栗、山楂、李等；主要危害用材林树种有杨、柳、桑、榆、落叶松、樟子松、栎、桦、槭、椴、云杉、马尾松、云南松、油松、桦山松、红松等多种植物。主要分布在河南、河北、山东等全国各地。

舞毒蛾的发生与危害

1. 舞毒蛾的危害

舞毒蛾主要危害部位是叶片或果实；以幼虫危害，该虫食量大、食性杂，严重时可将全树叶片吃光。

2. 舞毒蛾的发生

在河南、山东等地 1 年发生 1 代，以卵在石块缝隙或树干背面洼裂处越冬，寄主发芽时开始孵化，初孵幼虫白天多群栖叶背面，夜间取食叶片成孔洞，受震动后吐丝下垂借风力传播，故又称秋千毛虫。2 龄后分散取食，白天栖息树杈、树皮缝或树下石块下，傍晚上树取食，天亮时又爬到隐蔽场所。雄虫蜕皮 5 次，雌虫蜕皮 6 次，均夜间群集树上蜕皮，幼虫期约 60 天，5 ~ 6 月危害最重，6 月中、下旬陆续老熟，爬到隐蔽处结茧化蛹。蛹期 10 ~ 15 天，成虫 7 月大量羽化。成虫有趋光性，雄虫活泼，白天飞舞于树冠间。雌虫很少飞舞，能释放性外线激素引诱雄蛾来交配，交尾后产卵，多产在树枝、树干阴面。每雌可产卵 1 ~ 2 块。来年 5 月间越冬卵孵化，初孵幼虫有群集为害习性，长大后分散为害。危害至 7 月上、中旬，老熟幼虫在树干洼裂地方、枝杈、枯叶等处结茧化蛹。7 月中旬为成虫发生期，雄蛾善飞翔，日间常成群做旋转飞舞。卵在树上多产于枝干的阴面，每雌产卵 1 ~ 2 块，每块数百粒，上覆雌蛾腹末的黄褐鳞毛。

舞毒蛾的形态与特征

舞毒蛾成虫雌雄异型，雄成虫体长 19 ~ 20 mm，前翅茶褐色，有 4 ~ 5 条波状横带，外缘呈深色带状，中室中央有一黑点。雌虫体长 24 ~ 25 mm，前翅灰白色，每两条脉纹间有一个黑褐色斑点。腹末有黄褐色毛丛。卵圆形稍扁，直径 1.3 mm，初产为杏黄色，数百粒至上千粒产在一起成卵块，其上覆盖有很厚的黄褐色绒毛。幼虫老熟时体长 54 ~ 69 mm，头黄褐色有八字形黑色纹。前胸至腹部第二节的毛瘤为蓝色，腹部第 3 ~ 9 节处有 7 对毛瘤为红色。蛹体长 19 ~ 34 mm，雌蛹大，雄蛹小。体色红褐或黑褐色，被有锈黄色毛丛。

舞毒蛾的防治

1. 人工灭杀卵块防治

在舞毒蛾大发生的年份，舞毒蛾的卵一般大量集中在石崖下、树干、草丛等处，卵期长达9个月，所以容易人工采集。集中采集卵块，并及时销毁，以减少虫口密度。采集时间应在舞毒蛾幼虫暴食期前的3~4龄期进行。采集舞毒蛾卵块要认真、细心，不留死角；认真采集处理灭杀虫卵，基本上控制了该虫的第二年的危害，同时通过采集卵块灭杀，人工成本费用低，效果好。

2. 林间放烟防治

5~6月上旬，在舞毒蛾的发生期，幼虫2~3龄期在林间施放化学烟剂进行防治，放烟时间一般掌握在清晨或傍晚时出现逆温层时进行，烟点之间的距离为5~8 m，烟点带间的距离为300 m，如果超过300 m，则应补充辅助烟带，一般每亩林地放烟1~2 kg。在放烟时一定要按照烟剂安全操作规程操作，放烟过程中注意防火，防止引起森林火灾。注意烟剂应以生物农药为主，降低化学农药对环境的破坏作用。但在必要时也可以使用化学药剂紧急压低虫口密度，减轻灾害损失。

3. 林间喷雾喷烟防治

该技术方法主要防治舞毒蛾幼虫，在人工采集舞毒蛾卵块后，卵密度仍较高的林区，5~7月上旬，在卵孵化高峰期进行喷雾防治1~2龄幼虫，注意掌握在舞毒蛾卵孵化高峰期。在林区开展防治时，应在3龄幼虫期，可以用苏云金杆菌进行喷雾防治，或用1.8%阿维菌素或者0.9%的阿维菌素乳油喷烟或喷雾防治，或用苦参碱生物农药喷雾喷烟防治。喷烟机主要用江苏南通生产的3WF型喷烟机。喷烟防治具有防火、安全、高效等优点，对防治食叶害虫效果较好。

4. 灯光诱杀防治

舞毒蛾成虫具有趋光性，在其成虫产卵期，及时掌握舞毒蛾羽化始期，预测羽化始盛期，根据发生量和发生期，在野外利用黑光灯或频振灯配高压电网诱杀成虫，挂灯时应以2台以上为一组，灯与灯间的距离为500 m，每亩挂2~4台即可，可以取得较好的防治效果。在灯诱的过程中，一定要注意对灯具周围的空地进行喷洒化学杀虫剂，及时杀死诱到的各种害虫的成虫。

089 板栗实象

板栗实象，又名栗实象甲、板栗象鼻虫、栗象、栗象甲、果实象鼻虫等，属鞘翅目，象虫科。该虫以幼虫危害板栗、榛、栎类等林木果实；山区板栗受害果实被害率可达85%以上，成虫咬食嫩叶、新芽和幼果；幼虫蛀食果实内子叶，蛀道内充满虫粪。板栗实象是影响板栗安全储藏和商品价值的一种主要的果实害虫。主要分布在河南、山东、河北等地板栗产区。

板栗实象的发生与危害

1. 板栗实象的危害

板栗实象主要危害部位是果实、嫩叶、新芽和幼果。初羽化成虫先取食花蜜,后以板栗的子叶和嫩树皮为食。初孵幼虫仅在子叶表层取食,形成宽约 1 mm 的虫道,2 龄后虫道逐渐加深并扩大,宽达 8 mm,虫道内充满灰白色或褐色粉末状虫粪。虫道半圆形,多在果蒂的一方。果实采收后,幼虫仍在果内取食。幼虫老熟后,在果皮上咬一直径 2 ~ 3 mm 的圆孔爬出。成虫危害嫩叶、新芽和幼果;幼虫蛀食果实内子叶,受害的果实有一个明显的虫孔,其蛀道内充满虫粪。

2. 板栗实象的发生

板栗实象在河南、山东等地 2 年发生 3 代;在湖北、江西等地 1 年发生 1 代,均以成熟幼虫在土中做土室越冬,以幼虫在土壤内 8 ~ 10 cm 深处做室越冬。5 ~ 7 月在土内化蛹,7 ~ 8 月羽化出土后,先取食花蜜,后食板栗果实。8 ~ 9 月下旬为产卵盛期,产卵期 10 ~ 15 天,产卵多在果肩和坐果部位。成虫白天在栗树等取食交尾、产卵,夜晚停在叶片重叠处,有假死性,趋光性不强。

板栗实象的形态与特征

板栗实象成虫黑褐色,雌虫体长 7 ~ 9 mm,头管长 9 ~ 12 mm;雄虫体长 7 ~ 8 mm,头管长 4 ~ 5 mm。前胸背板后缘两侧各有 1 半圆形白斑纹,与鞘翅基部的白斑纹相联。鞘翅外缘近基部 1/3 处和近翅端 2/5 处各有 1 白色横纹,这些斑纹均由白色鳞片组成。鞘翅上各有 10 条点刻组成的纵沟。体腹面被有白色鳞片。卵椭圆形,长约 1.5 mm,表面光滑,初产时透明,近孵化时变为乳白色。幼虫成熟时体长 8.5 ~ 12 mm,乳白色至淡黄色,头部黄褐色,无足,体常略呈“C”形弯曲,体表具多数横皱纹,并疏生短毛。蛹体长 7.5 ~ 11.5 mm,乳白色至灰白色,近羽化时灰黑色,头管伸向腹部下方。

板栗实象的防治

1. 人工捕杀防治

利用成虫假死性,于清晨露水未干时轻击树枝,进行人工捕杀。在冬季,及时清理栗园内或附近的栎类杂树;在秋季耕翻板栗园,破坏土室,杀死幼虫,对控制板栗实象的发生均有一定效果。

2. 采收与果实处理防治

9 ~ 10 月,采收板栗果实时,及时拾净栗蓬,做到彻底拾净,减少幼虫在栗园中脱果入土越冬的数量,是减轻来年为害的主要措施。同时,对果实脱粒、晒果及堆果场地做到处理防治。即板栗脱粒、晒果及堆果场地最好选用水泥地面或坚硬场地,防止脱果幼虫入土越冬。毒杀脱果幼虫,在脱粒、晒果及堆果场地,事先喷布 50% 辛硫磷乳油 500 ~ 600 倍液,每平方米喷药液 1 ~ 1.5 kg,最好使药液渗至 5 cm 深的土层;如地面坚实或为水泥地,则可在其周围堆 1 圈喷有辛硫磷或拌和 5% 辛硫磷颗粒剂的疏松土壤等,均可毒杀脱果入土的幼虫,减轻来年的危害。

3. 人工果实防治

采收后的果实，人工及时热水浸种，即果脱粒后用 50 ~ 55 ℃热水浸泡 10 ~ 15 分钟，杀虫效率可达 90%以上，捞出晾干后即可用砂储藏。不会伤害栗果的发芽力，但必须严格掌握水温和处理时间，切忌水温过高或时间过长。或熏蒸果实，有条件的板栗果实收购点，在密闭条件下用溴甲烷或二硫化碳等熏蒸剂处理，能彻底杀死栗果内的幼虫。溴甲烷每立方米用量 2.5 ~ 3.5 g，熏蒸处理 24 ~ 48 小时；二硫化碳每立方米用量 30 mL，处理 20 小时，灭虫率均可达 100%。一般在正常用药量范围内对栗果发芽力无不良影响。

4. 喷药防治

药杀成虫发生严重的栗园，可在成虫即将出土时或出土初期，地面撒施 5% 辛硫磷颗粒剂，每亩 10 kg，或喷施 50% 辛硫磷乳油 1 000 倍液，施药后及时浅锄，将药剂混入土中，毒杀出土成虫。成虫发生期如密度大，可在产卵之前树冠选喷 80% 敌敌畏乳油、50% 杀螟硫磷乳油、50% 辛硫磷乳油 1 000 倍液，或 90% 敌百虫晶体 1 000 倍液，或 2.5% 溴氰菊酯乳油 20% 杀灭菊酯油 3 000 倍液等，每隔 10 天左右喷 1 次，连续喷 2 ~ 3 次，可杀死大量成虫，防止产卵危害。在成虫期，用齐螨素或吡虫啉 5 ~ 10 倍液，在树干离地面 1 ~ 2 m 处，打孔注射防治。

090 臭椿沟眶象

臭椿沟眶象，又名气死猴、放羊找，属鞘翅目，象甲科。是臭椿树的主要蛀干害虫。主要蛀食危害臭椿和千头椿。主要分布在河南、北京、山东、东北、河北、山西、江苏、四川等地。

臭椿沟眶象的发生与危害

1. 臭椿沟眶象的危害

臭椿沟眶象主要危害部位是树干、根部、根际等。因其成虫长相难看，像猴子，又具有假死现象，林农称其“气死猴”；又因成虫有假死现象，一旦触碰立刻假死落地或落入杂草中难以找到，林中牧羊人称其“放羊找”。幼虫先危害皮层，导致被害处薄薄的树皮下面形成一小块凹陷，稍大后钻入木质部内危害。沟眶象常与臭椿沟眶象混杂发生。臭椿沟眶象幼虫食性单一，是专门危害臭椿的一种枝干害虫，主要以幼虫蛀食枝、干的韧皮部和木质部，因切断了树木的输导组织，导致轻则枝枯，重则整株死亡。成虫羽化大多在夜间和清晨进行，有补充营养习性，取食顶芽、侧芽或叶柄，成虫很少起飞，善爬行，喜群聚危害，危害严重的树干上布满了羽化孔。臭椿沟眶象飞翔力差，自然扩散靠成虫爬行。雌成虫产卵前取食嫩梢和叶片补充营养。初孵幼虫先危害皮层，稍大后蛀食木质部边材，树干被害处向外分泌流胶。羽化孔圆形。卵为散产，产卵部位为幼嫩枝皮层 2 ~ 3 mm 处。幼虫随着虫龄增大逐渐深入木质部危害，可造成树势衰弱甚至死亡。林缘、不整齐的林分、人工林和行道树受害严重。

2. 臭椿沟眶象的发生

臭椿沟眶象在河南、河北、山东等地1年发生2代,以幼虫或成虫在树干内或土内越冬。第二年,4~5月上、中旬越冬幼虫化蛹,6~7月成虫羽化,7月为羽化盛期。幼虫危害4月中、下旬开始,4~5月中旬越冬代幼虫出蜇后进入危害期。7~8月中、下旬为当年孵化的幼虫危害盛期。虫态重叠,很不整齐,10月仍然有成虫发生。成虫有假死性,羽化出孔后取食嫩梢、叶片、叶柄等补充营养,成虫危害30~35天开始产卵,卵期7~10天,幼虫孵化期上半年始于5月上、中旬,下半年始于8~9月上旬。幼虫孵化后先在树表皮下的韧皮部取食皮层,钻蛀为害,稍大后即钻入木质部继续钻蛀为害。蛀孔圆形,熟后在木质部坑道内化蛹,蛹期10~15天。受害树常有流胶现象。

臭椿沟眶象的形态与特征

臭椿沟眶象成虫体长11~11.5 mm、宽4.5~4.7 mm。臭椿沟眶象体黑色。额部窄,中间无凹窝;头部布有小刻点;前胸背板和鞘翅上密布粗大刻点;前胸前窄后宽。前胸背板、鞘翅肩部及端部布有白色鳞片形成的大斑,稀疏掺杂红黄色鳞片。卵长圆形,黄白色。幼虫长10~15 mm,头部黄褐色,胸、腹部乳白色,每节背面两侧多皱纹。蛹类长10~12 mm,黄白色。注意沟眶象属鞘翅目,象甲科,同臭椿沟眶象形态近似,但体形稍大。

臭椿沟眶象的防治

1. 加强苗木或木材检疫检验

采购或调运苗木时,严禁带虫苗木和原木调运,确保苗木安全。

2. 人工捕捉成虫防治

5~9月,在成虫发生盛期,利用成虫的假死性,或成虫多在树干上活动、不喜飞的习性,在5~9月捕杀成虫,及时进行人工捕捉杀死成虫,或用螺丝刀挤杀刚开始活动的幼虫。4月中旬,逐株搜寻可能有虫的植株,发现树下有虫粪、木屑,干上有虫眼处,即用螺丝刀拨开树皮,幼虫即在蛀坑处,极易被发现。这项工作简便有效,只是应该提前多观察,掌握好时间,应在幼虫刚开始活动,还未蛀入木质部之前进行;或根部埋药,根部埋3%的呋喃丹颗粒。

3. 喷布药液防治

在低龄幼虫期,用10%吡虫啉或5~10倍液打孔注药防治。或在成虫盛发期,喷50%锌硫磷1 000倍液、绿色威雷2号300倍液或功夫菊酯2 000~2 500倍液防治。或对危害树苗基部和根部的幼虫,在4月上旬浇地时每亩顺水浇入50%的锌硫磷5 kg,杀死地下幼虫。或喷布药液杀幼虫,在幼虫危害处注入80%敌敌畏50倍液,并用药液与黏土和泥涂抹于被害处。或采用90%敌百虫晶体或2.5%溴氰菊酯1 500倍液防治。或在树干基部撒25%西维因可湿性粉剂毒杀。或在成虫盛发期,在距树干基部30 cm处缠绕塑料布,使其上边呈伞形下垂,塑料布上涂黄油,阻止成虫上树取食和产卵危害。

091 桃小食心虫

桃小食心虫，又名桃蛀果蛾，俗称"桃小"，属鳞翅目，蛀果蛾科，小食心虫属，是果树重要害虫。主要危害桃、苹果、梨、花红、山楂、酸枣、杏树、石榴等果树果实，受害果实品质差不能食用，果树产量绝收，影响经济效益；主要分布在河南、山东、河北、湖北等地。

桃小食心虫的发生与危害

1. 桃小食心虫的危害

桃小食心虫主要危害部位是果树果实。其成虫产卵在果实果面上，每果 1 粒。幼虫孵化后蛀入果内，蛀孔很小。幼虫蛀入果实后，朝果心或皮下取食籽粒，虫粪留在果内，果实品质差，甚至造成绝收。

2. 桃小食心虫的发生

桃小食心虫在河南、山东等地 1 年发生 1 代，以老熟幼虫结茧在堆果场和果园土壤中过冬。过冬幼虫在茧内休眠半年多，到第 2 年 6 月中旬开始咬破茧壳陆续出土。幼虫出土后就在地面爬行，寻找树干、石块、土块、草根等缝隙处结夏茧化蛹，蛹经过 14 ~ 16 天羽化为成虫。6 月中、下旬陆续羽化，7 月中旬为羽化盛期，8 月中旬结束。成虫多在夜间飞翔，不远飞，常停落在背阴处的果树枝叶及果园杂草上，羽化后 2 ~ 3 天产卵。卵多产于果实的萼洼、梗洼和果皮的粗糙部位，在叶子背面、果台、芽、果柄等处也有卵产下。卵经 7 ~ 10 天孵化为幼虫，幼虫在果面爬行，寻找适当部位后，咬破果皮蛀入果内。幼虫在果内经过 18 ~ 21 天，咬一扁回形的孔脱出果外，落地入土越冬。一般在树干周围 0.5 ~ 1.0 m 范围内越冬的较多，但山地果园因地形复杂、杂草较多，过冬茧的分布不如平地集中。桃小食心虫历年发生量变动较大，过冬幼虫出土、化蛹、成虫羽化及产卵，都需要较高的湿度。如幼虫出土时土壤需要湿润，天干地旱时幼虫几乎全不能出土，因此每当雨后出土虫量增多。成虫产卵对湿度要求高，高湿条件产卵多，低湿产卵少，有时竟相差数十倍，干旱之年发生轻。成虫产卵于石榴果面上，每果 1 粒。幼虫孵化后蛀入果内，蛀孔很小。幼虫蛀入果实后，朝果心或皮下取食籽粒，虫粪留在果内。

桃小食心虫的形态与特征

桃小食心虫雌成虫体长 7 ~ 8 mm，翅展 16 ~ 18 mm；雄虫体长 5 ~ 6 mm，翅展 13 ~ 15 mm，全体白灰至灰褐色，复眼红褐色。雌虫唇须较长，向前直伸；雄虫唇须较短并向上翘。前翅中部近前缘处有近似三角形蓝灰色斑，近基部和中部有 7 ~ 8 簇黄褐或蓝褐斜立的鳞片。后翅灰色，缘毛长，浅灰色。卵椭圆形或桶形，初产卵橙红色，渐变深红色，近孵卵顶部显现幼虫黑色头壳，呈黑点状。卵顶部环生 2 ~ 3 圈"Y"状刺毛，卵壳表面具不规则多角形网状刻纹。幼虫体长 13 ~ 16 mm，桃红色，腹部色淡，无臀栉，头黄褐色，前胸盾黄褐至深褐色，臀板黄褐或粉红。蛹长 6.5 ~ 8.6 mm，刚化蛹黄白色，近羽化时灰黑色，翅、足和触角端部游离,蛹壁光滑无刺。茧分冬、夏两型。冬茧扁圆形,直径6 mm,长2~3 mm,茧丝紧密,包被老龄休眠幼虫;夏茧长纺锤形,长7.8~13 mm,茧丝松散,包被蛹体,一端有羽化孔。两种茧外表粘着土砂粒一样。

桃小食心虫的防治

1. 冬季防治

冬季防治可以减少越冬虫源基数。11~12月,在越冬幼虫出土前,将距树干1 m范围、深14 cm的土壤挖出,更换无冬茧的新土;或在越冬幼虫连续出土后,在树干1 m内压3.2~6.5 cm新土,并拍实,可压死夏茧中的幼虫和蛹;也可用直径2.5 mm的筛子筛除距树干1 m、深14 cm范围内土壤中的冬茧。

2. 生长期防治

在幼虫出土和脱果前,清除树盘内的杂草及其他覆盖物,整平地面,堆放石块诱集幼虫,然后随时捕捉;在第一代幼虫脱果前,及时摘除虫果,并带出果园集中处理。在越冬幼虫出土前,用宽幅地膜覆盖在树盘地面上,防止越冬代成虫飞出产卵,如与地面药剂防治相结合,效果更好。

3. 药物防治

撒毒土地面防治,用15%乐斯本颗粒剂2 kg与细土15~25 kg充分混合,均匀地撒在一亩地的树干下地面,用手耙将药土与土壤混合、整平。乐斯本使用1次即可。地面喷药:用48%乐斯本乳油300~500倍液,在越冬幼虫出土前喷湿地面,耙松地表即可。树上防治:防治适期为幼虫初孵期,喷施48%乐斯本乳油1 000~1 500倍液,对卵和初孵幼虫有强烈的触杀作用,也可喷施20%杀灭菊酯乳油2 000倍液,或10%氯氰菊酯乳油1 500倍液,或2.5%溴氰菊酯乳油2 000~3 000倍液,7~8天后再喷一次,可取得良好的防治效果。

4. 人工翻土防治

6~7月,桃树生长期,在幼虫出土期用50%辛硫磷乳油300倍液喷洒树冠下的地面,喷药后翻树盘深10~20 cm。喷药的技术方法:在成虫盛发期,喷洒2.5%敌杀死或20%杀灭菊酯2 500~3 000倍液,杀灭卵和初孵幼虫。同时开展人工防治,发现虫果,及时摘除并深埋或烧毁。

5. 利用天敌防治

桃小食心虫的寄生蜂有好几种,尤以桃小甲腹茧蜂和齿腿姬蜂的寄生率较高。桃小甲腹茧蜂产卵在桃小卵内,以幼虫寄生在桃小幼虫体内,当桃小越冬幼虫出土做茧后被食尽。因此,可在越代成虫发生盛期,释放桃小寄生蜂。

092 石榴茎窗蛾

石榴树茎窗蛾,又名花窗蛾、钻心虫,属鳞翅目,窗蛾科。其以幼虫钻蛀危害新梢或2~3年生枝条,造成树势衰弱,影响果树的产量和品质,石榴树受害严重时可致整株死亡。主要分布在河南、山东、河北、湖北、安徽等地。

石榴茎窗蛾的发生与危害

1. 石榴茎窗蛾的危害

石榴茎窗蛾主要危害部位是新梢和多年生枝条。其以幼虫钻蛀危害新梢或2～3年生枝条，钻蛀的特点是孵化幼虫3～4天后，从腋芽处蛀入新梢，沿钻蛀的隧道向下蛀食，有明显的排粪孔，排粪孔的距离随幼虫增大而增大、增长，被害枝条上有2个以上的排粪孔。受害的石榴树表现出树势衰弱，果实落果、品种下降；同时，受害严重时幼树整株死亡。

2. 石榴茎窗蛾的发生

石榴茎窗蛾在河南、山东等地1年发生1代。5月上旬老熟幼虫在蛀道内化蛹，5月中旬为化蛹盛期，蛹期27～30天。6月上旬开始羽化，中旬为羽化盛期，成虫昼伏夜出，趋光性不强，卵单粒产在新梢顶端2～4芽腋里，幼虫孵化后从芽腋蛀入，3～5天后被害梢萎蔫终至褐枯。7月上旬出现受害症状，幼虫向下蛀达木质部，每隔一段距离向外开一排粪孔，随虫体增长，排粪孔间距加大，至秋季蛀入2年生以上的枝内，在2～3年生枝交接处虫道下方越冬，或以幼虫在被害枝的蛀道内越冬。第二年春3月底越冬幼虫继续危害。

石榴茎窗蛾的形态与特征

石榴茎窗蛾成虫体长11～16 mm，翅展30～42 mm，淡黄褐色，翅面银白色带有紫色光泽，前翅乳白色，微黄，稍有灰褐色的光泽，前缘有11～16条茶褐色短斜线，前翅顶角有深褐色晕斑，下方内陷，弯曲呈钩状，顶角下端呈粉白色，外缘有数块深茶褐色块状斑；后翅白色透明，稍有蓝紫色光泽，翅基部有茶褐色斑。腹背板中央有三个黑点排成一条线，腹末有2个并列排列的黑点，腹部白色，腹面密被粉白色毛，足内侧有粉白色毛，各节间有粉白色毛环。雌成虫触角状，雄成虫触角栉齿状。卵长约1 mm，瓶状，初产时白色，后变为枯黄，孵化前桔红色，表面有13条纵脊纹，数条横纹；幼虫体长32～35 mm，圆筒形，淡青黄至土黄色，头部褐色，后缘有3列褐色弧形带，上有小钩。腹部末端坚硬，深褐色，背面向下倾斜，末端分叉，叉尖端成钩状，第八腹节腹面两侧各有一深褐色楔形斑，中间夹一尖楔状斑，有4对腹足，臀角退化，趾钩单序环状。蛹体长15～20 mm，长圆形，棕褐色，头与尾部呈紫褐色。

石榴茎窗蛾的防治

1. 人工冬季防治

12月至第二年2月底，即落叶后或发芽前，及时开展石榴树冬季修剪，剪除虫蛀枝梢，或春季发芽后，剪除枯死枝及时烧毁，消灭越冬幼虫，减少危害。

2. 人工夏季防治

4月中、下旬石榴发芽后开始，发现未发芽的枯枝应彻底剪除，消灭其中的越冬幼虫。6月底7月上旬开始要经常检查枝条，发现枯萎的新梢应及时剪除，剪掉的虫枝及时烧掉,以消灭蛀入新梢的幼虫;或7月,人工及时修剪,反复剪除萎蔫的枝梢,消灭初孵幼虫。人工封堵虫孔,幼虫发生期用磷化铝片堵虫孔,先仔细查找最末一个排粪孔,将1/6片磷化铝放入孔中,然后用泥封好,10天后进行检查,防治效果90%以上。

3. 人工药剂防治

6月上旬,对产卵盛期的树进行喷药消灭成虫,卵及初孵幼虫,每隔7~10天喷1次,连续3~4次,喷布20%速灭杀丁2 000~3 000倍液,或2.5%敌杀死3 000倍液,或80%敌百虫可湿性粉剂1 000倍液。或在幼虫蛀入枝条后,查找幼虫排粪孔,用废注射器等工具将敌敌畏乳油400~500倍液,或20%速灭杀丁1 000~1 500倍液,或2.5%敌杀死1 000~1 500倍液注入虫道,消灭枝条内的幼虫;或用棉球蘸敌敌畏原液塞入蛀孔内,外封黄泥,熏杀幼虫。

093 石榴巾夜蛾

石榴巾夜蛾,又名石榴夜蛾,属鳞翅目,夜蛾科。是石榴树的主要食叶害虫。以幼虫危害石榴嫩芽、幼叶和成叶,发生危害轻时,被害处咬成许多孔洞和缺刻;发生危害严重时,将叶片吃光,仅剩主脉和叶柄。主要分布在河南、山东、河北、湖北、湖南、陕西等地。

石榴巾夜蛾的发生与危害

1. 石榴巾夜蛾的危害

石榴巾夜蛾主要危害部位是叶芽、叶片,是石榴的主要食叶害虫。以幼虫危害,发生危害轻时,受害处咬成许多孔洞和缺刻;发生危害严重时,将叶片吃光,仅剩主脉和叶柄。石榴巾夜蛾幼虫腹部第1、2节常弯曲呈桥形,易与造桥虫相混。幼虫体色与石榴新枝非常接近,不易被发现,但可以根据被食成缺刻状的叶片,顺着枝条查找到幼虫灭杀。

2. 石榴巾夜蛾的发生

石榴巾夜蛾在河南1年发生2~4代,世代很不整齐,以蛹在土壤中越冬。第二年4月石榴展叶时,成虫羽化。白天潜伏在背阴处,晚间活动,有趋光性。卵散产在叶片上或粗皮裂缝处,卵期4~5天。幼虫危害叶片和花,白天静伏于枝条上,不易发现。幼虫行走时似尺蠖,遇险吐丝下垂。夏季老熟幼虫常在叶片和土中吐丝结茧化蛹,蛹期8~11天,秋季在土中做茧化蛹。5~10月为河南、山东等地幼虫危害期,10月下旬陆续下树入土越冬。

石榴巾夜蛾的形态与特征

石榴巾夜蛾成虫体褐色,长19~21 mm,翅展46~48 mm。前翅中部有一灰白色带,中带的内、外均为黑棕色,顶角有两个黑斑。后翅中部有一白色带,顶角处缘毛白色。卵灰色,形似馒头。老熟幼虫体长43~50 mm,头部灰褐色。第1、2腹节常弯曲成桥形。体背茶褐色,布满黑褐色不规则斑纹。蛹体黑褐色,覆以白粉,体长24 mm。茧粗糙,灰褐色。

石榴巾夜蛾的防治

1. 人工防治

9～10 月，在果实成熟期，可用甜瓜切成小块并悬挂在果园，引诱成虫取食，夜间进行捕杀。在果实被害初期，将烂果堆放诱捕，或在晚上用电筒照射捕杀成虫。每亩果园设置 40 W 黄色荧光灯或其他黄色灯 2～3 支，对石榴巾夜蛾有一定拒避作用。果实成熟期可套袋保护，防治危害。

2. 人工药剂防治

在果实进入成熟期，用吸水性好的纸，剪成 5 cm×6 cm 的小块，滴上香油，在傍晚挂树冠外围，在 5～7 年的树，每棵树挂 5～10 片，第二天早上收回放入塑料袋密封保存，次日晚上加滴香油后继续挂出，这样依次进行直至收果。在果实近成熟期，用糖醋加 90% 晶体敌百虫作诱杀剂，在黄昏放在果园诱杀成虫。5～9 月，石榴树生长期，用 20% 杀灭菌酯 1 500～2 500 倍液、20% 灭扫利 2 500～3 000 倍液、80% 敌敌畏乳油 1 000～1 500 倍液或 90% 晶体敌百虫 1 000～1 500 倍液喷杀幼虫。

094 日本龟蜡蚧

日本龟蜡蚧，又名介壳虫，属同翅目，蜡蚧科，是危害林木果树叶片或新梢的重要害虫之一。主要危害苹果、柿、枣、梨、桃、杏、木瓜等果树。主要分布在河南、山东、山西、河北等地。

日本龟蜡蚧的发生与危害

1. 日本龟蜡蚧的危害

日本龟蜡蚧以若虫固着叶片、新梢，以若虫和雌成虫刺吸枝、叶的汁液，并分泌黏液，受害树枝条上虫体密布不见树皮而呈白色或米黄色；叶片上密布虫体层，易诱发煤污病，影响光合作用，使树势衰弱，引起树体早期落叶、落果，严重时可致绝产甚至全树枯死。在混栽果园中，日本龟蜡蚧可互相传播，对其防治带来相当大的难度。日本龟蜡蚧繁殖速率快，繁殖数量多，危害严重，并导致植株生长不良，产量下降。

2. 日本龟蜡蚧的发生

日本龟蜡蚧在河南 1 年发生 1 代，以受精雌虫在 1～2 年生枝上越冬。第二年 3 月林木发芽时开始危害，虫体迅速膨大，成熟后产卵于腹下。在河南 6 月中旬为产卵盛期，每一个雌成虫产卵 930～980 粒。卵期 10～24 天。初孵若虫多爬到嫩枝、叶柄、叶面上固着取食，8 月初雌雄开始性分化，8 月中旬至 9 月为雄化蛹期，蛹期 8～20 天。羽化期为 8 月下旬至 10 月上旬。雄成虫寿命 1～5 天，交配后即死亡，雌虫陆续由叶转到枝上固着危害，9～10 月越冬。可行孤雌生殖，子代均为雄性的特性。

日本龟蜡蚧的形态与特征

日本龟蜡蚧雌成虫体背有较厚的白蜡壳，呈椭圆形，长 4～5 mm，背面隆起似半球形，中央隆起较高,表面具龟甲状凹纹,边缘蜡层厚且弯卷,由 8 块组成。活虫蜡壳背面淡红,边缘乳白,死后淡红色消失,初淡黄后现出虫体呈红褐色。活虫体淡褐至紫红色。雄虫体长 1 ~ 1.4 mm,淡红至紫红色,眼黑色,触角丝状,翅 1 对,白色透明,具 2 条粗脉,足细小,腹末略细,性刺色淡。卵椭圆形,长 0.2 ~ 0.3 mm,初淡橙黄后紫红色。若虫体长 0.4 mm,椭圆形扁平,淡红褐色,触角和足发达,灰白色,腹末有 1 对长毛。固定 1 天后开始分泌蜡丝,7 ~ 10 天形成蜡壳,周边有 12 ~ 15 个蜡角。逐渐生长,其蜡壳加厚,雌雄形态分化,雄与雌成虫相似,雄蜡壳长椭圆形,周围有 13 个蜡角似星芒状。雄蛹梭形,长 0.9 ~ 1 mm,棕色,性刺笔尖状。

日本龟蜡蚧的防治

1. 人工综合防治

3 ~ 7 月,在果树生长期,也是日本龟蜡蚧危害期,人工剪除虫枝或刷除虫体;11 ~ 12 月,枝条上结冰凌或雾凇时,用木棍敲打树枝,虫体可随冰凌而落地冻死;在 10 月下旬果树落叶或 3 月上旬发芽前喷含油量 10% 的柴油乳剂,如混用化学药剂效果更好;保护引放天敌。天敌有瓢虫、草蛉、寄生蜂等可以寄生若虫;在造林、建立果园时,做好苗木、接穗、砧木检疫消毒工作,减少危害。

2. 喷布药物防治

3 ~ 9 月,若虫分散转移期喷洒溴氰菊酯 600 ~ 800 倍液,或 25% 亚胺硫磷或 50% 西维因可湿性粉剂 400 ~ 500 倍液,或 50% 敌敌畏乳油 800 ~ 1 000 倍液,每隔 7 ~ 10 天喷一次,连喷 2 ~ 3 次,即可控制危害。在 5 月下旬至 7 月,其初孵若虫盛期,喷洒 95% 蚧螨灵乳剂 400 倍液或 10% 吡虫啉可湿性粉剂 2 000 倍液等即可。

095 双条杉天牛

双条杉天牛,又名天牛、老水牛等,是一种林木钻蛀性害虫,主要危害侧柏、桧柏、扁柏、罗汉松等树种,受害林木表现树木衰弱、枯立、死亡,直接影响杉、柏的速生丰产和优质良材的形成。是国家确定的 35 种检疫对象之一。主要分布在河南、河北、山东、山西、北京、陕西等地。

双条杉天牛的发生与危害

1. 双条杉天牛的危害

双条杉天牛主要危害部位是枝干。以幼虫蛀树皮、木之间,切断水分、养分的输送,引起针叶黄化,长势衰退,重则引起风折、雪折,严重时很快造成整株或整枝树木死亡。入枝、干的皮层和边材部位串食为害,把木质部表面蛀成弯曲不规则坑道,把木屑和虫粪留在皮内,破坏树木的输导功能,早期外表很难发现,给防治带来困难。尤其是衰弱的柏树受害重。

2. 双条杉天牛的发生

双条杉天牛在河南、山东、北京地区1年发生1代,以成虫、蛹和幼虫越冬。第二年,3月上旬至5月上旬成虫出现。3月中旬至4月上旬为盛期。3月中旬开始产卵,下旬幼虫孵化,5月中旬开始蛀入木质部内,8月下旬幼虫在木质部中化蛹,9月上旬开始羽化为成虫进入越冬阶段。从3月上旬开始,成虫咬破树皮爬出,在树干上形成一个个圆形羽化孔。成虫爬出后不需补充营养。晴天时活动,飞翔能力较强,可飞行1 200 ~1 300 m。适宜温度为14 ~22 ℃,10 ℃以下不再活动。多在14 ~22 时进行交尾和产卵,其余时间钻在树皮缝、树洞、伤疤及干基的松土内潜伏不动,不易被发现。雌、雄成虫都可多次进行交尾,并有边交尾边产卵的习性。喜欢向阳避风的场所,在新修枝、新采伐的树干和木桩以及被压木、衰弱木上均可产卵,直径2 cm以上的枝条都可被害。成虫自羽化孔爬出后,雄虫可活8 ~28 天,雌虫23 ~32 天。每雌产卵27 ~109 粒,平均71 粒。雌、雄性比为1:1.3。卵多产于树皮裂缝和伤疤处,每处产卵1 ~10 粒不等,卵期7 ~14 天,自然孵化率很高。幼虫孵化1 ~2 天后才蛀入皮层危害,被害处排出少量细碎粪屑。蛀入树皮后先沿树皮啃食木质部,在木质部表面形成一条条弯曲不规则的扁平坑道,坑道内填满黄白色粪屑。坑道最长可达20 cm、宽1.5 cm、深0.4 cm。树木受害后树皮易于剥落。5月中旬幼虫开始蛀入木质部内。衰弱木被害后,上部即枯死,连续受害便可使整株死亡。8月中、下旬幼虫老熟,在木质部中蛀成深0.6 ~2 cm、长3 ~5 cm的虫道,并在顶端筑1个椭圆形蛹室在内化蛹。蛹期8 ~10 天。9月陆续羽化为成虫越冬。

双条杉天牛的形态与特征

双条杉天牛成虫体长9 ~15 mm,宽2.9 ~5.5 mm。体形扁,黑褐色。头部生有细密的点刻,雄虫的触角略短于体长,雌虫的触角为体长的1/2。前胸两侧弧形,具有淡黄色长毛,背板上有5个光滑的小瘤突,前面2个圆形,后面3个尖叶形,排列成梅花状。鞘翅上有2条棕黄色或驼色横带,前面的带后缘及后面的带色浅,前带宽约为体长的1/3,末端圆形。腹部末端微露于鞘翅外;卵椭圆形,长1 ~2 mm,白色;初龄幼虫淡红色,老熟幼虫体长22 mm,前胸宽4 mm,乳白色。头部黄褐色。前胸背板上有1个"小"字形凹陷及4块黄褐色斑纹;蛹淡黄色,触角自胸背迂回到腹面等。

双条杉天牛的防治

1. 人工夏季防治

4 ~8 月,在初孵幼虫危害处,用小刀刮破树皮,搜杀幼虫。也可用木锤敲击林木受害处,击死初孵幼虫。在林区深挖松土,挖壕压青,追施土杂肥,促进苗木速生,增强树势;同时,夏季及时砍除枯死木和风折木,除去根际萌蘖,清除林内枝梢、枝杈,保持树木通风透光,促进林木健康生长。

2. 人工冬季防治

11 ~12 月,开展人工捕捉成虫。越冬成虫还未外出活动前,在前一年发生虫害的林地,用白涂剂刷2 m以下的树干,预防成虫产卵。越冬成虫外出活动交尾时期,在林内捕捉成虫。冬季进行疏伐,伐除虫害木、衰弱木、被压木等,使林分疏密适宜、通风透光良好,树木生长旺盛，增强对虫害的抵抗力。

3. 喷布药剂防治

5～7月，成虫期，在虫口密度高、郁闭度大的林区，可用敌敌畏烟剂熏杀；幼虫期，使用20%益果乳剂、25%杀虫脒水剂的100倍液；8%敌敌畏1倍、柴油或煤油9倍混合，喷湿3 m以下树干或重点喷流脂处，效果很好。

4. 利用天敌防治

双条杉天牛幼虫和蛹期，有柄腹茧蜂、肿腿蜂、红头茧蜂、白腹茧蜂等多种天敌，在林区防治中应加以保护和利用。

096 斑衣蜡蝉

斑衣蜡蝉，又名花豆娘，俗名花姑娘、椿蹦、花蹦蹦、灰花蛾等，属同翅目，蜡蝉科，是危害林木果树等叶片、嫩梢的重要刺吸害虫之一。斑衣蜡蝉属于不完全变态，不同龄期体色变化很大。小龄若虫体黑色，上面具有许多小白点。大龄若虫身体通红，体背有黑色和白色斑纹。成虫后翅基部红色，飞翔时可见。成虫、若虫均会跳跃，成虫飞行能力弱。主要危害树种有臭椿、香椿、苦楝、葡萄、猕猴桃、苹果、海棠、山楂、桃、杏、李、花椒、刺槐等。主要分布在河南、山东、北京、河北、安徽、湖北等地。

斑衣蜡蝉的发生与危害

1. 斑衣蜡蝉的危害

斑衣蜡蝉主要危害部位是叶片、嫩梢。斑衣蜡蝉在多种植物上取食活动，吸食植物汁液，最喜臭椿。同时还在多种果树及经济林木上危害。斑衣蜡蝉以成虫、若虫群集在叶背、嫩梢上刺吸危害，栖息时头翘起，有时可见数十头群集在新梢上，排列成一条直线；引起被害植株发生煤污病或嫩梢萎缩、畸形等，严重影响植株的生长和发育。

2. 斑衣蜡蝉的发生

斑衣蜡蝉在河南、河北等地1年发生1代。斑衣蜡蝉喜干燥炎热处，以卵在树干背面或附近建筑物上越冬。第二年4月中、下旬若虫孵化危害，5月上旬为盛孵期；若虫稍有惊动即跳跃而去。经3次蜕皮，6月中、下旬至7月上旬羽化为成虫，活动危害至10月。8月中旬开始交尾产卵，卵多产在树干的南方，或树枝分叉处。一般每块卵有40～50粒，多时可达百余粒，卵块排列整齐，覆盖白蜡粉。成虫、若虫均具有群栖性，飞翔力较弱，但善于跳跃。

斑衣蜡蝉的形态与特征

斑衣蜡蝉成虫体长15～25 mm，翅展40～50 mm，全身灰褐色；前翅革质，基部约2/3为淡褐色，翅面具有20个左右的黑点，端部约1/3为深褐色；后翅膜质，基部鲜红色，具有黑点，端部黑色。体翅表面附有白色蜡粉。头角向上卷起，呈短角突起。翅膀颜色偏蓝为雄性，翅膀颜色偏米色为雌性。卵长圆柱形，长3 mm、宽2 mm左右，状似麦粒，背面两侧有凹入线,使中部形成1长条隆起,隆起的前半部有长卵形的盖。卵粒平行排列成卵块,上覆1层灰色土状分泌物;若虫初孵化时白色,不久即变为黑色。1龄若虫体长4 mm,体背有白色蜡粉形成的斑点。触角色,具长形的冠毛。2龄若虫体长7 mm,冠毛短,体形似1龄。3龄若虫体长10 mm,触角鞭节小。4龄若虫体长13 mm,体背淡红色,头部最前的尖角、两侧及复眼基部黑色。体足基色黑,布有白色斑点。

斑衣蜡蝉的防治

1. 人工防治

11~12月,结合冬剪刮除卵块,集中烧毁或深埋。5~9月,结合疏花疏果和采果后至萌芽前的修剪,剪除枯枝、丛枝、密枝、不定芽和虫枝,集中烧毁,增加树冠通风透光,降低果园湿度;在若虫和成虫发生期,用捕虫网进行捕杀,减少虫源。在新建园时,果园周边尽量不要种植或不与臭椿和苦楝等寄主植物邻作,降低虫源密度,减轻危害。

2. 喷布药剂防治

5~9月,气温高、雨水多、墒情好,是集中发生危害的时期。害虫大多在苗木叶子背面或枝干上重叠交替发生。此时是低龄若虫和成虫危害期,交替选用30%氰戊·马拉松或7.5%氰戊菊酯加22.5%马拉硫磷乳油2 000倍液、50%敌敌畏乳油1 000倍液、2.5%氯氟氰菊酯乳油2 000倍液、90%晶体敌百虫1 000倍混加0.1%洗衣粉、10%氯氰菊酯乳油2 000~2 500倍液、50%杀虫单可湿性粉剂600倍液喷雾。或斑衣蜡蝉发生,若虫孵化初期喷洒乐斯本乳油2 000~3 000倍液,或4月上旬对苗木喷洒10%吡虫啉可湿性粉剂2 000倍液或苦参碱可溶性液剂即可。在幼虫发生期及时喷布生态药物防治。

3. 灯光诱杀防治

根据害虫的趋光性,每亩挂诱杀灯1~2个,诱杀成虫,减少幼虫的发生量。

097 桃潜叶蛾

桃潜叶蛾,又名迷眼蛾,属鳞翅目,潜叶蛾科,是桃树的重要害虫之一,以幼虫潜入叶片表皮内取食,造成叶片干枯,提前脱落,影响果树生长和产量。主要危害桃、杏、李、樱桃、苹果、梨等果树。主要分布在河南、安徽、山东等地。

桃潜叶蛾的发生与危害

1. 桃潜叶蛾的危害

桃潜叶蛾主要危害部位是果树叶片。桃潜叶蛾以幼虫潜入叶片表皮内取食,叶上形成迂回弯曲的蛀食道,危害后的叶片表皮不破裂、透亮,从外面可直接看到幼虫所处位置,以及幼虫排出的黑色的粪。后期蛀食道表皮干枯穿孔。叶片上潜入虫口较多时,叶片干枯,造成果树叶片提前脱落。

2. 桃潜叶蛾的发生

桃潜叶蛾1年发生6~7代,以成虫在桃园附近的梨树、杨树等树皮内,以及杂草、落叶、石块下越冬。第二年桃树展叶后成虫羽化,产卵于叶表皮内。老熟幼虫在叶内吐丝结白色薄茧化蛹。5 月上旬发生第一代成虫,以后每月发生一次,最后一代发生在 11 月上旬,以蛹在枝干的翘皮缝、被害叶背及树下杂草丛中结茧越冬。第二年 4 月下旬至 5 月初虫羽化,刺破叶表皮,产卵于表皮内。幼虫呈浅绿色。幼虫老熟后在叶内吐丝结白色薄茧化蛹。5 月底至 6 月初发生第一代成虫,以后每月发生一代,直至 9 月底至 10 月初发生第五代。

桃潜叶蛾的形态与特征

桃潜叶蛾成虫体长 3 mm,翅展 6 mm,体及前翅银白色。前翅狭长,先端尖,附生 3 条黄白色斜纹,翅先端有黑色斑纹。前后翅都具有灰色长缘毛。卵扁椭圆形,无色透明,卵壳极薄而软,大小为 0.26 ~0.33 mm。幼虫体长 6 mm,胸淡绿色,体稍扁。有黑褐色胸足 3 对;茧扁枣核形,白色,茧两侧有长丝黏于叶上。

桃潜叶蛾的防治

1. 人工冬季防治

10 ~12 月,人工清园消灭越冬虫源。冬季结合清园,刮除树干上的粗老翘皮,清除地上落叶和杂草,集中焚烧或深埋,清除越冬虫源。

2. 喷布药剂防治

5 ~9 月成虫发生期,可选用 50% 杀螟松乳剂 1 000 倍液,或 2.5% 溴氰菊酯或功夫乳油 3 000 倍液,或 10% 吡虫啉 2 000 倍液等药剂喷布防治,效果显著。

098 梨园蚧

梨园蚧,又名树虱,属同翅目,蚧总科,是梨树的主要枝干害虫,主要危害梨、苹果、枣、杏、桃、李等多种果树。造成树势衰弱,影响果树正常生长。主要分布在河南、山东、河北、北京等地。

梨园蚧的发生与危害

1. 梨园蚧的危害

梨园蚧主要危害部位是嫩枝、果实、叶片。主要危害果树枝干、叶片、果实的表面,刺吸汁液。受害枝干生长发育受到抑制,引起早期落叶、枝条枯萎,严重时树木枯死。梨园蚧雄虫有翅,会飞,雌虫无翅,形成介壳,发育成熟时雌雄交尾。而后雌虫产仔胎生繁殖,仔虫爬行较快,并向嫩枝、果实、叶片上转移危害,在 1 ~2 天内找到合适位置,四针刺入组织内吸食危害,受害枝条衰弱,叶稀疏。果实被害处呈黄色圆斑,绕虫体周围有紫红色晕圈,‘国光’、‘红玉’等品种果面虫口密度大时紫红色晕圈连成片,果实受害处虫体下果面变黄色斑,稍凹陷,后期虫体危害处,发生黑褐色斑,严重时果面龟裂。虫介壳为灰色,有同心轮纹,略呈圆形,中心有一黄色小突起。剥开介壳虫体为黄色或橙黄色。枝条上一旦发生，则是一大片介壳相连，使枝条表皮有光亮的红褐色变成灰色，有很多小突起。很易识别。

2. 梨园蚧的发生

梨园蚧在河南、山东等地1年发生2～3代，以1～2龄若虫在枝条上越冬，第二年3月中旬树液流动时继续危害；6月上旬第一代若虫出现，7月下旬第二代若虫出现，9月上旬第三代若虫出现。该虫靠苗木调运、果品运输携带传播。每雌产仔约60头，7～8月为第二代成虫期，每头产仔70余头。最多每雌产仔300多头。第三代成虫发生在9～11月，产仔后以若虫过冬。

梨园蚧的形态与特征

梨园蚧雌成虫介壳圆形，隆起，灰白色或灰褐色，壳具同心轮纹，直径1.7～1.9 mm，壳顶中央突出壳点2个；雄成虫介壳椭圆形或圆形，灰白色，长0.6～0.9 mm，壳点1个，偏向前部中心。梨园蚧雄虫有翅，会飞，雌虫无翅，形成介壳，发育成熟时雌雄交尾。雌虫产仔胎生繁殖，仔虫爬行较快，扩散向嫩枝、果实、叶片上危害，在1～2天内开始以四针刺入组织内吸食危害，从此固定位置，不再移动，并分泌蜡质形成介壳。在枝条上则多在雌虫介壳附近固定危害。所以当发现有虫枝条则虫口密集成片，越冬前停虫转到叶和果实上的个体，大多不能延续后代，随叶的干枯和果实的消耗而消亡。只有在枝条上过冬的个体才能继续繁殖为害。此虫可随接穗和苗木做远距离传播。

梨园蚧的防治

1. 人工防治

11～12月及时采取拔株、剪枝、刮树皮或刷除等措施，把修剪的枝干及时烧毁，消灭枝干害虫。另外，采用枝干涂黏虫胶或其他阻隔方法，把出土的幼虫阻隔在树下，喷布药物消灭在树下。3月，在引种果树苗木时，加强植物检疫，检查接穗和苗木，发现有虫的接穗和苗木选出，防止带虫害栽植建园，减少传播。3～9月通过施肥、浇水加强果园管理，提高果树抗虫能力，减少虫口数量。对盛果期的果树实施果实套袋。

2. 喷药防治

2～3月，梨花芽萌动期喷5波美度石硫合剂、5%柴油乳剂、机械油乳剂或溴氰菊酯1 000倍液等杀死过冬若虫，效果很好。6～9月，成虫产仔期喷药防治，可喷速灭杀丁、功夫菊酯、天王星、杀灭菊酯、溴氰菊酯等2 000倍液，以杀死仔虫和产仔期间的雌虫。要抓住果树发芽前和若虫爬行期到固定前两个关键时期，果树休眠期喷药，花芽开绽前，喷5度石硫合剂、5%柴油乳油或35%煤焦油乳剂，细致周到的喷雾可收到良好效果。生长季节喷药：在越冬代成虫产仔期连续喷药，发现开始产仔后6～7天开始喷药，5～6天后再喷1次。喷布20%杀灭菊酯3 000倍液，或20%菊马乳油1 000～2 000倍液。

3. 生物防治

保护和利用自然天敌。重要的种类有红点唇瓢虫、肾斑唇瓢虫及跳小蜂等。

099 梨木虱

梨木虱,又名树虱,属半翅目,木虱科,是梨树主要害虫之一,严重影响梨的产量和品质。主要分布在河南、山东、河北等地。

梨木虱的发生与危害

1. 梨木虱的危害

梨木虱主要危害部位是芽、叶、嫩枝。幼虫、若虫刺吸芽、叶、嫩枝梢汁液危害,成虫不危害,只产卵,产卵后迅速死亡。幼虫、若虫分泌黏液,招致杂菌,使叶片造成间接危害、出现褐斑而造成早期落叶,同时污染果实,严重影响梨的产量和品质。

2. 梨木虱的发生

梨木虱在河南、山东等地1年发生6~7代。以冬型成虫在落叶、杂草、土石缝隙及树皮缝内越冬。第二年春天2~3月开始活动,梨树发芽前开始在叶痕处产卵,发芽展叶期卵多产于芽茸毛内、叶片主脉等处。若虫以群集为害为主。若虫分泌胶液,在胶液中取食为害。世代重叠,以6~8月危害最盛,造成全年危害。干旱年份发生严重。

梨木虱的形态与特征

梨木虱成虫分冬型和夏型两种,冬型体长2.5~3.1 mm,褐色,翅有黑色斑纹。夏型个体较小,黄绿色,翅无斑纹。若虫扁椭圆形,第一代若虫淡黄色,夏季各代若虫初乳白色,后浅绿色。若虫分泌黏液,招致杂菌,使叶诱发煤污病。卵长圆形,一端尖细,具一细柄。若虫扁椭圆形,浅绿色,复眼红色,翅芽淡黄色,突出在身体两侧。

梨木虱的防治

1. 人工防治

12月,清园除虫。秋末早春清除园内枯枝落叶及杂草,刮树皮,并结合冬灌,消灭越冬成虫。

2. 喷药防治

3月上旬,药剂防治抓住成虫早春大量活动期和第一代若虫孵化期两个时期,即梨树发芽前和大部分梨花落后。发芽前可用菊酯类药剂;落花后是一年防治的关键时期,可用20%螨克1 000倍液,或10%吡虫啉可湿性粉剂2 000倍液,或1.8%阿维虫清2 000~3 000倍液,或35%赛丹乳油2 000倍液等药剂防治。

100 梨小食心虫

梨小食心虫，简称梨小，又名蛀果蛾。是梨树重要果实害虫之一，主要危害梨、桃、苹果、杏、李等果树。以幼虫危害果树，被害新梢萎蔫下垂、枯死，易折断。主要分布在河南、山东、山西、河北、安徽等地。

梨小食心虫的发生与危害

1. 梨小食心虫的危害

梨小食心虫主要危害部位是新梢、芽和叶柄、果实。梨园中，幼虫主要危害新梢、芽和叶柄，然后危害果实。芽被害时，幼虫从芽基部咬小孔蛀入，外留有碎屑。叶柄和新梢被害时，幼虫从叶柄或新梢靠近枝干部咬孔蛀入内部取食危害，孔口有排出的粪。被害新梢萎蔫下垂、枯死，易折断。果实危害，幼虫多从果胴洼和梗洼处蛀入，直到果心，蛀食种子。早期蛀孔较大，孔外留有粪便，虫孔周围腐烂变褐色，并扩大凹陷，形成“黑膏药”。后期蛀孔小，且周围呈绿色。脱离果时出孔圆形、较大，孔口有丝网与虫粪连结在一起。

2. 梨小食心虫的发生

梨小食心虫在河南、山东等地1年发生3~4代。以老熟幼虫在树干基部土块缝中或树翘皮缝内等处结茧越冬。越冬幼虫于第二年春季4月上旬开始化蛹，4月下旬至6月中旬越冬化成虫羽化，羽化盛期为5月下旬。5月下旬第一代幼虫开始孵化，到6月下旬至7月中旬逐渐出现第一代成虫，第二代成虫7月中旬至8月下旬出现，第三代成虫在8月中旬至9月下旬出现，第四代幼虫一般不能在当年完成发育，基本都滞育越冬。越冬代和第一代幼虫主要危害梨梢、芽、叶柄。第二代幼虫以危害梢、芽、叶柄为主，部分危害果。第三代幼虫主要蛀食危害果实。8月下旬是果受害最为严重时间。各代发生期不整齐，世代重叠现象严重。卵期春季8~10天，夏季4~5天。幼虫期10~15天，蛹期7~15天，成虫寿命11~17天，完成一代需30~40天。成虫对黑光灯有一定趋性，但是，对糖醋液有较强趋性。幼虫喜食肉细、皮薄、味甜的梨品种，因此中国梨品种受害较重，西洋梨受害较轻。在梨、桃树混栽的果园危害尤为严重，发生情况复杂。春季幼虫主要危害桃梢，夏季一部分幼虫危害桃梢，另一部分危害梨果，秋季主要危害梨果。

梨小食心虫的形态与特征

梨小食心虫，成虫体长5~7 mm，全身灰褐色，前翅有多条白色纹；老熟幼虫体长10~13 mm，粉红色。

梨小食心虫的防治

1. 人工防治

消灭越冬幼虫，必须在春季3月，发芽前，刮老树皮，消灭在其中越冬的幼虫；秋季越冬幼虫脱果下树前，在树干或主枝基部绑草把引诱幼虫越冬，集中解下烧毁。

2. 诱杀成虫防治

4～9月，树上挂装有糖醋液的容器诱捕成虫，糖醋液比例为：红糖：醋：酒：水＝2:4:1:16；树上挂置黑光灯诱杀成虫，3月中旬至10月中旬悬挂频振式杀虫灯，可以有效诱杀成虫。

3. 喷布药物防治

5～8月，成虫发生期，喷药防治。药剂可选用2.5%绿色功夫或敌杀死乳油3 000～5 000倍液，或20%灭扫利乳油3 000倍液，或40%水胺硫磷乳油1 200～1 500倍液，或25%快杀灵乳油2 000倍液等。

101 梨茎蜂

梨茎蜂，又名梨梢茎蜂或梨茎锯蜂，称折梢虫、剪枝虫、剪头虫等。属膜翅目，茎蜂科。是梨树的主要害虫之一。主要危害梨、棠梨等树。梨茎蜂幼虫蛀食嫩梢髓部，被害梢变黑枯死，严重影响树势生长。主要分布在河南、山东、河北、安徽等地。

梨茎蜂的发生与危害

1. 梨茎蜂的危害

梨茎蜂主要危害部位是新梢，新梢生长至6～7 cm时，上部被成虫折断，下部留2～3 cm短橛。在折断的梢下部有一黑色伤痕，内有卵一粒。幼虫在短橛内食害。梨树花期，成虫用锯齿状将嫩梢锯伤，并在伤口处的髓部产卵，有时还危害叶柄。锯口以上嫩梢萎蔫下垂，风吹即落，被害部位从上而下慢慢干缩，造成梨树叶幕不能早成形，严重影响树势生长。

2. 梨茎蜂的发生

梨茎蜂在河南、安徽、山东等地1年发生1代，老熟幼虫或蛹在被害的2年生小枝内越冬。第二年3月中、下旬化蛹，梨树花期时成虫羽化。4月上、中旬梨树落花时开始产卵，产卵前先用锯状产卵器将新梢上部嫩梢锯折，在锯折处产1粒卵。4月下旬幼虫开始孵化，幼虫孵化后向下蛀食。5月下旬以后蛀入2年生小枝继续取食，10月以后越冬。一年发生1代，老熟幼虫在被害枝橛下2年生小枝内越冬。翌年3月中、下旬化蛹，梨树花期时成虫羽化。成虫在晴朗天气10～13时活跃，飞翔、交尾和产卵。低温阴雨天和早晚在叶背静伏不动。当新梢长至5～8 cm，即4月上、中旬开始产卵。产卵前先用锯状产卵器在新梢下部留3～4 cm处，将上部嫩梢锯断，但一边皮层不断，断梢暂时不落，萎蔫干枯，成虫在锯断处下部小橛2～3 mm的皮层与木质部之间产1粒卵，然后将小橛上1、2片叶锯掉。成虫产卵危害期很短，前后仅10天左右。卵期1周。个体产卵量30～50粒。幼虫孵化后向下蛀食，受害嫩枝渐变黑干枯，内充满虫粪。5月下旬以后蛀入2～3年生小枝继续取食，幼虫老熟调转身体，头部向上做膜状薄茧进入休眠，10月以后越冬。成虫具有假死性、群集性及趋黄性，白天活跃，早晚及夜间不活动，停息于梨叶背面，阴雨天活动差等。

梨茎蜂的形态与特征

梨茎蜂，其成虫体长 9～10 mm，细长、黑色。前胸后缘两侧、翅基、后胸后部和足均为黄色。翅淡黄、半透明。雌虫腹部内有锯状产卵器；卵长约 1 mm，椭圆形，稍弯曲，乳白色、半透明。幼虫长约 10 mm，初孵化时白色，渐变淡黄色。头黄褐色。尾部上翘，形似"～"形。蛹全体白色，离蛹，羽化前变黑色，复眼红色；成虫体长 7～10 mm，黑色有光泽，翅透明，雌成虫尾部有一产卵器。幼虫体长 8～11 mm，乳白色或黄白色，头淡褐色，体扁平，头下弯，尾部上翘。新梢被害折断，在折断的梢下部有一黑色伤痕，内有一卵粒。幼虫在短橛内食害。

梨茎蜂的防治

1. 人工防治

3 月，梨树落花期，成虫喜聚集，易于发现，在清晨不活动时振落捕杀。4～8 月幼虫危害的断梢脱落前易于发现，及时剪掉下部短橛。11～12 月，冬季修剪时，注意剪掉干橛内的老熟幼虫。剪除危害枝。结合冬剪剪除幼虫危害的 2 年生干橛枝条；春季成虫产卵后，及时剪除受害的小枝折梢，清除虫卵和幼虫。

2. 喷布药物防治

3 月下旬，落花后即时喷布药剂。喷布 90% 敌百虫 1 500 倍液，或溴氰菊酯 1 000～1 200倍液喷布树冠，兼治梨蚜。4 月悬挂粘虫板，在梨树初花期，每亩悬挂黄色双面粘虫板 11～12 块，均匀悬挂，高 1.5～2 m，2～3 年生枝条上，利用粘虫板黄色的光波引诱成虫，使其被粘虫板粘住致死。梨茎蜂发生危害密度大时，注意及时更换粘虫板。喷布药剂可选择 2.5% 功夫菊酯 1 500～2 000 倍液，或 20% 速灭杀丁 1 500～2 000 倍液，或 2.5% 溴氰菊酯 1 500～2 000 倍液等。在成虫盛发期，选用功夫、灭扫利、阿维菌素等杀虫剂进行喷雾。喷药要均匀、细致、全面，保证树冠内外、叶片正反面均要喷洒到，消灭成虫。减轻危害。

3. 捕杀成虫防治

利用成虫的假死性与群集性，早晚气温较低，成虫不善于活动，群集于树冠下部叶片背面，摇动树枝，振落成虫，进行捕杀。

102 梨黄粉蚜

梨黄粉蚜，又名梨黄粉虫、梨瘤蚜。是梨树的主要害虫之一。蚜虫幼虫主要危害梨树果实、枝干和果台枝等，造成梨树枝梢、幼果受害，影响树势生长和产量。主要分布在河南、山东、山西、河北、安徽、北京等地。

梨黄粉蚜的发生与危害

1. 梨黄粉蚜的危害

梨黄粉蚜主要危害部位是梨树果实、枝干和果台枝等,以若蚜在翘皮下的幼嫩组织处取食树液,生长发育并繁殖危害。造成梨树枝梢、幼果受害,受害果实皮表面初期呈黄色稍凹陷小斑,后逐渐变黑,常形成龟裂的大黑疤,影响树势生长和产量。

2. 梨黄粉蚜的发生

梨黄粉蚜在河南、山东等地 1 年发生 8 ~ 10 代。以卵在树皮裂缝或枝干上残附物内越冬。第二年梨树开花时卵开始孵化,若蚜在翘皮下的幼嫩组织处取食树液,生长发育并繁殖。6 月中、下旬后,若蚜转移到果萼处危害果实,7 月中、下旬至 8 月上、中旬是危害果实的高峰期,8 月下旬至 9 月上旬进入粗皮缝内产卵越冬。温暖干燥的气候环境有利于发生繁殖。

梨黄粉蚜的形态与特征

梨黄粉蚜成虫长 0.7 ~ 0.8 mm,卵圆形,鲜黄色,有光泽,无翅;若虫淡黄色,形体与成虫相似,虫体较小。以成虫和若虫群集在果实萼洼处和梗处危害,虫口较大时,堆满果面,似一堆堆黄粉。

梨黄粉蚜的防治

1. 人工防治

2 ~ 3 月,人工刮除树上的粗皮、翘皮及附属物,清除上一年的越冬虫卵,减少当年的危害发生。

2. 喷药防治

3 月上旬,发芽前喷 2 ~ 4 波美度的石硫合剂,并添加 0.3% 洗衣粉,以增加黏着性。危害期选择药剂 10% 吡虫啉可湿性粉剂 3 000 ~ 4 000 倍液,或 3% 啶虫脒乳 2 000 ~ 2 500 倍液,或 48% 毒死蜱乳油 2 000 倍液,或 20% 甲氰菊酯乳油 4 000 倍液。喷药的重点是果萼洼处,减少存活量。

103 梨星毛虫

梨星毛虫,又名毛毛虫,俗称梨狗子、饺子虫等,是梨树主要食叶性害虫。以幼虫危害梨树花芽、叶片等,主要危害梨树、苹果、海棠、桃、杏、樱桃、沙梨等果树,影响树势生长和产量。主要分布在河南、山东、安徽、河北等地。

梨星毛虫的发生与危害

1. 梨星毛虫的危害

梨星毛虫主要危害部位是梨树花芽和叶片。以幼虫食害梨树花芽和叶片,发生危害轻时，受害叶芽、叶片不全；发生危害严重时，常将梨芽吃光，致使梨树不能展叶，造成当年第2次开花。受害果树产量低或绝收。

2. 梨星毛虫的发生

梨星毛虫河南、山东等地1年发生1代，以2～3龄幼虫在树皮裂缝等处做薄茧越冬。第二年春梨花芽萌发时，逐渐开始活动，破茧出来危害。4月中旬达到最大出茧量，主要危害花蕾，也危害叶芽、花芽和嫩叶等。5月上、中旬主要危害叶，大龄幼虫吐丝缀叶成饺子状，在苞内咬食叶肉，5月中、下旬老熟幼虫在苞叶内结茧化蛹。6月中旬开始出现成虫，成虫多产卵于叶背。6月下旬到7月上旬为孵化期，7月上旬为盛期，7月中、下旬达到2～3龄后转移到树干粗皮缝中结茧越冬。

梨星毛虫的形态与特征

梨星毛虫成虫体长9～12 mm，烟黑色。翅烟黑色，半透明。老熟幼虫体长19～20 mm，白色或淡黄色，纺锤形，从中胸到腹部第8节背面两侧各有1圆形黑斑，每节背侧还有星状毛瘤6个。以幼虫咬食危害花芽和叶片。梨树发芽后，越冬幼虫危害花芽、叶芽、花蕾和嫩叶。落花后，幼虫吐丝将叶粘成饺子状，在叶苞内取食叶肉危害。树皮缝越冬，茧呈白色。

梨星毛虫的防治

1. 人工防治

11～12月，果树进入冬季落叶后，人工清理树下杂草、落叶中越冬的幼虫；在幼虫越冬期人工刮除树干老树皮，以树干基部粗树皮为主，消灭在其中越冬的幼虫，减少第二年的虫源。另外，采取诱杀防治幼虫，7月中、下旬幼虫从树冠转移到树干进入树皮缝前，在树干上绑草把诱集幼虫结茧越冬，随后解除草把集中销毁。人工摘除虫苞，5月中、下旬摘除树上形成的虫苞，消灭其中幼虫或蛹，减少危害发生。

2. 喷药防治

3月下旬，喷药时间应在花芽花蕾期，选用2.5%速灭丁1 500～2 000倍液，或20%杀灭菊酯1 500～2 000倍液，或25%灭幼脲3号2 000倍液等，开花前连喷2次。6月中、下旬成虫盛发期，可喷1次速灭杀丁、功夫菊酪或溴氰菊酯2 000倍液，能取得很好效果。

104 苹小卷叶蛾

苹小卷叶蛾，又名棉褐带卷叶蛾，俗名苹卷蛾、黄小卷叶蛾、溜皮虫等，属鳞翅目、卷蛾科害虫，是果树主要害虫之一，影响树势和产量。主要危害苹果、海棠、梨、桃、杏、李和樱桃等果树和园林绿化树种。主要分布在河南、山东、安徽、河北、山西等地。

苹小卷叶蛾的发生与危害

1. 苹小卷叶蛾的危害

苹小卷叶蛾主要危害部位是梨树等果树幼芽、花蕾、嫩叶。以幼虫危害幼芽、花蕾、嫩叶，随后裹叶危害，危害严重，影响树势和产量，造成果树产量下降，直至果树绝收，空长无效益。

2. 苹小卷叶蛾的发生

苹小卷叶蛾在河南、山东等地 1 年发生 2 ~ 3 代，以小幼虫在树上的翘皮、树杈缝隙和剪锯口等处做茧越冬。第二年春季 4 月花芽膨大时开始活动，盛花期为危害盛期。最初幼虫危害幼芽、花蕾及嫩叶，随后裹叶危害。幼虫有转移危害情况，从一个虫苞转移到别处，形成新的虫苞继续危害。第一代幼虫危害期 6 月下旬至 7 月中旬，第二代幼虫危害期 8 月上旬至下旬，第三代幼虫危害期 9 月中旬，逐渐越冬。

苹小卷叶蛾的形态与特征

苹小卷叶蛾成虫体黄褐色，体长 6 ~ 8 mm，前翅长方形，并翅基部有一斑，有两条深褐色带。幼虫体翠绿或黄绿色，长大后幼虫头黄褐色或黑褐色。幼虫活泼，一遇振动常吐丝下垂。幼虫吐丝后将几个叶片裹在一起形成虫苞，藏在其中危害，将叶片取食成孔。所裹叶片与果靠近时，幼虫啃食果皮。

苹小卷叶蛾的防治

1. 人工防治

3 月上旬，越冬幼虫出蛰前，及时对树干、树冠喷布 4 ~ 5 波美度石硫合剂，杀死越冬虫，可起到很好的防治效果。在化蛹期，可人工摘除虫苞，集中烧毁。

2. 生物防治

利用天敌赤眼蜂进行防治。释放蜂时期为卵期，以 5 ~ 7 月放蜂时期最好。

3. 喷药防治

幼虫危害期选用 25% 灭幼脲 3 号 2 000 倍液，或 20% 灭扫利乳油 3 000 倍液，或 2.5% 敌杀死（溴氰菊酯）乳油 3 000 倍液，或 10% 吡虫啉可湿性粉剂 2 000 倍液等。

105 苹果顶梢卷叶蛾

苹果顶梢卷叶蛾，又名芽白小卷蛾，俗称顶芽卷叶蛾、顶梢卷叶蛾，属鳞翅目、卷蛾科。是苹果、海棠、梨树等食叶性重要害虫之一。主要分布在河南、山东、陕西、安徽、烟台、河北等地。

苹果顶梢卷叶蛾的发生与危害

1. 苹果顶梢卷叶蛾的危害

苹果顶梢卷叶蛾主要危害部位是苹果树的幼芽、叶、嫩梢等,幼虫危害顶梢和新芽,随着果树生长,逐渐转移到下部新梢,吐丝缀叶危害。造成树势衰弱、结果能力下降,影响当年产量和效益。

2. 苹果顶梢卷叶蛾的发生

苹果顶梢卷叶蛾在河南、山东、河北等地 1 年发生 2 ~3 代。以小幼虫在干枯的顶梢卷叶中越冬。早春叶芽萌芽就开始出蛰为害。后期逐渐转移到下部新梢,吐丝缀叶为害。5 月中、下旬越冬代幼虫危害期,7 月中、下旬为第一代幼虫危害期,8 月中、下旬为第二代幼虫危害期,一直危害到 10 月中、下旬陆续做茧越冬。

苹果顶梢卷叶蛾的形态与特征

苹果顶梢卷叶蛾成虫 6 ~8 cm,银灰褐色。幼虫污白色,头、胸黑色。幼虫常将树新梢顶端嫩叶卷成一团包,藏匿包中危害,抑制生长,对幼树和苗木危害最大。受危害顶梢干枯不脱落。

苹果顶梢卷叶蛾的防治

1. 人工防治

12 月,人工剪除虫梢,再结合修剪,剪除越冬虫梢,并且修剪的枝梢集中烧毁,减少危害。

2. 喷药防治

5 ~8 月,每一代幼虫孵化盛期喷药,喷布 20% 灭扫利乳油 3 000 倍液,或 2.5% 敌杀死(溴氰菊酯)乳油 3 000 倍液,或 10% 吡虫啉可湿性粉剂 2 000 倍液等喷药防治。

3. 生物防治

可引进天敌赤眼蜂在每一代卵盛期放蜂防治。

106 金纹细蛾

金纹细蛾,属鳞翅目,细蛾科,是潜叶蛾类害虫。主要危害苹果、沙果、海棠、山定子、山楂、梨、桃等果树。由于金纹细蛾成虫小,难以防控,可造成严重灾害,严重果园被害率 100%,每叶平均有虫斑 4 块以上,7 月下旬叶片即大量脱落。主要分布在河南、辽宁、河北、山东、山西、陕西、甘肃、安徽、江苏等地。

金纹细蛾的发生与危害

1. 金纹细蛾的危害

金纹细蛾主要危害部位是叶片。以幼虫潜于叶内取食叶肉,被害叶片上形成椭圆的虫斑,表皮皱缩,呈筛网状,叶面拱起。虫斑内有黑色虫粪,虫斑常发生在叶片边缘,严重时布满整个叶片,可达15~20个之多,使叶片功能丧失,引起提早落叶,严重时造成果树减产。成虫体长约2.5 mm,体金黄色。幼虫从叶背潜入表皮取食叶肉,形成近椭圆形的白色虫斑,叶背面表皮皱缩。虫斑常在叶片边缘中发生。叶片正面呈现浅绿色网眼状虫斑,内有幼虫取食留下的黑色虫粪。

2. 金纹细蛾的发生

金纹细蛾在河南、山东等地1年发生4~5代。以蛹在被害的落叶内过冬。第二年3~4月苹果发芽开绽期为越冬代成虫羽化期。成虫喜欢在早晨或傍晚围绕树干附近飞舞,进行交配、产卵活动。其产卵部位多集中在发芽早的苹果树上。卵多产在幼嫩叶片背面茸毛下,卵单粒散产,卵期7~10天,多则11~13天。幼虫孵化后从卵底直接钻入叶片中,潜食叶肉,致使叶背被害部位仅剩下表皮,叶背面表皮鼓起皱缩,外观呈泡囊状,泡囊约有黄豆粒大小,幼虫潜伏其中,被害部内有黑色粪便。老熟后,就在虫斑内化蛹。成虫羽化时,蛹壳一半露在表皮之外,极易识别。8月是全年中危害最严重的时期,如果一片叶有10~12个斑,此叶不久必落。各代成虫发生盛期如下:越冬代4月中、下旬,第1代6月上、中旬,第2代7月中旬,第3代8月中旬,第4代9月下旬。金纹细蛾的发生与品种和树体小气候密切相关。在较普遍栽培的8个品种中,有4个品种对金纹细蛾表现出高抗,它们是'短枝金冠'、'红星'、'青香蕉'和'金冠',而'新红星'、'富士'和'国光'表现为高感,'秦冠'居高感和高抗之间。在空间分布上,内膛明显高于外围,树冠北高于树冠南。

金纹细蛾的形态与特征

金纹细蛾成虫体长2.4~2.5 mm,体金黄色。前翅狭长,黄褐色,翅端前缘及后缘各有3条白色和褐色相间的放射状条纹。后翅尖细,有长缘毛。卵扁椭圆形,长0.2~0.3 mm,乳白色。老熟幼虫体长5~6 mm,扁纺锤形,黄色,腹足3对。蛹体长3~4 mm,黄褐色。翅、触角、第三对足先端裸露。

金纹细蛾的防治

1. 人工防治

11~12月,人工清理果园消灭越冬虫。扫净园内落叶,集中烧毁,消灭越冬蛹。该虫在被害叶内越冬,落叶后至早春,彻底清扫落叶,集中焚毁或沤肥,可大量消灭虫源,减轻危害。

2. 诱剂诱杀防治

4~6月,使用性引诱剂进行诱杀。性诱剂诱芯挂置在1.3~1.5 m的高度。诱芯外套挂装水玻璃瓶,水中加少量洗衣粉,以控制掉入瓶内的成虫。

3. 喷布农药防治

4~8月,幼虫危害期进行喷药防治。药剂可选20%灭幼脲3号悬浮剂1 500倍液,或1.8%阿维菌素6 000~8 000倍液,或30%蛾螨灵可湿性粉剂2 000倍液等。成虫盛发期及各代幼虫脱叶期,及时喷布灭幼脲1 000倍液。

107 枣尺蠖

枣尺蠖，又名枣步曲，弓腰虫，属鳞翅目，尺蠖蛾科，是枣树主要食叶害虫。主要分布在河南、山西、山东、河北、四川、广西、云南、浙江等地。

枣尺蠖的发生与危害

1. 枣尺蠖的危害

枣尺蠖主要危害部位是嫩芽、嫩叶、花蕾、叶片。以幼虫取食危害叶片后，吐丝下垂，借风力转移到周围树上危害。幼虫食量随虫龄增大而增加，后期进入暴食期，树叶仅剩叶脉，造成树势衰弱、产量下降。

2. 枣尺蠖的发生

枣尺蠖在河南、山东等地 1 年发生 1 代，以蛹在树冠下土中越冬，深度为 3 ~ 20 cm。第二年 2 月中旬至 4 月上旬为成虫羽化期，羽化盛期在 2 月下旬至 3 月中旬。卵产于树皮缝内，产卵量 1 000 ~ 1 200 粒，卵期 10 ~ 25 天。芽萌发时幼虫逐渐孵化，3 月下旬至 5 月上旬达到孵化盛期。4 ~ 6 月为幼虫危害期，以 4 月危害最重。4 月中、下旬至 6 月中旬老熟幼虫陆续入土化蛹。

枣尺蠖的形态与特征

枣尺蠖成虫雌蛾体长 12 ~ 17 mm，灰褐色，无翅，腹部背面密被刺毛和毛鳞；雄蛾体长 10 ~ 15 mm；前翅灰褐色，有 3 条横线，两边两条颜色深且明显，中间一条横线不明显。幼虫随着发育颜色变化大，由黑色到绿色，绿色到灰绿色，再到灰褐色；背部有白色条纹，条纹数也随着虫龄变大而增加等。

枣尺蠖的防治

1. 人工防治

11 ~ 12 月，果树落叶后，人工清除越冬蛹。9 ~ 10 月，刮除树上翘皮、粗皮，剪除树冠上的残缺断枝头，集中烧毁。

2. 诱杀防治

9 月中、下旬幼虫下树化蛹期，在树干上绑草，诱集幼虫到草中化蛹，集中草把烧掉。利用成虫的趋光性，可用黑光灯诱杀成虫，每亩挂 1 ~ 2 个诱杀灯即可。

3. 药剂防治

4 ~ 6 月为幼虫危害期，喷灭幼脲 3 号 2 000 倍液，或 1% 苦参碱 1 000 ~ 1 500 倍液，或 3% 苯氧威 2 000 ~ 3 000 倍液等药剂。或用 Bt 乳剂 500 倍液，或白僵菌普通粉剂 500 ~ 600 倍液开展防治，效果显著。

108 食芽象甲

食芽象甲，又名枣飞象，属鞘翅目，象甲科，是危害林木果树幼芽和幼叶的主要害虫。主要危害枣、苹果等果树。受害枣吊生长短，开花坐果时间推迟，仅能结少量晚枣，品种质量差。主要分布在河南、山东、山西等地。

食芽象甲的发生与危害

1. 食芽象甲的危害

食芽象甲主要危害部位是新生幼芽、幼叶等，以成虫取食枣树幼嫩芽、叶，造成二次发芽，危害严重时，造成枣减产或绝收。

2. 食芽象甲的发生

食芽象甲在河南、河北等地1年发生1代，以幼虫在树冠下5~10 cm土中越冬。4月中、下旬成为虫羽化期，即枣树萌芽时，成虫出土群集食害枣芽。卵产于脱落性枝痕缝隙中，幼虫孵化后落地入土，在土中越冬，越冬长达10个月左右。5月为危害盛期，早晚成虫不活跃，多停息隐藏在枝背面，不易发现，白天气温逐渐升高后，成虫起飞上树危害嫩芽。成虫具有假死性，振动树枝时成虫受惊假死掉地。6月上旬以末龄幼虫在树冠下5~10 cm土中越冬。

食芽象甲的形态与特征

食芽象甲成虫体长5~7 mm。雌虫土黄色，雄虫深灰色。头喙粗短，触角12节，棍棒状，着生于头喙前端。鞘翅卵圆形，末端稍尖，表面有纵列刻点，散生有不明显的褐斑，并有灰色短茸毛；卵椭圆形，初产时乳白色，渐转深褐色；幼虫体长5~6 mm，前胸背淡黄色，胸腹部乳白色，体弯，各节多横皱；裸蛹长4~5 mm，初为乳白色，渐转红褐色。虫体弯曲，每节有明显的横皱折。

食芽象甲的防治

1. 人工土壤防治

及时消灭出土成虫，4月中、下旬成虫出土前，在树干基部周围1.5 m范围内地上，用辛硫磷颗粒或西维因药粉拌土撒均匀，同时松土，撒药入土2~3 cm毒杀即将出土的成虫。

2. 喷布药剂防治

4~6月，成虫上树危害后，用1.2%烟参碱乳油900~1 000倍液，或20%速灭杀丁乳油2 000~2 500倍液进行树冠全面喷布防治。

109 枣瘿蚊

枣瘿蚊，又名枣叶蛆、卷叶蛆、枣蛆等，属双翅目，瘿蚊科，是枣树食叶害虫之一。主要分布在河北、陕西、山东、山西、河南等各地枣产区。

枣瘿蚊的发生与危害

1. 枣瘿蚊的危害

枣瘿蚊主要危害部位是枣树新生嫩叶。以幼虫危害嫩叶，吸食幼叶汁液，叶受害后红肿，呈纵卷成筒状，不能伸展，质地硬脆；同时，叶片表现增厚变形，先由绿色失绿变为紫红色，而后变黑褐色，叶片渐渐干枯，造成落叶，严重影响枣树生长和产量。

2. 枣瘿蚊的发生

枣瘿蚊在河南、河北 1 年发生 5 ~ 7 代，以老熟幼虫在土内结茧越冬。4 月成虫羽化，产卵于萌发的叶芽上；5 月上旬进入危害盛期，嫩叶卷曲成筒，1 个叶片有幼虫 5 ~ 15 头，被害叶枯黑脱落，老熟幼虫随枝叶落地化蛹；6 月上旬成虫羽化，平均寿命 2 天，除越冬幼虫外，卵期 3 ~ 7 天，幼虫历期 8 ~ 14 天，蛹期 6 ~ 13 天，成虫寿命 1 ~ 5 天。喜在树冠低矮、枝叶茂密的枣枝或丛生的酸枣上危害，树冠高大、零星种植或通风透光良好的枣树受害轻。9 月上旬枣树新梢停止生长时，幼虫开始入土做茧越冬。

枣瘿蚊的形态与特征

枣瘿蚊雌虫体长 1.3 ~ 1.9 mm；复眼黑色肾形；触角念珠状 14 节，黑色细长，各节近两端轮生刚毛；头部较小，头、胸灰黑色；腹背隆起黑褐色；胸背与腹部有 3 块黑褐色斑；全身密被灰黄色细毛；翅椭圆形，前缘毛细密而色暗；足细长 3 对，黄白色，腿节外侧的毛呈灰黑色，前足与中足等长，后足较长；腹面黄白、橙黄或橙红色。雄虫体长 1.0 ~ 1.3 mm，腹节狭长 9 节。卵白色微带黄，长椭圆形，长径约 0.3 mm，短径约 0.1 mm，一端削尖，外被一层胶质，有光泽。老熟幼虫体长 1.4 ~ 2.9 mm，明状，乳白至淡黄色，体节明显，头小褐色，胸部具琥珀色胸叉 1 个。蛹长 1.0 ~ 1.8 mm，呈纺锤形。蛹乳白色，后渐变黄褐色。头顶具一对明显的刺。触角、足、翅芽均清晰。腹部 8 节。雌蛹足短，伸达第 6 节；雄蛹足长，达腹末。茧长 1.5 ~ 1.9 mm，椭圆形，灰白色或灰黄色丝质等。

枣瘿蚊的防治

1. 人工防治

11 ~ 12 月，清理林区树上、树下虫枝、叶、果，并集中烧毁，减少越冬虫源。地面撒药防治，5 ~ 6 月，老熟幼虫下树化蛹前，在地面喷布溴氰菊酯乳剂，每亩用药 750 kg，以杀死入土化蛹的老熟幼虫，清除越冬虫源，减少来年的发生危害。

2. 喷布药剂防治

4 月,枣树萌芽展叶时,喷 10% 吡虫啉 1 800 ~ 2 000 倍液,或 5% 啶虫脒可湿性粉剂 2 000 ~ 3 000 倍液,或 25% 灭幼脲悬乳剂 1 000 ~ 1 500 倍液,或 10% 氯氰菊酯乳油 2 000 ~ 3 000 倍液,或 20% 乳油氰戊菊酯 1 000 ~ 2 000 倍液,或 2.5% 溴氰菊酯乳油 2 000 ~ 4 000倍液,或 80% 敌敌畏乳油 800 ~ 1 000 倍液,每隔 10 ~ 15 天喷 1 次,连喷 2 ~ 3 次。

110 葡萄根瘤蚜

葡萄根瘤蚜,属同翅目,根瘤蚜科,是一种黄绿色小昆虫。严重危害葡萄、野生葡萄,吮吸葡萄的汁液,在叶上形成虫瘿,在根上形成小瘤,最终植株腐烂。根瘤蚜的一生分为无翅阶段和有翅阶段,前者行孤雌生殖;后者产雌、雄蚜,交配后雌蚜产卵,以卵越冬。是葡萄的主要害虫,是国家检疫的危险性害虫之一。葡萄园一旦发生根瘤蚜,危害严重,被列为国内外主要检疫对象。主要分布在山东、辽宁和陕西等地。

葡萄根瘤蚜的发生与危害

1. 葡萄根瘤蚜的危害

葡萄根瘤蚜主要危害部位是根部、叶片。根瘤蚜以若虫和成虫刺吸根、叶的汁液。其根部受害,须根和侧根发生肿胀,形成菱形或鸟头状根瘤,粗根受害产生结节状瘿瘤,后变褐腐烂,使树势衰弱,叶片变小变黄,甚至落叶而影响产量,严重时全株死亡。叶上受害,叶背形成许多粒状的红黄色虫瘿,虫在虫瘿内取食、繁殖危害,阻碍叶片正常生长和光合作用,使叶片畸形,严重时干枯。因而严重破坏根系吸收、输送水分和养分的功能,造成树势衰弱,影响开花结果,严重时可造成植株死亡。阻碍叶片正常生长。葡萄受害后造成生产毁灭性灾害。其主要随带根的葡萄苗木调运而传播。但在完整生活史的地区,枝条往往附着越冬卵,如用此种枝条作插条,就能传播此虫。此虫也能随包装物传播。

2. 葡萄根瘤蚜的发生

葡萄根瘤蚜主要以 1 龄若虫和少量卵在 2 年生以上粗根分叉或根上缝隙处越冬。第二年 4 月越冬若虫开始危害粗根,经 4 次脱皮后变成成虫,7 ~ 8 月产卵,幼虫孵化后危害根系,形成根瘤。根瘤蚜主要以孤雌生殖方式繁殖,只有秋末才行两性生殖,雌、雄交尾后越冬产卵。

葡萄根瘤蚜的形态与特征

葡萄根瘤蚜虫态可分为干母、根瘤型无翅成蚜、叶瘿无翅成蚜、有翅蚜、性蚜、卵和若虫等。干母越冬卵孵化后,在叶片上形成虫瘿,无翅,孤雌卵生。根瘤型无翅成蚜体呈卵圆形,长 1.15 ~ 1.50 mm、宽 0.75 ~ 0.9 mm,污黄色或鲜黄色,无翅,无腹管。复眼由 3 个小眼组成,触角 3 节,第 3 节最长,叶瘿型无翅成蚜体近于圆形,无翅,无腹管,与根瘤型无翅成蚜很相似,但体背无瘤,体表具细微凹凸皱纹,触角末端有刺毛 5 根。有翅蚜体呈长椭圆形,长约 0.90 mm、宽约 0.45 mm,复眼由多个小眼组成,单眼 3 个。翅 2 对,前宽后窄,静止时平叠于体背(不同于一般有翅蚜的翅,呈屋脊状覆于体背)。卵干母、根瘤型和叶瘿型无翅成蚜产下的均为无性卵,长约 0.3 mm、宽约 0.15 mm,初产时淡黄至黄绿色,后渐变为暗黄绿色,叶瘿型的卵比根瘤型的卵壳较薄而有亮等。若虫共 4 龄,体淡黄色,眼、触角、喙及足分别与各型成虫相似。

葡萄根瘤蚜的防治

1. 加强苗木检疫

葡萄根瘤蚜唯一传播途径是随苗木调运携带传播。加强葡萄苗木调运检疫,发现根瘤蚜危害症状,及时进行消毒处理。即将苗木和枝条用50%辛硫磷 1 500 倍液,浸泡 1 ~ 2 mm,取出阴干,严重者立即就地销毁。引进葡萄苗木、插条时,不但苗木、插条要严格检查,运载工具和包装物也要检查。检查时,要注意苗木的叶片有无虫瘿,根部(尤其须根)有无根瘤,根部的皮缝和其他缝隙有无虫卵。在田间检查时,若发现可疑的被害株(树势显著衰弱,提前黄叶、落叶,产量下降,或整株枯死),小心挖去根附近的泥土,露出须根,检查根部有无被害的根瘤和蚜虫,特别是须根被害后形成的菱形(或鸟头状)根瘤,较易被发现。

2. 苗木土壤处理

对发生根瘤蚜的葡萄园或苗圃,在葡萄茎周围距茎 25 cm 处,打孔注药,每 1 m^2 可打 8 个左右孔,深度 10 ~ 15 cm,每孔春季灌注 CS_2 液 6 ~ 8 g,夏季每孔注入 4 ~ 6 g。为防止产生药害,花期和采收期不能使用。另外,可按 50%辛硫磷与土 1∶100 的比例拌土,翻入根周围土内。

3. 喷布药剂处理

4 月越冬代若虫活动时,用 1.5%蒽油与 0.3%硝基磷甲酚的混合液,对根际土壤及 2 年生以上的粗根根杈、缝隙等处喷药,消灭越冬若虫。

111 葡萄透翅蛾

葡萄透翅蛾,又称葡萄钻心虫,属鳞翅目,透翅蛾科,是葡萄的一种重要害虫,其具有隐蔽性强、危害严重的特性。以幼虫蛀食葡萄枝蔓髓部,使受害部位肿大,叶片变黄脱落,枝蔓容易遇风吹折断枯死,影响当年产量及树势。主要分布在河南、山东、河北、四川、重庆、贵州、江苏、浙江等地。

葡萄透翅蛾的发生与危害

1. 葡萄透翅蛾的危害

葡萄透翅蛾主要危害部位是葡萄枝条。其隐蔽性强,危害严重。以初孵幼虫从叶柄基部及叶节蛀入嫩茎再向上或向下蛀食;蛀入处常肿胀膨大,有时呈瘤状,枝条受害后易被风折而枯死。主枝受害后会造成大量落果,失去经济效益。

2. 葡萄透翅蛾的发生

葡萄透翅蛾在河南1年发生1代,以幼虫在被害枝蔓内越冬。第二年春天葡萄萌芽时,越冬幼虫开始活动,继续在枝蔓内蛀食为害,3月底4月上旬,幼虫在被害枝蔓内咬一羽化孔,在蛹室内开始做茧化蛹。4月底5月初羽化,成虫以夜间活动为主,有趋光性。卵产于新梢叶柄、嫩茎和叶脉等处。5月中旬幼虫孵化,从新梢叶柄基部蛀入嫩茎内,危害髓部,虫粪排出,堆积于蛀孔附近。被害部位以上枝条常干枯死亡。幼虫有转移为害特性,在不同枝蔓间转移为害,6~7月低龄幼虫主要危害当年生的嫩枝蔓;8~9月大龄幼虫主要危害2年生以上的老枝蔓,此期幼虫食量大,危害严重时,造成被害枝枯死和折断;10月老熟幼虫逐渐进入冬眠。

葡萄透翅蛾的形态与特征

葡萄透翅蛾成虫体长19~21 mm,体蓝黑色。头、胸部黄色,前翅红褐色,翅脉黑色,后翅膜质透明,腹部有3条黄色横带。老熟幼虫体长37~38 mm,呈圆筒形,头部红褐色,胸腹部黄白色,老熟时带紫红色,前胸背板有倒"八"形纹。以幼虫蛀入葡萄枝蔓中危害,专蛀食髓部,受害处肿胀膨大,受害枝蔓容易折断,影响水分和养分输送,导致叶片变黄,引起落花落果,被害部位以上停止生长或干枯死亡。幼虫危害时将黏性虫粪排出蛀入孔外。

葡萄透翅蛾的防治

1. 人工防治

6~9月,葡萄园里经常观察叶柄、叶腋处有无黄色细末物排出,如有发现用脱脂棉梢蘸烟头浸出液,或50%杀螟松10倍液涂抹。结合夏季修剪,剪除被害枝梢,剪下的被害枝蔓做烧毁处理,以降低危害和控制越冬虫口密度。

2. 喷药防治

4~5月,成虫期,喷25%杀灭菊酯2 000倍液,或25%敌杀死2 000~2 500倍液防治成虫。5月上旬卵期,喷20%速灭杀丁乳油2 000倍液,或5%来福灵乳油2 000倍液,或灭幼脲3号1 000倍液,或1%苦参碱1 500倍液。药剂要喷均匀、喷透以消灭成虫、幼虫,减少幼虫蛀入危害。

3. 生物防治

运用透翅蛾性诱剂,诱杀葡萄透翅蛾,降低成虫交配率,达到减少卵量的目的。根据趋光性,每亩葡萄园悬挂黑光灯1~2台,诱捕人工杀死成虫。

112 葡萄虎蛾

葡萄虎蛾,又名葡萄虎斑蛾、葡萄修虎蛾、老虎虫等,属鳞翅目,虎蛾科,是葡萄主要害虫。以幼虫危害葡萄叶片,主要危害树种葡萄、野生葡萄、长春藤、爬山虎等。发生危害轻时,受害的叶成缺刻或孔洞;发生危害严重时,仅残留叶柄和粗脉。葡萄生产区多有发生,严重影响葡萄生长和产量。主要分布在河南、黑龙江、辽宁、河北、山东、山西、湖北、江西、贵州、广东等地。

葡萄虎蛾的发生与危害

1. 葡萄虎蛾的危害

葡萄虎蛾主要危害部位是叶片。低龄幼虫将叶片咬成孔洞,老龄幼虫将叶片咬成大缺口或吃光。6 月出现第一代幼虫,幼虫受惊时头翘起,吐黄色液体。

2. 葡萄虎蛾的发生

葡萄虎蛾在河南、河北、山东等地 1 年发生 2 代,以蛹在根部及架下土内越冬,5 月羽化为成虫,卵产于叶片及叶柄等处。6 月发生第一代幼虫,7 ~ 8 月发生第二代成虫,8 ~ 9 月发生第二代幼虫,9 ~ 10 月以老熟幼虫入土做茧化蛹越冬。

葡萄虎蛾的形态与特征

葡萄虎蛾成虫体长 18 ~ 20 mm,头胸部紫棕色,腹部杏黄色,翅灰黄色。幼虫头部橘黄色,有黑色毛片形成的黑斑;体黄色,各节散布多个黑色斑,大小不等,毛瘤突起,上着生白色毛;腹部各节两侧有杏黄色较大圆斑 1 块,第 8 节有黄色横带。幼虫取食危害葡萄叶片,叶片吃成缺口或孔洞,严重时将叶片吃光,仅留叶柄和叶基部主脉。

葡萄虎蛾的防治

1. 冬季防治

11 ~ 12 月,人工清理葡萄园,及时清除落叶、杂草、枯枝等,集中消灭在杂草中越冬的病虫害;同时对葡萄园土壤进行翻土,破坏其中越冬的葡萄虎蛾蛹和环境,让其冻死或被鸟食,减少来年危害量。

2. 喷布药物防治

6 ~ 9 月,葡萄虎蛾幼虫期,及时喷 20% 灭扫利乳油 2 000 ~ 3 000 倍液,或 2.5% 敌杀死(溴氰菊酯)乳油 2 000 ~ 3 000 倍液,或 20% 速灭杀丁(氰戊菊酯)2 000 ~ 3 000 倍液,或 10% 吡虫啉可湿性粉剂 1 800 ~ 2 000 倍液等药剂防治。

113 葡萄二星叶蝉

葡萄二星叶蝉,又名葡萄小叶蝉,俗称葡萄斑叶蝉、葡萄二点叶蝉、葡萄二点浮尘子,属同翅目,叶蝉科,是葡萄果树和绿化树的食叶害虫。主要危害葡萄、苹果、梨、桃、猕猴桃、山楂、樱花等果树、花木。成虫和若虫在叶背面吸汁液,被害叶面呈现小白斑点。严重时叶色苍白,以致叶片焦枯脱落,影响枝条生长和花芽的分化。主要分布在山东、山西、河南、河北等地。

葡萄二星叶蝉的发生与危害

1. 葡萄二星叶蝉的危害

葡萄二星叶蝉主要危害部位是叶片。以若虫、成虫刺吸植株的新梢、嫩叶汁液，虫口密度较高时，受害叶面常有小白点连成一片，使叶片提前枯落，对林木生长和产果均有很大影响。

2. 葡萄二星叶蝉的发生

葡萄二星叶蝉在河南、河北等地 1 年发生 2 代。以成虫在葡萄园附近的落叶、杂草、石缝越冬。第二年春天葡萄发芽前成虫开始活动，先在桃、梨、山楂等发芽早的果树上吸食为害，葡萄展叶后，再转移到葡萄上。危害到 5 月上、中旬成虫产卵，卵产于叶背面的叶脉附近或茸毛中。5 月中、下旬若虫孵化，6 月上旬出现第一代成虫，第二代成虫 8 月上旬开始出现。成虫、若虫从基部老叶逐渐向顶部危害。成虫极活泼，受惊后立即飞离。一般在管理粗放、杂草丛生、通风不好的园内发生较重。

葡萄二星叶蝉的形态与特征

葡萄二星叶蝉成虫体长 1.9 ~2.1 mm，黄白色，头顶 2 个明显的圆形黑斑；前胸背线浅黄色，前缘两侧各有 3 个小黑点；小盾片前缘左右各有 1 个较大的近三角形黑斑；前翅半透明，黄白色，有深浅不同的红褐色花斑。若虫体长 2 mm，初孵白色，稍大黄白色。卵黄白色，长椭圆形，稍弯曲，长 0.2 mm。

葡萄二星叶蝉的防治

1. 人工防治

11 ~12 月，清理葡萄园地，清除杂草、落叶，消灭越冬场所中的病虫害，减少虫源。4 ~8 月，加强葡萄园管理，葡萄生长期，合理施肥、科学修剪，使枝蔓均匀分布，改善枝叶通风透光能力，促进葡萄健康生长，减少虫害发生。

2. 喷药防治

5 ~8 月，葡萄生长期，也是葡萄二星叶蝉若虫、成虫发生期，及时喷药，喷布 20% 杀灭菊酯乳油 3 000 倍液，或 50% 杀螟松乳油 1 000 倍液，或 48% 乐斯本乳油 1 000 倍液，或 10% 增效烟碱 1 000 倍液，或 43% 新百灵乳油 1 500 倍液等进行防治。

114 茶蓑蛾

茶蓑蛾，又名吊死鬼、小袋蛾、茶袋蛾、小窠蓑蛾等，属鳞翅目，蓑蛾科，窠蓑蛾属。主要危害茶、油茶、柑桔、苹果、樱桃、李、杏、桃、梅、葡萄、桑等园林树木和果树。具有集中危害的习性。主要分布在河南、安徽、湖南、山东、山西、陕西、江苏、浙江、安徽、江西、贵州、云南等地。

茶蓑蛾的发生与危害

1. 茶蓑蛾的危害

茶蓑蛾主要危害部位是林木叶片。其幼虫在护囊中咬食叶片、嫩梢或剥食枝干、果实皮层，造成局部枝梢、叶片光秃。影响林木树势生长，造成树势衰弱，病虫害严重。

2. 茶蓑蛾的发生

茶蓑蛾在河南、山东等地1年发生2~3代，以3~4龄幼虫在护囊内越冬，6月底到7月初第一代幼虫开始危害，9月第二代幼虫发生危害。7~8月危害最重。雌蛾寿命12~14天，雄蛾2~6天，卵期11~16天，幼虫期49~58天，越冬代幼虫250天，雌蛹期10~20天，雄蛹期7~15天。成虫喜在下午羽化，雄蛾喜在傍晚或清晨活动，靠性引诱物质寻找雌蛾，雌蛾羽化翌日即可交配，交尾后1~2天产卵，每雌平均产卵590~690粒，雌虫产卵后干缩死亡。幼虫多在孵化后1~2天下午先取食卵壳，后爬上枝叶或飘至附近枝叶上，吐丝粘缀碎叶营造护囊并开始取食。幼虫老熟后在护囊里倒转虫体化蛹在其中。

茶蓑蛾的形态与特征

茶蓑蛾成虫雌蛾体长13~17 mm，足退化，无翅，蛆状，体乳白色。头小，褐色。腹部肥大，体壁薄，能看见腹内卵粒。后胸、第4~7腹节具浅黄色茸毛。雄蛾体长10~14 mm，翅展21~29 mm，体翅暗褐色。触角呈双栉状。胸部、腹部具鳞毛。前翅翅脉两侧色略深，外缘中前方具近正方形透明斑2个。卵长0.7~0.9 mm、宽0.5~0.6 mm，椭圆形，浅黄色。幼虫体长15~29 mm，体肥大，头黄褐色，两侧有暗褐色斑纹。胸部背板灰黄白色，背侧具褐色纵纹2条，胸节背面两侧各具浅褐色斑1个。腹部棕黄色，各节背面均具黑色小突起4个，成“八”字形。蛹雌纺锤形，长15~17 mm，深褐色，无翅芽和触角。雄蛹深褐色，长12~13 mm。护囊纺锤形，深褐色，丝质，外缀叶屑或碎皮，稍大后形成纵向排列的小枝梗，长短不一。护囊中的老熟幼虫雌虫长29~31 mm，雄虫长24~26 mm。

茶蓑蛾的防治

1. 人工防治

4~9月，加强林区林木管理，发现虫囊，人工摘除并集中烧毁。根据成虫具有趋光性，每亩林区挂1~2台黑光灯，用黑光灯诱杀成虫；同时，注意保护寄生蜂等天敌昆虫。

2. 喷布药物防治

4~9月，林木生长期，此时是幼虫低龄发生盛期，及时喷洒90%晶体敌百虫800~1 000倍液或80%敌敌畏乳油1 200倍液，或50%杀螟松乳油1 000倍液，或90%巴丹可湿性粉剂1 200倍液，或2.5%溴氰菊酯乳油4 000倍液，或喷灭幼脲2 500~3 000倍液，或除虫脲1 500倍液，或烟参碱1 800~2 500倍液，或晶体敌百虫1 200~1 500倍液等药剂防治。

115 樗蚕蛾

樗蚕蛾,又名大蚕蛾,属鳞翅目,大蚕蛾科,是果树及园林树木等植物的主要食叶害虫;主要危害树种有杏树、核桃、石榴、花椒、臭椿、乌桕、银杏、喜树、国槐、旱柳、樟树、盐肤木等。以幼虫取食叶片和嫩芽,林木受害后严重影响生长,树势衰弱。主要分布在河南、山东、河北、辽宁、安徽、云南、广西等地。

樗蚕蛾的发生与危害

1. 樗蚕蛾的危害

樗蚕蛾主要危害部位是叶片和嫩芽。樗(chū),是臭椿树的古称,樗蚕蛾,主要以幼虫危害臭椿树及其他树种的嫩芽、叶片。樗蚕蛾成虫翅膀棕褐色,最明显的特征就是翅面上有4个月牙形的半透明斑纹。更为奇特的是,其前翅尖端钝圆状,加之有一个黑色的小眼斑,看起来就像一个活生生的蛇头,因而也有人喜欢将樗蚕蛾称作“蛇头蛾”,这种斑纹具有恐吓天敌、自我保护作用。危害轻时,受害叶片呈缺刻或孔洞、残缺不全;危害严重时,整株叶片被吃光,林木受害后严重影响生长,造成树势衰弱及健康生长。

2. 樗蚕蛾的发生

樗蚕蛾在河南、山东等地1年发生2代,以蛹藏于厚茧中越冬。成虫有趋光性,并有远距离飞行能力,潜飞距离可达1 000 ~ 5 000 m。羽化出的成虫当即进行交配。雌蛾性引诱力甚强,未交配过的雌蛾置于室内笼中可连续引诱雄蛾,雌蛾剪去双翅后能促进交配,而室内饲养出的蛾子不易交配。成虫寿命5 ~ 10天。卵产在石榴的叶背和叶面上,聚集成堆或成块状,每头雌虫产卵200 ~ 300粒,卵历期10 ~ 15天。初孵幼虫有群集习性,3 ~ 4龄后逐渐分散为害。在枝叶上由下而上,昼夜取食,并可迁移。第一代幼虫在5月危害,幼虫历期25 ~ 35天。幼虫蜕皮后常将所蜕之皮食尽或仅留少许。幼虫老熟后即在树上缀叶结茧,树上无叶时,则下树在地被物上结褐色粗茧化蛹。第二代茧期约50天,5 ~ 6月初是第一代成虫羽化产卵时间。8 ~ 9月为第二代幼虫危害期,以后陆续做茧化蛹越冬。第二代越冬茧,长达5 ~ 6个月,蛹藏于厚茧中。越冬代常在石榴、花椒等枝条密集的杂灌木细枝上结茧越冬。

樗蚕蛾的形态与特征

樗蚕蛾成虫青褐色,体长25 ~ 34 mm,翅展126 ~ 131 mm。头部四周、颈板前端、前胸后缘、腹部背面、侧线及末端都为白色。腹部背面各节有白色斑纹6对,其中间有断续的白纵线。前翅褐色,前翅顶角后缘呈钝钩状,顶角圆而突出,粉紫色,具有黑色眼状斑,斑的上边为白色弧形。前后翅中央各有一个较大的新月形斑,新月形斑上缘深褐色,中间半透明,下缘土黄色;外侧具一条纵贯全翅的宽带,宽带中间粉红色,外侧白色,内侧深褐色,基角褐色,其边缘有一条白色曲纹。卵灰白色或淡黄白色,有少数暗斑点,扁椭圆形,长约

1.6 mm。幼龄幼虫淡黄色,有黑色斑点。中龄幼虫全体被白粉,青绿色。老熟幼虫体长54~76 mm,体粗大,头部、前胸、中胸对称蓝绿色棘状突起,此突起略向后倾斜;胸足黄色,腹足青绿色,端部黄色。茧呈口袋状或橄榄形,长48~52 mm,上端开口,两头小中间粗,用丝缀叶而成,土黄色或灰白色。茧柄长41~129 mm,以一个叶包着半边茧悬挂枝梢。

樗蚕蛾的防治

1. 灯光诱杀防治

5月上旬成虫羽化产卵,分别在5~6月或7~9月发生幼虫危害,这个时期为幼虫期。1~2龄幼虫喜欢群集为害,成虫飞翔能力强,喜欢下午或傍晚前后活动,能够潜飞1 000~5 000 m。根据成虫有趋光性的特点,采用灯光诱杀成虫,掌握好各代成虫的羽化期,适时用黑光灯进行诱杀,每亩挂灯1~2台,具有良好的杀虫效果。

2. 喷布药剂防治

幼虫危害初期,在5~6月或7~9月发生幼虫危害的幼虫期,喷洒除虫脲1 000~1 200倍液或敌百虫800~1 000倍液等药剂防治。或喷布90%的敌百虫1 500~2 000倍液,或20%敌敌畏烟剂,每亩放烟1~1.5 kg,防治幼龄幼虫效果很好。

3. 保护天敌

樗蚕蛾幼虫的天敌有绒茧蜂和喜马拉雅聚瘤姬蜂、稻包虫黑瘤姬蜂、樗蚕黑点瘤姬蜂等三种姬蜂。对这些天敌应很好地加以保护和利用。

4. 人工防治

5~9月,在幼虫集中发生期,人工捕杀幼虫;结茧或越冬期,人工摘除树冠茧包及时烧毁,或土壤深埋消灭虫蛹,减少繁殖量和危害。

116 白蚁

白蚁,又名白蚂蚁,属蜚蠊目,白蚁科,主要危害杨树、栎树、香樟、刺槐、女贞等树种,受害轻时,树皮干枯、树势衰弱;受害严重时,树皮枯竭、枝梢干枯,树木死亡。主要分布在河南、湖北、安徽、浙江、广西、广东等地。

白蚁的发生与危害

1. 白蚁的危害

白蚁主要危害部位是枝干。白蚁危害所造成的损失是惊人的。危害树木的白蚁主要种类有白蚁、堆砂白蚁、家白蚁、树白蚁、散白蚁、木鼻白蚁、土白蚁和大白蚁、原白蚁等。白蚁类似蚂蚁营社会性生活,其社会阶级为蚁后、兵蚁、工蚁。白蚁属于较低级的半变态昆虫,蚂蚁则属于较高级的全变态昆虫。白蚁的危害和树木体内所含的物质如单宁、树脂、酸碱化合物的状况以及树木生长好坏有十分密切的关系。白蚁喜欢在靠近水源的地区筑巢危害。它的特点是扩散力强,群体大,破坏迅速,在短期内即能造成巨大损失。白蚁对房屋建筑的破坏,特别是对砖木结构、木结构建筑的破坏尤为严重。由于其隐藏在木结构内部,破坏或损坏其承重点,往往造成房屋突然倒塌。另外,白蚁严重危害江河堤防,它们在堤坝内,密集营巢,迅速繁殖,苗圃星罗棋布,蚁道四通八达,有些蚁道甚至穿通堤坝的内外坡,当汛期水位升高时,常常出现管漏险情,更严重者则酿成塌堤垮坝。

2. 白蚁的发生

白蚁属土、木两栖性,群体较大,且比较集中,蚁巢建在树下、土壤中等隐蔽处。工蚁通过蚁路到各处摄食;长翅繁殖蚁完成群体的扩散繁殖,繁殖蚁分飞对温度、湿度、气压、降雨等条件要求比较严格。6 月下旬至 8 月为危害高峰期,主要危害枝干,地下越冬。

白蚁的形态与特征

白蚁体躯分头、胸、腹三部分。头部可以自由转动,生有触角、眼睛等重要的感觉器官,取食器官为典型的咀嚼式口器,前口式。胸部分前胸、中胸、后胸三个体节,每一胸节分别生一对足。有翅成虫的中胸、后胸各生一对狭长的膜质翅。前后翅的形状、大小几乎相等,等翅目的名称就由此而来。腹部 10 节,雄虫生殖孔开口于第 9、10 腹板间;雌虫第 7 腹板增大,生殖孔开口于下,第 8、9 腹板则缩小,多数种类有一对简单的刺突,位于第 9 腹板中缘,第 10 腹板两侧生有一对尾须。白蚁体躯几丁质化的程度随着不同种类有不同变化,有翅成虫的体壁几丁质化高,且硬,工蚁体壁几丁质化较浅而软。体躯的毛随种类而异,有多有少,有的近于裸露。体色由白色、淡黄色、赤褐色,直到黑色不等。但大多种类的体色较浅淡,乳白色。白蚁体长一般由几毫米到十几毫米,有翅成虫的长度为 9 ~ 29 mm,但多年生蚁后由于生殖腺的发达,腹部极度膨大,整个体长可达 60 ~ 70 mm,有的种类的蚁后甚至可超过 100 ~ 120 mm。

白蚁的防治

1. 人工防治方法

5 ~ 8 月,人工在蚁道放置"蚁克"等诱杀剂,即在树干或杂草丛里投放诱饵包,每亩投放 10 ~ 15 包,诱杀害虫。

2. 加强林区树木管护

在林木生长管理中,避免树木的机械损伤或人为伤害树干;同时,加强林木养护管理,施肥浇水,开展病虫害防治,及时给树木补洞,提高树木树势,增强抗寒、抗旱、抗病的能力,减少白蚁危害。

117 大青叶蝉

大青叶蝉,又名青叶跳蝉、浮尘子等,属同翅目,叶蝉科,是林木果树的主要害虫,以成虫和若虫危害林木果树叶片、枝梢茎,用口器刺吸叶片汁液,造成叶片褪绿、变形和卷缩,严重时全叶枯死、树势衰弱,直接影响林木生长和产量。主要危害杨树、柳树、女贞、桂花、香樟、桃树、杏树、梨树、樱桃、核桃、柿树等。主要分布在河南、山西、黑龙江、吉林、辽宁、内蒙古、河北、山东、江苏、浙江、安徽等地。

大青叶蝉的发生与危害

1. 大青叶蝉的危害

大青叶蝉主要危害部位是叶片、新生枝梢等。以成虫和若虫危害，主要危害林木果树的叶，使其坏死或枯萎；同时，成虫产卵器刺破表皮，产卵于寄主植物叶柄、枝条等皮层组织。此外，还可传染病毒。造成树势衰弱，严重影响树势生长和结果。

2. 大青叶蝉的发生

大青叶蝉在河南、山东、河北等地 1 年发生 4 ~ 5 代。以卵在枝梢表皮下越冬。第二年，3 ~ 4 月卵孵化开始出现若虫，第一代若虫发生期为 4 月上旬至 7 月上旬；第二代若虫发生期为 6 月上旬至 8 月中旬，第三代若虫发生期为 7 月中旬至 11 月中旬。各代发生不整齐，世代重叠。成虫有趋光性，成虫雌虫产卵器刺破表皮，产卵于寄主植物叶柄、枝条等皮层组织内越冬。4 ~ 5 月，成虫主要危害较低部位的农作物、蔬菜及杂草等植物；9 ~ 10 月陆续转移到果树和林木枝梢上危害。

大青叶蝉的形态与特征

大青叶蝉成虫青绿色，头橙黄色，头左右各 1 小黑斑，体长 7 ~ 10 mm。若虫与成虫相似，孵化后由灰白色变成黄绿色，老熟时体长 6 ~ 8 mm。以成虫和若虫危害叶片，用口器刺吸叶片汁液，造成褪绿、变形和卷缩，严重时全叶枯死。大青叶蝉卵圆形，灰白色，产卵在枝条上，产卵刻痕呈月牙形。

大青叶蝉的防治

1. 人工防治

10 ~ 12 月，人工修剪枝梢，特别是有产卵越冬的枝梢，及时剪除；同时，开展清除林区、果园内及附近杂草、落叶等，和修剪的枝梢一起烧毁或深埋，减少越冬卵的繁殖能力和来年的发生危害。

2. 喷药防治

4 ~ 7 月是大青叶蝉发生危害期，喷布 2.5% 功夫乳油 2 000 ~ 3 000 倍液，或 10% 吡虫啉可湿性粉剂 2 000 倍液，或 1% 苦参碱和 2% 叶蝉散粉剂防治即可。

3. 灯光诱杀

利用成虫的趋光性，林区、果树基地挂杀虫灯诱杀成虫，每亩挂 1 ~ 2 台诱杀成虫。

118 苹果透翅蛾

苹果透翅蛾，又名小翅蛾、小透羽、旋皮虫，属鳞翅目，透翅蛾科，是果树、林木重要的枝干害虫。主要危害苹果、杏、桃、樱桃等果树。主要分布在河南、辽宁、吉林、黑龙江、河北、山东、山西、陕西、甘肃、江苏、浙江、内蒙古等地。

苹果透翅蛾的发生与危害

1. 苹果透翅蛾的危害

苹果透翅蛾主要危害部位是枝干。以幼虫在树干枝杈等处蛀入皮层下，食害韧皮部，造成不规则的虫道，深达木质部，被害部常有似烟油状的红褐色的粪屑及树脂黏液流出，被害伤口容易遭受苹果腐烂病菌侵袭，引起溃烂。严重影响树势，造成林木果树衰弱、产量下降或绝收。

2. 苹果透翅蛾的发生

苹果透翅蛾在河南、山东等地 1 年发生 1 代，以较大幼虫在枝内虫道中结茧越冬。第二年春季，4 月上旬越冬幼虫继续蛀食危害；5 月上、中旬幼虫老熟，在危害部位的表皮内咬一不穿透的圆形羽化穴。成虫卵多产在树干或主枝的粗皮裂缝和树干枝杈等处，幼虫孵化后即咬破皮蛀入皮层危害。10 ~ 11 月幼虫做茧越冬。

苹果透翅蛾的形态与特征

苹果透翅蛾成虫蓝黑色，有蓝色光泽，形状似蜂类，体长 10 ~ 18 mm。前翅狭长透明，腹部有 4 ~ 5 条黄色横带。幼虫体长 20 ~ 25 mm，头黄褐色，胸腹部乳白色中线淡红色，胸足 3 对，腹足 4 对，臀足 1 对；卵长 0.4 ~ 0.5 mm，扁椭圆形，黄白色，产在树干粗皮缝及伤疤处。蛹体长 12 ~ 13 mm，黄褐色至黑褐色。头部稍尖。腹部 3 ~ 7 节背面后缘各有 1 排小刺。腹部末端有 6 个小刺突。其幼虫通常在树干枝杈等处蛀入皮层下，危害取食韧皮部，有时危害到木质部，虫蛀道不规则。枝干被害处留有红色烟油状粪屑，伤口处容易感染腐烂病菌，引起溃烂。

苹果透翅蛾的防治

1. 人工防治

3 ~ 10 月，林木果树生长期，一定要加强树木的松土、施入足够的基肥和果实追肥、浇水等管理，增强树势，降低发生危害程度。9 ~ 10 月，秋冬季刮树皮，发现红褐色虫粪等透翅蛾危害症状时，用刀挖出其内幼虫杀死。或刮粗皮，挖幼虫。结合刮皮，仔细检查主枝、侧枝等大枝枝杈处、树干上的伤疤处、多年生枝橛及老翘皮附近，发现虫粪和黏液时，用刀挖出越冬幼虫杀死。

2. 喷药防治

6 ~ 7 月，成虫进入羽化期，及时喷洒功夫菊酯 1 200 倍液，或杀灭菊酯 1 000 ~ 1 200 倍液，10 ~ 15 天后再喷 1 次，消灭成虫和初孵幼虫。9 月，涂农药，当幼虫蛀入不深，龄期小，可用涂药法杀死小幼虫，使用 80% 敌敌畏乳油 10 倍液，或 80% 敌敌畏乳油 1 份 + 19 份煤油配制成的溶液，用毛刷在被害处涂刷，即可杀死皮下幼虫。

119 光肩星天牛

光肩星天牛,又名老水牛,属鞘翅目,天牛科,是林木蛀干害虫之一。以幼虫蛀食树干,成虫咬食树叶或小树枝皮和木质部;发生危害轻时,降低木材质量,发生危害严重时,能引起树木枯梢和易被风折挂断,造成幼树死亡,影响树势,对林木破坏严重。主要危害法桐、柳、杨、榆、五角枫、复叶槭等树种。主要分布在河南、山东、辽宁、河北、北京、天津,内蒙古、宁夏、陕西、甘肃、山西、江苏、安徽、江西、湖北、湖南、四川、福建、广东、广西、云南、贵州等地。

光肩星天牛的发生与危害

1. 光肩星天牛的危害

光肩星天牛主要危害部位是林木枝干。幼虫危害枝干,其成虫产卵刻槽呈圆形或扁圆形,危害轻时,降低木材质量;危害严重时,能引起树木枯梢和风折。成虫咬食树叶或小树枝皮和木质部,危害比较严重时,树干的树皮呈掌状陷落,树干局部中空,外部膨大呈长35 ~69 cm 的"虫苞"。

2. 光肩星天牛的发生

光肩星天牛在河南、山东等地 1 年发生 1 代,或 2 年发生 1 代。以幼虫或卵越冬。4月气温上升后,越冬幼虫开始危害。5 ~6 月为幼虫化蛹期。6 月上旬开始出现成虫,6 ~7 月下旬为成虫出现盛期,直到 10 月都有成虫。6 月中旬成虫开始产卵,7 ~8 月为产卵盛期,卵期 16 天左右。6 月底开始出现幼虫,11 月开始越冬。幼虫蛀食树干,飞翔力不强,白天多在树干上交尾。雌虫产卵前先将树皮啃一个小槽,在槽内凿一产卵孔,然后在每一槽内产一粒卵,两粒的少见,一头雌成虫一般产卵 28 ~32 粒。刻槽的部位多在 3 ~6 cm 粗的树干上,尤其是侧枝集中、分杈很多的部位最多,树越大,刻槽的部位越高。初孵化幼虫先在树皮和木质部之间取食,25 ~30 天以后开始蛀入木质部;并且向上方蛀食。虫道一般长 90 mm,最长的达 150 mm。幼虫蛀入木质部以后,还经常回到木质部的外边,取食边材和韧皮 。

光肩星天牛的形态与特征

光肩星天牛成虫黑色,带有光泽,长 18 ~36 mm、宽 6 ~11 mm;触角 11 节,基部蓝黑色;每个翅鞘上有 17 ~19 个白色斑纹,基部光滑,无瘤状颗粒,身体腹面密布蓝灰色绒毛。卵长 5.4 ~5.6 mm,长椭圆形,稍弯曲,乳白色;树皮下见到的卵粒多为淡黄褐色,略扁,近黄瓜子形。幼虫体长 49 ~61 mm,乳白色,无足,前胸背板有凸形纹。蛹体长 29 mm,裸蛹,黄白色 。

光肩星天牛的防治

1. 人工防治

6～9月，在成虫盛发期，捕捉成虫，主要利用光肩星天牛的假死习性，人工捕杀成虫。同时，开展防治卵及初孵幼虫，用锤击杀。

2. 药物防治

6～8月，对有虫处即蛀孔内涂抹敌敌畏50倍液或煤油，或用50%杀螟松乳油100～200倍液，或50%辛硫磷乳油100～200倍液喷布，喷液量以树干流药液为止。对大幼虫，幼虫长大蛀入木质部深处时，用注射器向蛀道内注射敌敌畏原液；向蛀孔内投放56%磷化铝片；用磷化锌与草酸为主要成分制成的毒签插入蛀道内熏杀；使用这些方法的蛀孔用黏泥封塞为好。或成虫羽化高峰期前用8%绿色威雷300～600倍液进行常量或超低量喷布树干。或在大龄幼虫期，采用插毒签、药剂磷化铝片塞孔等，或用5%灭幼脲3号油剂100～150倍药液注射蛀虫孔，杀死幼虫等。

120 桑白蚧

桑白蚧，又名桑盾蚧、桃介壳虫，属同翅目，盾蚧科，是危害桃、樱桃、李、杏、梅、柿、枇杷、无花果等果树和紫薇、红叶李、法桐、桑、茶、杨、柳、丁香、苦楝等园林树种枝干的重要害虫之一 。以雌成虫和若虫群集在枝干上吸食汁液为害，以2～3年生枝受害重，发生严重时，树干密集重叠一层灰白色的介壳；危害后，导致枝条表面凹陷，树势衰弱，甚至全株死亡。主要分布在河南、山东、湖南、湖北、辽宁等地。

桑白蚧的发生与危害

1. 桑白蚧的危害

桑白蚧主要危害部位是枝干。以雌成虫和若虫群集固着在枝干上吸食养分，严重时灰白色的介壳密集重叠，形成枝条表面凹凸不平，树势衰弱，枯枝增多，枝梢干枯，幼树全株死亡，在缺乏管理的条件下，3～5年内蔓延整个林区或全园毁灭。

2. 桑白蚧的发生

桑白蚧在河南、山东等地1年发生2～3代，以雌成虫在危害的枝干上越冬。第二年春季，3月开始继续危害补充营养，不久产卵；各代若虫孵化期分别为5月上、中旬、7月上旬、9月上旬。

桑白蚧的形态与特征

桑白蚧雌成虫橙黄或橙红色，体扁平卵圆形，长约1 mm，腹部分节明显。雌介壳圆形，直径2～2.5 mm，略隆起，有螺旋纹，灰白至灰褐色，壳点黄褐色，在介壳中央偏旁。雄成虫橙黄至橙红色，体长0.6～0.7 mm，仅有翅1对。雄介壳细长，白色，长约1 mm，背面有3条纵脊，壳点橙黄色，位于介壳的前端。卵椭圆形，长径仅0.25～0.3 mm。初产时淡粉红色，渐变淡黄褐色，孵化前橙红色。初孵若虫淡黄褐色，扁椭圆形，体长 0.3 mm 左右，可见触角、复眼和足，能爬行，腹末端具尾毛两根，体表有绵毛状物遮盖。脱皮之后眼、触角、足、尾毛均退化或消失，开始分泌蜡质介壳。

桑白蚧的防治防治

1. 人工防治

11 ~ 12 月，人工用硬毛刷或钢丝刷刷掉树枝上越冬虫体；及时开展冬季修剪，结合修剪，剪除被害枝梢，剪下的被害枝蔓和清除的林下杂草、枯叶一起烧毁处理，以降低危害和控制越冬虫口密度，减少来年的危害。

2. 喷药防治

5 ~ 9 月，林木生长期，喷药时期为各代卵孵化盛期和若虫分散转移、分泌蜡粉形成介壳之前。喷布药剂 40% 毒死蜱，或 48% 乐斯本乳油 1 000 ~ 2 500 倍液，或 52.25% 毒 · 氯乳油（农地乐）1 000 ~ 2 000 倍液，或 10% 吡虫啉可湿性粉剂 1 500 倍液。喷药时要均匀喷透，树上树下、枝干四周不留死角。为提高药效，可在药中加中性洗衣粉，增加药剂的黏布性和渗透性。

3. 生物防治

林木生长期喷药，不要选择广谱性药，注意保护利用天敌，主要天敌有红点唇瓢虫、黑缘红瓢虫、异色瓢虫、深点食螨瓢虫、日本方头甲、软蚧蚜小蜂等。

121 金缘吉丁虫

金缘吉丁虫，又称串皮虫，属鞘翅目，吉丁虫科，是果树主要枝干害虫。以幼虫在梨树枝干皮层纵横串食，破坏输导组织，造成树势衰弱，枝干逐渐枯死，甚至全树死亡。管理粗放的老梨园受害较重。主要危害梨、桃、樱桃、苹果、山楂、杏等果树。主要分布在河南、山西、山东、安徽、河北等地。

金缘吉丁虫的发生与危害

1. 金缘吉丁虫的危害

金缘吉丁虫主要危害的部位是枝干。以幼虫危害咬食树皮，蛀入枝干危害；随着虫龄的增长，蛀入木质部与树皮之间串蛀。蛀道内塞满粗的虫粪。以大龄幼虫在皮层越冬。翌年早春越冬幼虫继续在皮层内串食危害，破坏输导组织，造成树势衰弱，枝干逐渐枯死，随后全树死亡。

2. 金缘吉丁虫的发生

金缘吉丁虫在河南、河北、山东等地 1 年发生 1 代，以老熟幼虫在危害的皮层内越冬。第二年早春，幼虫继续在皮层内开始危害。5 ~ 6 月为幼虫化蛹期，6 月至 8 月上旬为成虫羽化期。成虫主要产卵于阳面的树干或大枝粗皮裂缝中。卵期 10 ~ 15 天幼虫孵化后咬食树皮，蛀入危害，随着虫龄的增长，蛀入木质部与树皮之间串蛀。蛀道内塞满粗的虫粪。

金缘吉丁虫的形态与特征

金缘吉丁虫成虫呈翠绿色，有金属光泽，体长13～15 mm，前胸背板有5条蓝黑色条纹，翅鞘上有10多条黑色小斑组成的条纹，两侧有金红色带纹。幼虫乳白色到黄白色，扁平无足，头小，前胸第一节扁平肥大，后各体节明显。幼虫蛀入树干皮层后，纵横串食危害。幼树受危害后，虫道外受害部位树皮变黑下陷，大树虫道外受害处症状不明显。幼虫老熟后长28～29 mm，由乳白色变为黄白色，全体扁平，头小，前胸第一节扁平肥大，上有黄褐色"人"字纹，腹部逐渐细长，节间凹进。蛹长14～18 mm，乳白色、黄白色至淡绿色。

金缘吉丁虫的防治

1. 人工防治

10～12月，人工在冬季刮除树皮，消灭越冬幼虫；及时清除死树、死枝，减少虫源和第二年发生危害。8月上旬成虫羽化期，成虫期利用其假死性，于清晨振树捕杀。同时，卵期及幼虫初孵期防治。这一时期要及时人工刮除老树皮，消灭树皮缝内的卵和刚孵化幼虫。根据成虫具有趋光性，利用黑光灯诱杀成虫，每亩挂灯1～2台诱杀成虫。

2. 药剂防治

8月，成虫羽化出洞前用药剂封闭树干。从5月上旬成虫即将出洞时开始，每隔10～15天用90%晶体敌百虫600倍液，或40%敌敌畏乳油800～1 000倍液喷洒主干和树枝。8～9月成虫发生期，在树上喷洒80%敌敌畏乳油，或90%晶体敌百虫800～1 000倍液，连续喷布2～3次即可。在成虫羽化期，喷洒绿色威雷300～400倍液，或2%噻虫啉微胶囊200倍液，或90%晶体敌百虫200倍液。在成虫危害期，发现虫孔或枝干表面变黑坏死，用80%敌敌畏乳油500倍液注射虫道，杀死幼虫。

122 桃红颈天牛

桃红颈天牛，又名老水牛、天牛等，属鞘翅目，天牛科，是桃树的主要蛀干害虫，以幼虫钻蛀取食树干，导致树势衰弱，叶片发黄变小，严重时全株枯死。幼虫蛀入木质部危害，造成枝干中空，树势衰弱，严重时可使植株枯死，主要危害桃、杏、樱桃、李、梅柿、核桃、花椒等果树，同时还危害柳、杨、栎等园林绿化树种。主要分布在北京、东北、河北、河南、江苏、浙江等地。

桃红颈天牛的发生与危害

1. 桃红颈天牛的危害

桃红颈天牛主要危害部位是桃树、李树的枝干。以幼虫在树干内钻蛀取食，主要危害4～5年生以上、基径3～6 cm的桃树，危害部位为主干，较粗侧枝也受害。蛀孔外留有大量红褐色粪屑，有的掉落在树干基部地下。危害后，易造成皮层脱落，受害树干发生流胶病严重，果树表现为树势衰弱，叶片发黄变小，果树半死不活。发生危害严重时，果树逐渐枯死，影响果树生长和产量。

2. 桃红颈天牛的发生

桃红颈天牛在河南、山东等地 2 年发生 1 代，以幼虫在危害的枝干内越冬。6 月中旬至 8 月中旬为成虫羽化盛期，成虫羽化后卵产于树干和树皮缝隙中，卵期 6 ~ 8 天。幼虫孵化后咬食蛀入韧皮部，不断咬食向树干内钻，逐渐向木质部深入，钻成纵横的虫道，深达树干中心，并在树干内上下危害，形成不规则虫道，虫粪排出蛀入孔外，虫粪红褐色、似木屑状。当年孵化的幼虫在树皮下危害到秋后，在其内越冬。第二年 3 月开始继续活动危害，直到木质部。老龄幼虫秋后在虫道内越冬。第三年春季继续危害，直至 4 ~ 6 月化蛹，蛹期 18 ~ 22 天。

桃红颈天牛的形态与特征

桃红颈天牛成虫体黑色，有光亮；前胸背板红色，背面有 4 个光滑疣突，具角状侧枝刺；鞘翅翅面光滑，基部比前胸宽，端部渐狭；雄虫触角超过体长 4 ~ 5 节，雌虫超过 1 ~ 2 节。体长 28 ~ 36 mm。卵圆形，乳白色，长 6 ~ 7 mm。老熟幼虫体长 41 ~ 53 mm，乳白色，前胸较宽广。身体前半部各节略呈扁长方形，后半部稍呈圆筒形，体两侧密生黄棕色细毛。前胸背板前半部横列 4 个黄褐色斑块，背面的两个各呈横长方形，前缘中央有凹缺，后半部背面谈色，有纵皱纹；位于两侧的黄褐色斑块略呈三角形。胸部各节的背面和腹面都稍微隆起，并有横皱纹。蛹体长 34 ~ 36 mm，初为乳白色，后渐变为黄褐色等。

桃红颈天牛的防治

1. 人工防治

人工捕捉成虫。7 ~ 8 月为成虫发生盛期，在早晨或雨后，利用人工进入果园捕捉成虫杀死。另外，可用磷化铝毒签插入虫孔，毒杀虫道内幼虫，或树干涂白。成虫羽化前5 ~ 6 月，在树干基部涂白，涂白剂用生石灰、硫黄、水的混合液，按 10∶1∶40 的比例进行配制；也可用当年的石硫合剂的沉淀物涂刷枝干。

2. 药剂防治

根据不同虫态和危害期，确定用药种类和方法。成虫期，可在树上喷绿色威雷 400 倍液，或 2% 噻虫啉 300 倍液，或 10% 吡虫啉 2 000 倍液；幼虫钻蛀入木质部后，可在树干上打孔注药，注药可选 5% 吡虫啉乳油或 3% 高渗苯氧威，注药后用泥封好蛀入孔。

123 黄杨绢野螟

黄杨绢野螟，属鳞翅目，螟蛾科，是园林绿化树种黄杨的重要食叶害虫；既是危害严重的危险性园林害虫，又是黄杨类常绿树种的恶性害虫。以幼虫危害，且危害期很长，从 4 月至 9 月一直危害。幼虫常以丝连接周围叶片作为临时巢穴，并在其中取食，危害发生严重时，可将叶片吃光，造成整株枯死。近年，黄杨绢野螟在多地严重暴发，使绿化工程蒙受重大损失，城市美化环境受到严重破坏，应该对其采取预防为主、综合防治措施，注重人工防治,科学开展药物防治。主要危害小叶黄杨、大叶黄杨、瓜子黄杨、雀舌黄杨、金边黄杨等黄杨类及冬青、卫矛等绿化树种。主要分布在河南、河北、湖北、湖南、安徽、浙江等地。

黄杨绢野螟的发生与危害

1. 黄杨绢野螟的危害

黄杨绢野螟主要危害部位是黄杨叶片。以幼虫危害嫩芽和叶片,常吐丝缀合叶片,于其内取食,受害叶片枯焦,发生危害轻时,叶片不全,有缺刻;严重时,被害株率达 40% ~ 60% 以上,甚至可达 80% ~90% ,暴发时叶片吃光、全无,造成黄杨成株枝梢干枯或枯死,严重影响树势生长和环境美化。

2. 黄杨绢野螟的发生

黄杨绢野螟在河南、山东等地 1 年发生 1 ~2 代,以幼虫危害叶片,危害小叶黄杨或大叶黄杨。以老熟幼虫在被害黄杨上吐丝结茧越冬,第二年 4 月上旬越冬幼虫开始活动;5 月中旬为危害盛期,5 月下旬开始在缀叶中化蛹,蛹期 10 天左右,卵期约 7 天;7 月下旬至 9 月中旬为第二代发生危害期;9 月中、下旬结茧越冬。有世代重叠发生现象;成虫羽化次日交配,交配后第二天产卵,卵成块状产于寄主植物叶背。每只雌成虫产卵105 ~218 粒。幼虫 1 ~2 龄取食叶肉;3 龄后吐丝做巢,在巢中危害叶片。成虫白天隐藏,傍晚活动,飞翔力弱;有成虫昼伏夜出,白天常栖息于阴蔽处,性机警,受惊扰迅速飞离,夜间出来交尾、产卵,具趋光性。幼虫孵化后,分散寻找嫩叶取食,初孵幼虫于叶背食害叶肉;2 ~3 龄幼虫吐丝将叶片、嫩枝缀连成巢,于其内食害叶片,呈缺刻状;3 龄后取食范围扩大,食量增加,危害加重,受害严重的植株仅残存丝网、蜕皮、虫粪,少量残存叶边、叶缘等;幼虫昼夜取食危害,4 龄后转移危害。性机警,遇到惊动立即隐匿于巢中,老熟后吐丝缀合叶片作茧化蛹。

黄杨绢野螟的形态与特征

黄杨绢野螟成虫体长 13 ~19 mm,翅展 32 ~45 mm;头部暗褐色,头顶触角间的鳞毛白色;触角褐色;下唇须第一节白色,第二节下部白色,上部暗褐色,第三节暗褐色;胸、腹部浅褐色,胸部有棕色鳞片,腹部末端深褐色;翅白色半透明,有紫色闪光,前翅前缘褐色,中室内有两个白点,一个细小,另一个弯曲成新月形,外缘与后缘均有一褐色带,后翅外缘黑褐色。卵呈椭圆形,长 0.8 ~1.2 mm,初产时白色至乳白色,孵化前为淡褐色。幼虫老熟时体长 42 ~47 mm,头宽 3.7 ~4.4 mm;初孵时乳白色,化蛹前头部黑褐色,胴部黄绿色,表面有具光泽的毛瘤及稀疏毛刺,前胸背面具较大黑斑,三角形,2 块;背线绿色,亚被线及气门上线黑褐色,气门线淡黄绿色,基线及腹线淡青灰色;胸足深黄色,腹足淡黄绿色。蛹纺锤形,棕褐色,长 24 ~25 mm、宽 6 ~7 mm;腹部尾端有臀刺 6 枚,以丝缀叶成茧,茧长 25 ~26 mm。

黄杨绢野螟的防治

1. 人工防治

12 月,人工清除枯枝卷叶,利用幼虫吐丝缀叶巢居的习性,结合冬季修剪和抚育管理，清除树上及地面的枯枝落叶，搜杀越冬虫巢，生长期可搜巢杀灭幼虫和蛹茧，并将越冬虫茧集中销毁，可有效减少第二年虫源。5～8月，在黄杨生长期，利用其结巢习性，在第一代低龄阶段及时摘除虫巢，化蛹期摘除蛹茧，集中销毁，可大大减轻当年的发生危害。5～7月，在黄杨快速生长期，利用成虫的趋光性，每亩黄杨苗圃地周围挂1～2个黑光灯诱杀成虫；或在黄杨绿篱集中的地方设置黑光灯1～2个等诱杀成虫。人工采摘卵块，在成虫产卵期，每隔2～3天检查和人工摘除卵块1次，在早晨或傍晚太阳斜射时较易发现，检查时注意叶背和叶缘，摘下的卵块应集中深埋或烧毁。

2. 喷布药物防治

用药防治仍是控制该虫的重要应急措施。搞好虫情测报，适时用药，用药防治的关键期为越冬幼虫出蛰期和第一代幼虫低龄阶段，可用20%灭扫利乳油2 000倍液，或2.5%功夫乳油2 000倍液，或2.5敌杀死乳油2 000倍液等；还可推广使用一些低毒、无污染农药及生物农药，如阿维菌素、Bt乳剂等。用25%灭幼脲3号1 000～1 500倍液，或1.2%烟参碱乳油1 000倍液，或1.8%阿维菌素3 000倍液，每隔10～12天喷1次，连续喷3次即可；或使用阿维·灭幼悬浮剂1 000倍液，连续喷布2次，效果极好，每隔10～15天喷布1次，以解决世代重叠问题。喷药应彻底，对下部幼嫩叶片也不应漏喷。

3. 保护利用天敌

在林区开展防治时，注意对寄生性凹眼姬蜂、跳小蜂、百僵菌以及等自然天敌进行保护利用；或进行人工饲养，在集中发生区域进行释放，可有效地控制其发生危害。

附　录

附录1　糖醋液的配制及使用

糖醋液的作用

时间长，成本低，省工省时又无污染和残留，是果农防治害虫的重要方法。可有效防治梨小食心虫、梨大食心虫、金龟子、卷叶蛾等害虫。

糖醋液配方

红糖 5∶醋20∶水80，或红糖 1∶醋4∶酒1∶水162。

使用方法

把配制好糖醋液放入广口瓶中，挂在树上。注意：一是瓶体颜色。害虫对颜色有一定的辨别能力，利用瓶色来诱引就可以起到双重的效果，观察证明，害虫最喜红、黄、蓝、绿等。二是把瓶色模拟成花或果实的颜色，诱杀的效果就成倍地提高，因害虫最喜食花朵，其次是果实，叶再次。三是挂瓶位置。瓶子悬挂的位置对诱虫效果也有一定的影响。瓶子需挂于树冠外围的中、上部无遮挡处，这样容易被远距离的虫子发现。四是容器口径大。糖醋液是靠挥发出的气味来诱引害虫的，盛装糖醋液瓶的口径越大，挥发量就越大，所以瓶口应是直敞开或向外敞开的，这样便于害虫的扑落，增加收虫量，瓶口径以 10～15 cm 为宜。糖醋液配制好后发酵 1～2 天再用，每个果园按每亩放置 6～10 个糖醋液的瓶子，每个瓶子倒入糖醋液半瓶。危害季节气温较高，蒸腾量大，应及时添加糖醋液和清除虫尸。五是雨后要将瓶内糖醋液倒掉，重新倒入糖醋液。4～6 月平均每天每瓶都能诱到梨小食心虫 40～50 只，而且雌、雄虫均可诱杀，防治效果良好。

附录2　波尔多液的作用和使用方法

波尔多液黏着力强，喷在植物表面，能形成一层薄膜，防止病菌侵入，是一种优良的保护性杀菌剂。

半量式 200 倍液，可防治葡萄黑痘病、褐斑病、霜霉病等。

倍量式 200 倍液，可防治梨锈病、黑斑病、黑星病及苹果炭疽病、早期落叶病等。注意：一是波尔多液不能与肥皂、松脂合剂、石硫合剂、油类乳剂及敌百虫等农药混用。喷波尔多液与石硫合剂应间隔 20 天以上，以免产生药害。二是桃、梅、李、杏在生长期绝对不能喷用波尔多液，否则会产生药害，造成落叶。柑橘上喷波尔多液，必须在发芽前，以免嫩芽受药害。

附录3　几种除草剂的作用和正确使用方法

除草剂是化学药物,有的除根,有的能除杂草的枝干和叶片。

目前,林场、果园中常用的除草剂有除草醚、西马津、敌草隆、扑草净、茅草枯、草干膦等。不同的林场和果园生长不同的杂草,为达到安全有效的目的,应正确选择和掌握科学使用。这里主要介绍两种除草剂。

除草醚

除草醚是触杀性除草剂,可杀死杂草种子与幼芽。主要作用是防除马唐、稗草、狗尾草、牛毛草、蟋蟀草、马齿苋等1年生杂草,对多年生杂草有抑制作用,但不能根除。使用方法:在白天上午10:00左右或下午4:00左右,用背负式喷雾器均匀喷施杂草,药物在土表的有效期为20~30天。当杂草发芽时,接触药液、见光后即发生枯斑死亡。晴天、高温、土壤潮润时药效更好,温度低于20 ℃时药效差,施用时注意温度。每亩用25%可湿性粉剂0.5~1 kg,兑水70~80 kg,在杂草发芽前1~2天喷施。

草甘膦

为茎、叶内吸性除草剂。主要是防除香附子、白茅、双穗雀、狗牙根、小蓟、艾蒿、苣荬菜、芦苇等多年生杂草,对一年生杂草也有效。喷施方法:宜作叶面喷雾,不宜作土壤处理。每亩用药150~200 g,兑水70~75 kg稀释,可用喷雾器在上午10:00左右或下午4:00左右直接喷在杂草叶面。

附录4　石硫合剂的作用

石硫合剂量具有杀虫、杀螨、杀菌的作用,常用于防治白粉病、锈病、黑星病、腐烂病、褐斑病,以及红蜘蛛、介壳虫等。在病虫(主要是病)发生前喷布,有"防"的作用;在病虫发生后喷布,有"治"的作用。石硫合剂的主要杀虫、灭菌成分是多硫化钙。季节不同,使用浓度也不同,夏季为0.1~0.3度,冬季和发芽前为3~5度。在使用石硫合剂时,应注意两个方面:①不能与波尔多液或其他农药混用。与波尔多液接替使用,不仅降低药效,而且易产生药害。②施用两种药时,中间必须间隔20天以上才能再喷施。

参考文献

[1] 万少侠. 林果栽培管理实用技术[M]. 郑州:黄河水利出版社, 2013.
[2] 万少侠,张立峰. 落叶果树丰产栽培技术[M]. 郑州:黄河水利出版社, 2015.
[3] 河南省经济林和林木种苗工作站. 河南林木良种[M]. 郑州:黄河水利出版社,2008.
[4] 谭运德,裴海潮,申洁梅,等. 河南林木良种(三)[M]. 北京:中国林业出版社,2016.
[5] 万少侠,刘小平. 优良园林绿化树种与繁育技术[M]. 郑州:黄河水利出版社,2018.
[6] 杨子琦,曹华国. 园林植物病虫害防治图鉴[M]. 北京:中国林业出版社,2001.
[7] 陈秀平,李罡,等. 咸宁林业有害生物图鉴[M]. 武汉:湖北科学技术出版社,2018.

参加编写人员简介

方圆圆,女,河南省驻马店市林业局林业技术推广站,工程师
郭军耀,男,河南省国有叶县林场,工程师
刘自芬,男,河南省舞钢市国有石漫滩林场,工程师
王磊,男,河南省平顶山市国有鲁山林场,工程师
王世英,男,河南省舞钢市国有石漫滩林场管理局,助理工程师
陈宏,女,河南省舞钢市农技推广中心,农艺师
韩金端,男,河南省舞钢市金端园林绿化有限公司董事长(硕士)
张玉晓,女,河南省林州市林业局,高级工程师
赵淑霞,女,河南省漯河市召陵区林业技术推广站,工程师
李玉琦,男,河南省平顶山市农业科学院,研习员
高书科,男,河南省栾川县龙谷湾林场,助理工程师
郝长伟,男,河南省栾川县龙谷湾林场(大专),助理工程师
张海洋,男,河南省栾川县城区森林公园管理处,工程师
刘起营,男,河南省平舆县玉皇庙乡农业服务中心,农艺师
原高亮,男,河南省林州市林业局,工程师
甘陶冉,女,河南城建学院,硕士研究生
王雪玲,女,河南城建学院,硕士研究生
肖升光,男,河南省平顶山市园林处,工程师
李芳,女,河南省平顶山市园林处湛河公园,工程师
刘慧敏,女,河南省平顶山市园林绿化管理处,工程师
方伟迅,男,河南省平顶山市园林绿化管理处,高级工程师
朱克斌,男,河南省平顶山市水利局农田水利技术指导站
张文军,男,河南省城建学院风景园林,博士研究生、讲师
魏巍,女,天津农学院水利学院,博士研究生,副教授
李玉琦,男,河南省平顶山市农业科学院,研习员
杨黎慧,女,河南省舞钢市国有林场,工程师
蔡源,男,中国神马集团阳光物业有限公司绿化公司
李永生,男,河南省平顶山市农业干部学校
张耀武,男,河南省南阳市园林绿化管理处
王绪山,男,中国平煤神马集团林业处
吕淑敏,女,河南省平顶山市农业干校,高级农艺师
周彩会,女,河南省许昌市禹州市林业技术推广中心,工程师
海艳君,女,河南省许昌市禹州市林业技术推广中心,工程师

李冠涛,男,平顶山市园林绿化管理处,高级工程师
赵丽芍,女,偃师市环卫绿化养护中心,工程师
赵晶,女,河南省平顶山市园林绿化管理处,助理工程师
芮旭耀,男,河南省漯河市郾城区森林病虫害防治检疫站,工程师
贾晓广,女,河南省淅川县林业规划设计站,工程师
薛景,女,河南省安阳市园林绿化科研所,高级工程师
马元旭,男,河南省安阳市道路绿化管理站,高级工程师
贾文杰,男,河南省安阳市道路绿化管理站,高级技师
贾小洁,女,河南省安阳市洹水公园,工程师
张馨心,女,河南省安阳市林业综合信息站,助理工程师
罗民,男,河南省安阳市道路绿化管理站,工程师
王湘军,女,中国铁路郑州局集团有限公司郑州建筑段,工程师
李香田,女,河南省平舆县林业技术推广站,高级工程师
王瑞旺,男,河南省瑞旺园林绿化工程有限公司总经理
李红梅,女,河南省舞钢市八台镇中心校
苗小军,男,河南省舞钢市人民医院,副主任医师
师玉彪,男,河南省汝阳县刘店镇农业服务中心,农艺师
任素平,女,河南省舞钢市林业局,助理工程师
杨伟琦,男,河南省舞钢市林业局绿化办办公室主任
苏广,男,河南省舞钢市林业局办公室,助理工程师
王璞玉,女,河南省舞钢市林业局,高级工程师
王彩云,女,河南省舞钢市林业工作站,助理工程师
刘俊生,男,河南省舞钢市林业局纪检办公室主任
冯伟东,男,河南省舞钢市林业工作站,助理工程师
胡彦来,男,河南省舞钢市林业工作站,助理工程师
刘小平,女,平顶山市白龟山湿地自然保护区管理中心,高级工程师
李素改,女,河南省舞阳县林业技术推广总站, 中级工程师
刘丰举,男,平顶山市植保植检站,农艺师
谷松雅,女,舞钢市第七小学校长
张晓瑞,女,舞阳县林业技术推广总站,助理工程师
闫向辉,男,舞阳县林业技术推广总站,助理工程师
周建辉,男,平顶山市园林绿化中心,助理工程师
王瑜,女,平顶山市园林绿化中心,工程师

图书在版编目(CIP)数据

园林果树主要病虫害发生与防治/万少侠,张文军,芮旭耀主编. —郑州:黄河水利出版社,2019.9

ISBN 978-7-5509-2484-0

Ⅰ.①园… Ⅱ.①万…②张…③芮… Ⅲ.①果树-病虫害防治 Ⅳ.①S436.6

中国版本图书馆CIP数据核字(2019)第180684号

出 版 社:黄河水利出版社

地址:河南省郑州市顺河路黄委会综合楼14层 邮政编码:450003

发行单位:黄河水利出版社

发行部电话:0371-66026940、66020550、66028024、66022620(传真)

E-mail:hhslcbs@126.com

承印单位:河南匠心印刷有限公司

开本:787 mm×1 092 mm 1/16

印张:11 插页:4

字数:266千字 印数:1—1 000

版次:2019年9月第1版 印次:2019年9月第1次印刷

定价:60.00元